건축
[실패]
사례

신뢰받는 마감공사의 현장관리

(사)한국건축시공학회 감수
이영도 역
나카자와 마사이치 저

기문당

머 리 말

건축의 마감공사는 다방면에 걸쳐 있기 때문에 공사를 주도적으로 진행시키기 위해서는 수많은 현장경험과 오랜 실무습득기간이 필요하다. 그러나 최근의 현장관리자는 서류작업과 잡무에 쫓겨 실무에 쏟을 수 있는 시간이 적어지는 경향이 있다.

이러한 현상으로 인하여 아래와 같은 관리자가 많아지고 있다.

· 책상에서 공부한 것이 현실의 상황과 연결되지 않는다.

· 실무경험이 부족하므로 강한 리더십을 발휘할 수 없다.

· 자신과 관계없는 일에 관심을 갖지 않는다.

· 분업화와 외주가 진행되어 실제 갖추어야 할 기술력 습득이 불가능하다.

이러한 상황에서 더 큰 문제점이 있다.

실패 상황의 원인을 찾으려 하지 않고, 사실을 은폐하여 그 실패를 감춰버리는 사람이 있다는 것이다. 실패의 경험은 기술자나 기업에 있어서도 귀중한 자산임을 잊어서는 안 된다.

본 서에서는 실패 상황을 말뿐만 아니라 사진과 그림을 이용하여 표현하는 것에 주력하였다.

여러 독자들의 경험도 추가했기 때문에 건축현장의 실패 재발방지를 위한 도움이 된다면 행복하겠다.

나카자와 마사이치

감수의 글

1990년대 초반에 5개 신도시 공동 건축물에 있어서 콘크리트의 강도 부족과 염화물 사용에 따른 재료의 품질 미확보로 인한 시공부실로 균열증가 등의 결함 발생, 삼풍백화점 및 성수대교의 시공부실에 의한 붕괴사고 이후에 건축물의 품질에 대한 국민적 관심이 높아지는 계기가 되었다. 이와 같은 시공부실은 건설사의 경우 민원 발생에 의한 이미지 실추가 될 수 있고, 국가적으로는 건축물의 시공에서 철거로 이어지는 내구년한의 단축에 따른 경제적 손실이 매우 크다고 할 수 있다.

건축물이 소요성능을 유지하기 위해서는 건축물을 설계할 때부터 시공 품질을 확보하고, 시공 시에는 공기단축 등에 의한 품질 미비나 예산부족에 기인한 자재의 품질 미확보가 되지 않도록 하여야 하며, 하자없는 완벽한 건축물을 완성할 수 있도록 다각적인 계획을 수립하여야 한다. 이러한 실정을 감안하여 시공 실패 사례를 다방면에서 검토하고 시공부실 방지 방안을 제시한 정보가 있을 경우, 건축물 설계단계에서부터 실시공단계에 이르기까지 품질을 확보하는데 있어 유용할 것이다. 그러나 기존의 실패 사례에 대하여는 시공시의 품질 미확보에 기인한 실패사례를 수록한 정보집이 많지 않고, 건축물의 유형이나 부위에 따른 시공 실패 사례가 다양하지 못한 점이 아쉬운 실정이다.

본 서는 건축 실패 사례에 대한 구조체공사 편, 마감공사 편, 설비공사 편으로 구분하여 기술하였다. 다양한 실패 사례를 구체적인 데이터와 사진으로 정리하여 현장기술자 및 건축을 공부하는 학생들에게, 경험해보지 못한 실패 내용을 본 서를 통해서 간접경험으로 문제의식을 강화하고 그냥 지나칠 수 있는 공종별 item을 부위별로 다시 한 번 상기시켜서 실패를 최소화할 수 있도록 하는데 그 목적이 있으며, 실무에서도 매우 효과가 있을 것으로 기대된다.

본 서를 통하여 건축시공 과정에서 발생되는 문제를 사전에 Check하여 업무의 효율성과 생산성을 높일 수 있을 것으로 판단되며 동시에 품질관리 및 원가관리에도 기여할 수 있을 것으로 생각된다.

아무쪼록 본 서가 시공현장을 이해하고 적응하는데 커다란 보탬이 되었으면 한다.

2010. 1

한국건축시공학회장 정 상 진

역자서문

건축시공은 변수가 많은 현장여건을 검토 · 분석하여 명확한 시공계획을 수립해 놓아야 할 뿐만 아니라 공사진행중 돌발적으로 발생하는 상황에 대해서도 시공 사례와 경험을 바탕으로 문제해결을 위한 위기대처 능력도 요구된다.

본 서는 일본의 건축현장에서 반복적으로 발생되는 공정별 하자 사례와 예방대책을 하자 사진을 기본으로 하고 그림과 설명으로 기술하여 공사수행시 특별히 고려해야 할 중요한 하자예방기술을 알기 쉽게 설명하고 있다.

본 서의 하자 사례와 예방대책 등은, 현장기술자들은 이미 경험으로 인지하고 있는 내용들로써 이를 문서화하여 후배기술자들이 동일한 실수를 범하지 않도록 하는데 의의가 있다고 생각된다.

시공과정의 실패와 더불어 설계단계에서 하자가 예상되는 상세나 도면 등이 발생하지 않도록 설계사무실의 노력이 필요하다고 판단되며, 이 책을 참고로 설계시 반영한다면 아름답고 튼튼한 건축물이 지어지는데 일조를 하게 될 것이다.

우리나라의 어려운 건설여건 속에서도 시공기술 개발과 국가발전을 위해 노력하는 건설기술인의 무한한 발전을 기원드리며, 본 서의 편찬에 협력해주신 기문당의 강해작 사장님과 직원 여러분께 진심으로 감사드립니다.

역 자

Content

이 책의 구성과 이용법

이 책은 방수, 금속, 철골계단, ALC·PC, 창호, 보드·LGS, 미장·바닥·타일·석공사, 외부구조 등 8개 분야로 구성되어 있다.

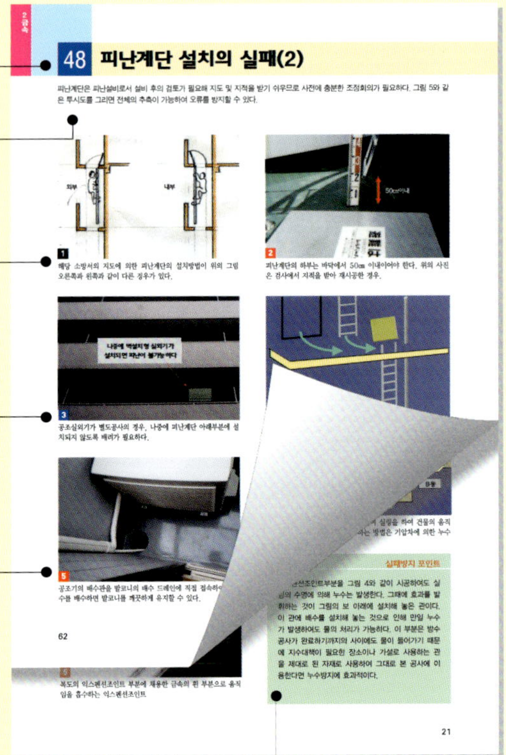

① 수록 실패 사례
168 사례 모두가 1개 페이지씩 완결

② 실패 사례 해설
마감공사는 건축마감 뒤에 많은 부분이 가려져 있기 때문에 시공전·시공중의 품질관리가 매우 중요하다. 이 책에서는 과거에 발생한 실패 사례를 답습하여 같은 실패를 반복하지 않도록 실패에 이른 경위와 원인에 대해 알기 쉽게 해설하였다.

③ 실패 사례 사진·그림
실패 사례 및 바른 시공 예에 대해 사진과 그림으로 해설하는 것과 함께 좋은 사례·나쁜 사례를 한 눈에 알 수 있도록 사진·그림번호를 색으로 나누어 표시하였다.

- **청** 실패 사례
- **적** 바른 시공 사례와 실패에 대한 개선책
- **흑** 현장관리자로서 알아두어야 할 기본사항

④ 실패방지 포인트
치명적인 실패와 자주 발생하는 문제점에 대해 그 대체법과 수습법을 실패방지 포인트로 모두 7개 항목을 정리하였다.

[1] 방 수

01 누수되고 있는 상황

비를 막는 개념의 건물에서 방수 기능이 지켜지지 않는 경우, 건축의 모든 것에 대해 발주자의 신뢰가 떨어진다. 누수를 없애기 위해서는 관리해야 할 요점을 확실히 처리하여 누수가 어떠한 메카니즘으로 발생하는가를 이해한 후에 방지대책을 세워야 한다. 누수 상황을 인식하는 것으로부터 시작하여 방수층의 약점을 찾아 나간다.

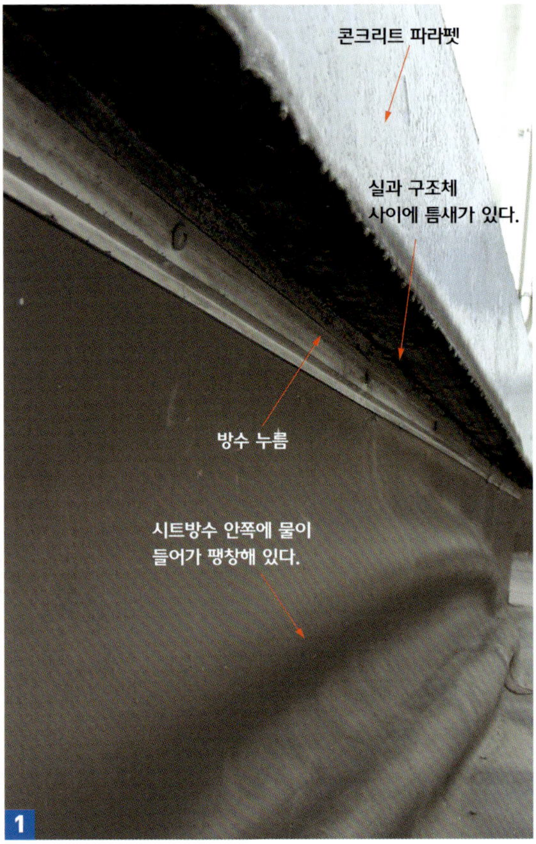

방수시트가 스며들어간 물에 의해 접착력이 약해져 버렸다. 방수 누름철물로 지지하고 있어 떨어지지 않고 버티고 있다.

방수시트의 안쪽에 들어간 물은 콘크리트의 약한 부분으로부터 내부로 스며든다.

콘크리트의 약한 부분으로부터 내부로 침입한 물은 천장에 커다란 자국을 남긴다.

누수는 내부뿐 아니라 외부에도 위와 같이 배어나온다. 이러한 원인은 뒤의 페이지에서 서술한다.

02 방수단부로 물이 스며듦

방수층의 약점인 단부로 물이 스며들면 그 단부의 실링파단되고 이런 2개의 조건이 겹쳐져 누수가 발생하는 상태를 전 페이지에서 설명하였으나, 여기서는 물의 스며듦에 대해서 고찰한다.

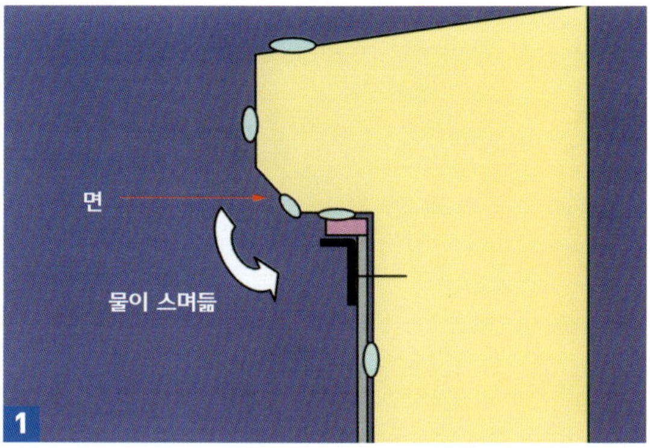

파라펫에 떨어진 물이 위의 그림과 같이 방수층의 단부에 흘러 들어간다. 면을 크게 잡으면 물이 스며들어가는 힘이 커지게 된다.

더럽혀 지는 곳과 더럽혀 지지 않는 곳의 차는 어떻게 생기는 것일까? 여기에 물의 스며듦의 힌트가 있다.

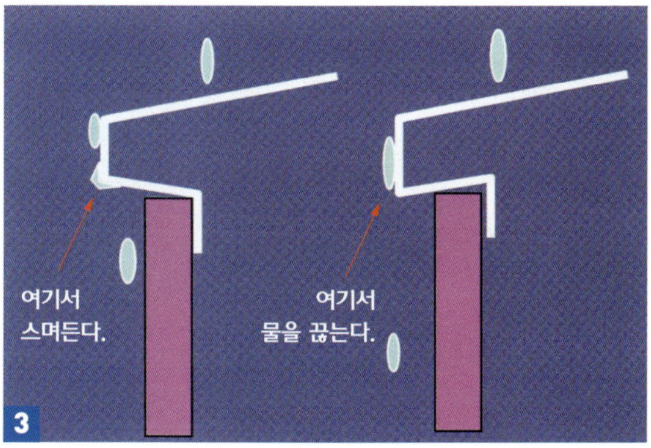

더럽혀 지는 곳은 왼쪽 그림과 같이 물끊기의 곡선이 둔각으로 되어 있기 때문에 물이 타고 돌아 스며들기 좋은 상태로 되어 있다. 다른 부분은 오른쪽 그림과 같이 물이 끊어지도록 되어있다.

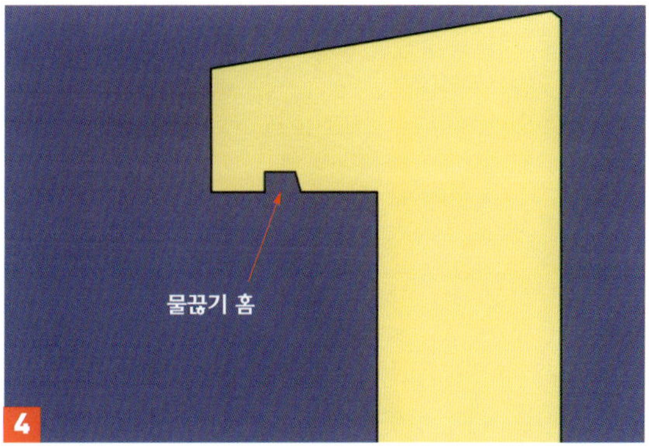

위의 그림과 같이 하부에는 커다란 면을 잡지 않고 물끊기 홈을 넣으면 효과가 있다.

비오는 날에 물이 흐르고 있는 상황. 격렬하게 물이 흐르는 부분에서는 일부 우수가 물끊기 홈을 넘어버리는 곳이 있으나 대부분은 물을 끊고 있다.

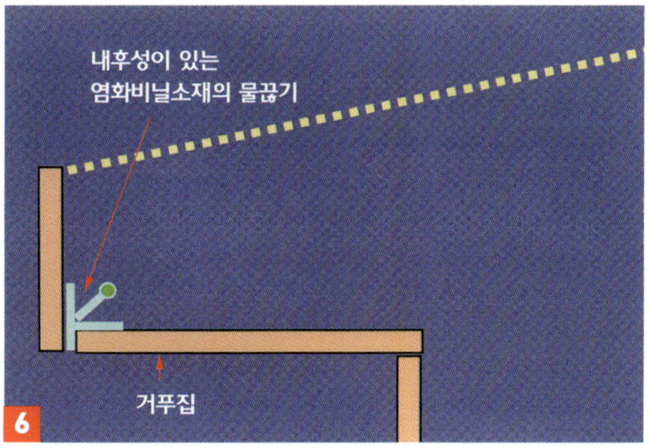

위의 그림과 같이 거푸집에 끼워 넣어 콘크리트 타설시 포함시켜 버리는 내후성있는 물끊기가 가능하다면 시공성이 좋아져 돌출된 모퉁이의 깨끗한 마무리가 가능하다.

03 방수단부 실의 고찰

누수된 곳을 살펴보면, 방수층의 단부가 잘려져 있는 경우가 많다. 전체가 한 가지 모양으로 잘려져 있는 것이 아니라 잘려진 곳에는 어떠한 이유가 있다. 방수의 수명은 그 원인에 따라 줄어든다. 방수의 보증서는 전문시공회사의 엄격한 관리 하에 발행되지 않는 경우도 있으므로 전문시공회사에 맡겨만 놓는 관리로서 누수사고는 막을 수 없다.

1
실링은 이렇게 상부에서 끊어지기 쉽다. 그렇기 때문에 물이 스며 들 때에는 내부로 침입되기 쉽다. 실제 공사전에 상부 콘크리트의 청소가 중요하다.

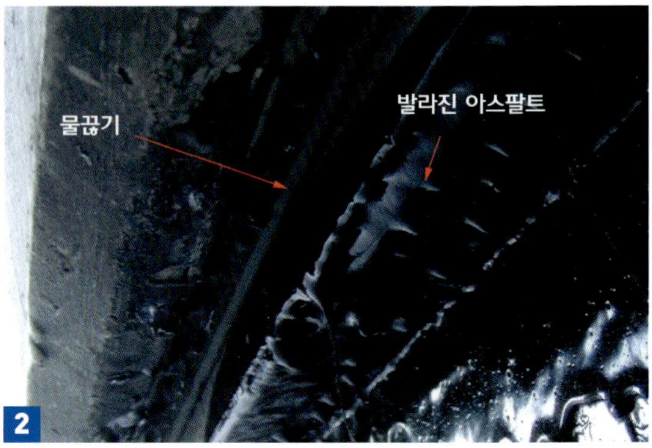

2
위의 안쪽까지 아스팔트를 발라 버렸다. 여기에 깨끗하게 실링을 하는 것은 어렵다. 방수와 실링은 별도의 직종이기 때문에 그 관리가 잘 되어 있지 않다.

3
들어간 모서리의 콘크리트가 깨끗이 처리되지 않는데다가 그 대로 아스팔트 방수를 시공한 경우. 아스팔트의 단부가 극단적으로 내려가 있다.

4
콘크리트의 각이 깨져버렸다. 이래서는 방수단부의 실링이 제대로 시공되지 않는다.

5
이 높이로는 제대로된 실링 시공이 불가능하다. 확인도 하기 힘들기 때문에 문제가 발생하기 쉽다.

6
실링을 실시하는 부분이 깨끗해져 시공하기 쉬운 높이가 되어 있으면 확인도 가능하고 방수 품질을 확보가능하게 된다.

04 누수되기 쉬운 마무리(1)

사진 1은 옥상엘리베이터 기계실에 올라가는 계단과 방수 추켜올림이 맞닿는 부분이다. 사진 2는 누수되었기 때문에 보수하고 있는 상황이다. 조사해 보면, 모두 표준이라 여기고 있는 마무리(그림 3 · 4)에 문제가 있었던 것을 알 수 있다. 아스팔트방수의 약점은 방수층의 단부이다. 그 약점부분에 물이 흘러들어오지 않게 하기 위한 마무리를 하는 것이 중요하다.

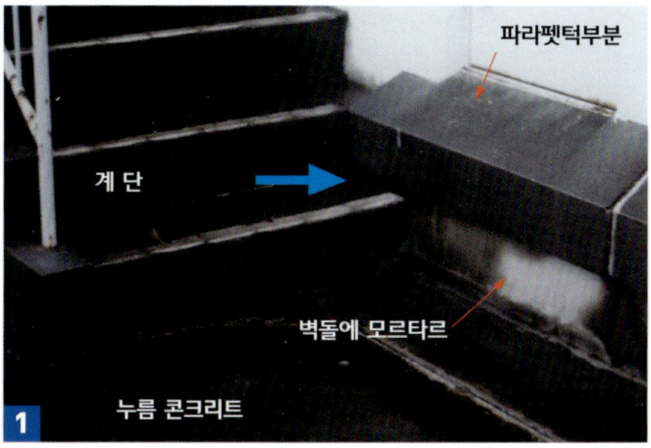

우수가 위의 화살표 부분으로부터 아스팔트방수를 누르고 있는 벽돌상부를 넘어 방수층의 단부에 흘러들어가고 있다.

다른 건물의 계단부분. 누수되었기 때문에 다음에 우레탄방수를 추가하였다.

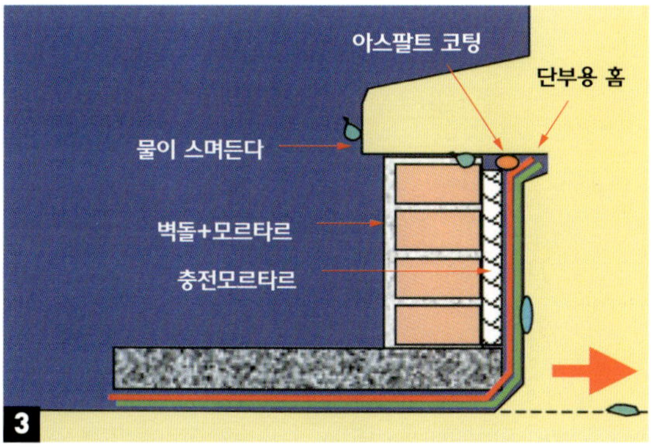

구식표준의 마무리. 방수층의 단부를 홈이 파인 구조체 안에 말아 넣고 아스팔트 코팅으로 실하여 전면에 벽돌을 쌓아 모르타르를 충전하였다.

모르타르가 충전되어졌기때문에 모세관현상에 의해 물이 내부에 침입한다. 말아 넣은 방수층의 단부가 떨어져 코팅도 열화되고 있다.

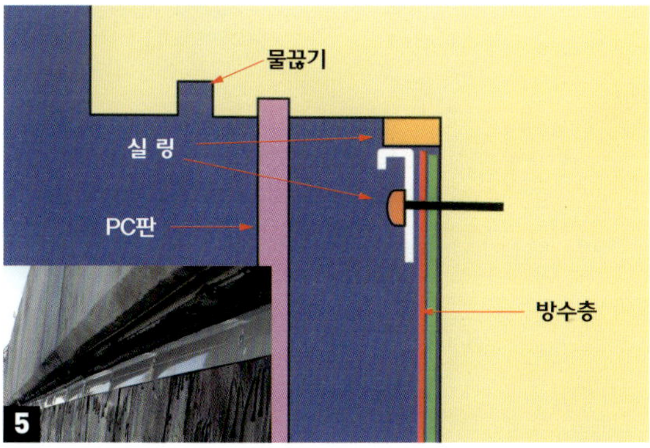

현재는 방수 추켜올림 전면에 PC판 등을 세워 모든 방수시트를 단부까지 올려 앵커로 고정하며 앵커의 두부도 실링한다. 누름 금속은 알루미늄보다 스테인레스가 열팽창이 적기 때문에 적당하다.

두께 8㎜의 플렉시블 보드를 추켜세움에 사용한 경우. 1983년 시공이나 보드면은 깨끗하게 되어 있다.

05 누수되기 쉬운 마무리(2)

사진 1·3·5와 같은 시공성이 나빠 누수되기 쉬운 상세는 계획단계에서 피하지 않으면 안 된다. 또한, 방수단부의 연속성은 모순이 없는 형태로 보호되고 있어도 간단한 그림을 그려 검토하는 것이 필요하다. 문제가 발생하기 쉬운 부위에 대해서는 시공에 들어가기 전에 설계자와 협의하여야 한다.

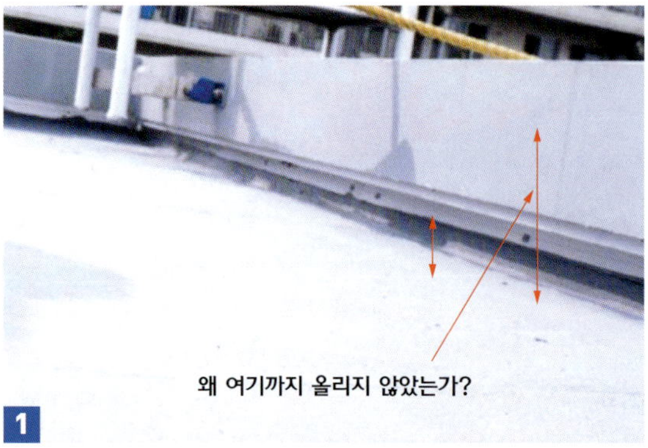

1 방수의 추켜올림이 적어 큰 비가 내릴 때는 방수층의 단부에 물이 들어가기 쉽다. 또한 시공자세가 나쁘므로 결손이 발생하기 쉽다.

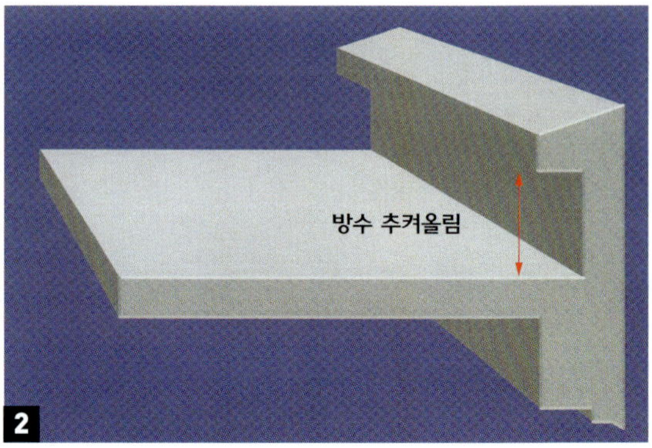

2 사진 1은 위의 그림과 같이 파라펫의 위치를 높게 올리는 것이 가능했을 것이다. 검토부족이다.

3 방수층의 단부는 복잡하게 하지 않을 수 없는 마무리이므로 시공오류가 발생하기 쉽다.

4 위의 그림과 같이 출입구의 높이를 올려서 PC나 U자 구조를 이용한 단을 설치한다면 방수층의 높이는 확보가능하다.

5 왜 루바를 이 높이로 설치해 버렸는지 이해할 수 없는 상황이다.

6 각각의 단면은 모순이 없는 듯 보이나 완성되면 이러한 상태가 되어버린다. 도면을 단면으로만 보면 이러한 실패를 하고 만다.

06 콘크리트 두겁대로부터의 누수

콘크리트의 균열이나 파라펫을 보수한 모르타르의 갈라진 부분으로부터 방수층 내부에 물이 침입해 누수를 발생시키는 사례가 있다. 그림 2와 같이 외벽에 수직균열 유발줄눈이 있어도 파라펫 상부에는 줄눈을 설치하지 않는 마무리를 보이고 있으나 대부분의 경우 파라펫 상부에도 수직줄눈을 향하여 균열이 발생하고 있다. 콘크리트 두겁대 마무리의 경우 확실한 배근과 밀실한 콘크리트 타설이 필수이다.

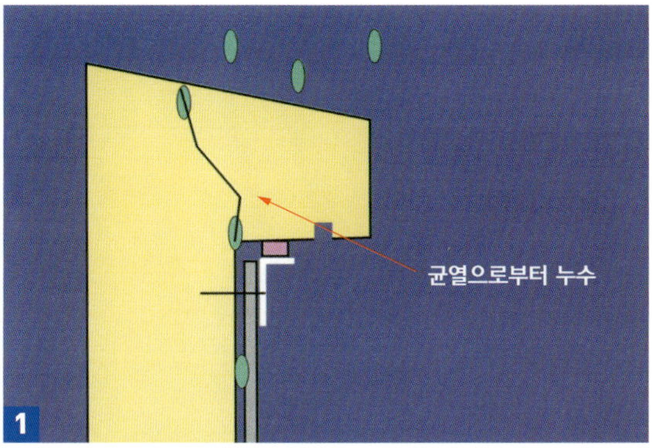

콘크리트 두겁대의 경우, 위의 그림과 같이 콘크리트에 균열이 발생하여 그곳으로부터 그림과 같은 누수가 발생하는 경우가 있다.

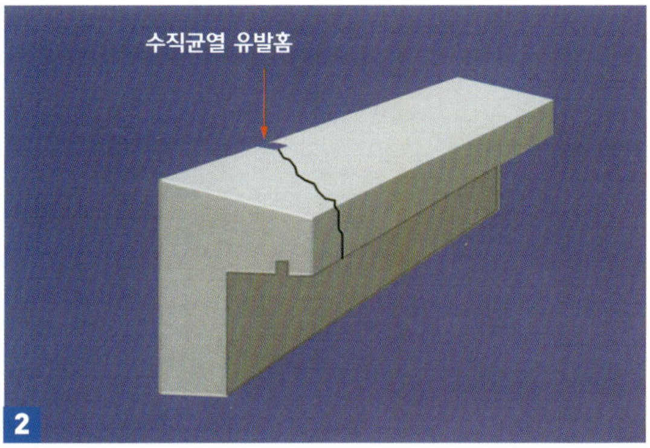

파라펫의 상부에 줄눈을 설치하지 않는 경우가 있으나, 나중에 균열이 발생하면 그곳으로부터 누수가 발생한다.

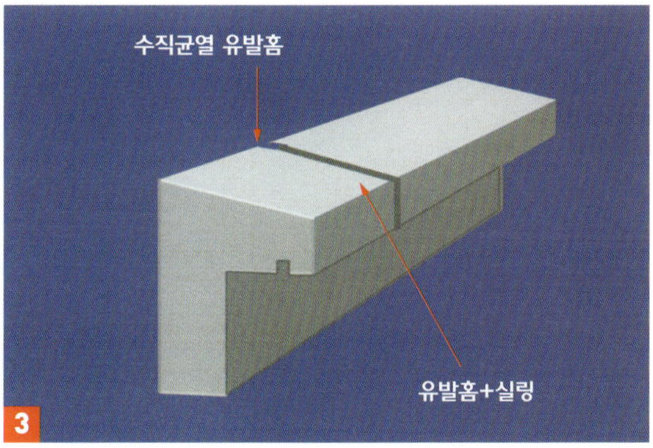

위 그림과 같이 파라펫에 균열 유발홈을 넣어 실링을 실시한다.

강한 일교차에 의한 팽창과 겨울의 추위에 의한 수축으로 인해 약한 콘크리트 두겁대는 견뎌내지 못하고 사진과 같이 갈라진다.

파라펫에 균열이 발생하여 그곳으로부터 물이 스며들어 철근이 녹슬어 팽창하고 하부의 콘크리트가 붕괴된 경우

철근의 피부가 부족한 것이 원인의 하나이나, 최대의 실패는 콘크리트가 확실히 채워지지 않아 강도부족이 된 것이다.

07 두겁대로부터의 누수

두겁대는 지수능력이 필요하나, 사진 1과 같이 모르타르로는 갈라짐이 발생하여 그 부분으로부터 누수라는 결론에 도달하고 만다. 콘크리트의 정밀도에 문제가 있으면 사진 3과 같이 된다. 또한, 사진 5와 같이 추켜올림이 적은 두겁대에서 방수층의 단부처리가 나쁘면 우수가 내부로 침입하기 쉽다.

두겁대를 모르타르로 만들고 있다. 또한 익스팬션 조인트 주변의 구멍도 모르타르로 바르려 하고 있다.

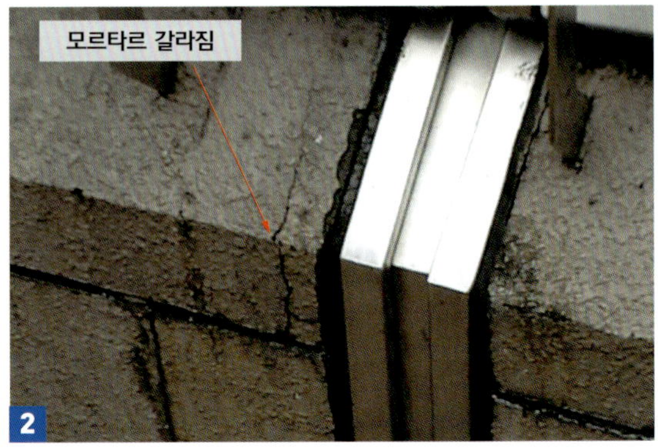

금속주변의 갈라짐은 사진 1과 같은 시공불량 부분을 모르타르로 보수하는 것이 원인이다.

알루미늄 두겁대의 추켜올림 부분을 절단하여 붙여 놓았다. 이렇게 실링을 해버리면 모르겠거니 하는 의식이 아쉽다. 이러한 눈속임 시공이 누수로 이어진다.

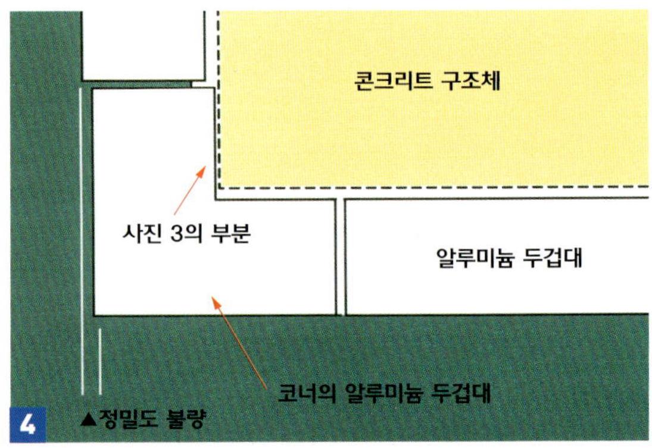

콘크리트 구조체의 길이와 알루미늄의 제작길이 중 어느 하나를 잘못하였다.

이것은 오픈조인트의 알루미늄 두겁대이다. 방수는 두겁대 속에서 누름금속과 실로 막고 있으나 추켜올림이 너무 부족하다.

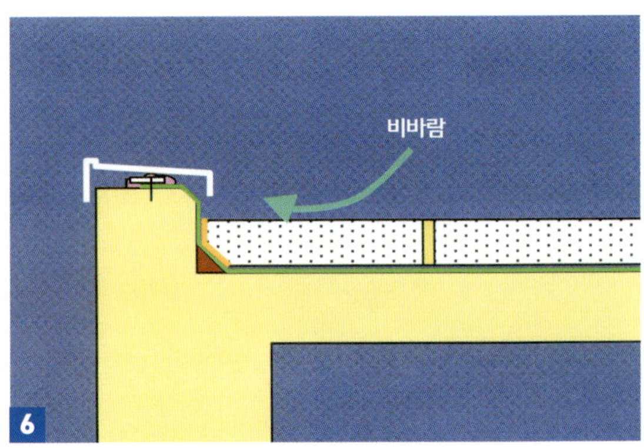

방수의 추켜올림이 부족한 경우 오픈조인트의 알루미늄 두겁대의 내측에 비바람이 불면 방수단부의 결손부분으로부터 누수가 발생한다.

08 익스팬션조인트의 실패

익스팬션조인트 금속의 시공불량에 의한 누수사고가 많이 발생하고 있다. 금속의 아랫부분은 사진 1과 같은 방수 시트가 붙여져 있으나 이 시공이 불완전한 경우가 있다. 또한 시트 위에는 콘크리트 찌꺼기가 떨어지므로 관리된 상황이라고는 할 수 없다. 그림 4와 같은 방법에 의해 지수의 신뢰성을 높이는 것이 가능하다.

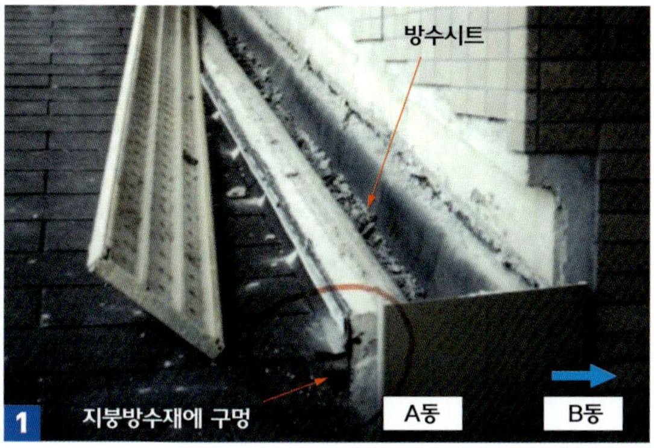

1 방수 아랫부분에 커다란 구멍이 나버렸다. 단면만으로 세부를 검토하면 이러한 실패가 발생한다. 3차원적인 세부의 추측이 필요하다.

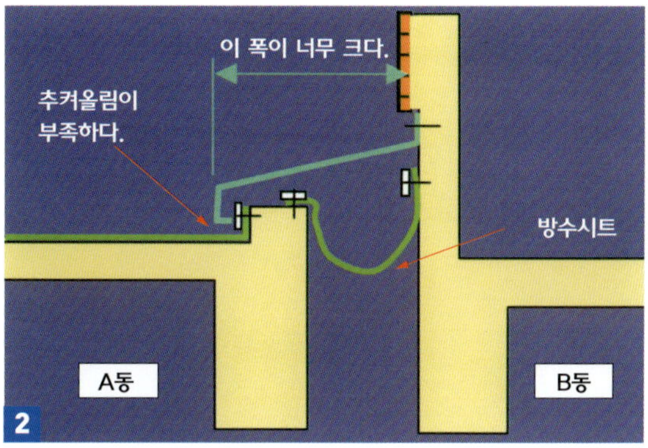

2 또한, 익스팬션조인트 금속의 폭이 너무 크면, A동의 방수 추켜올림이 부족한 것도 문제가 된다.

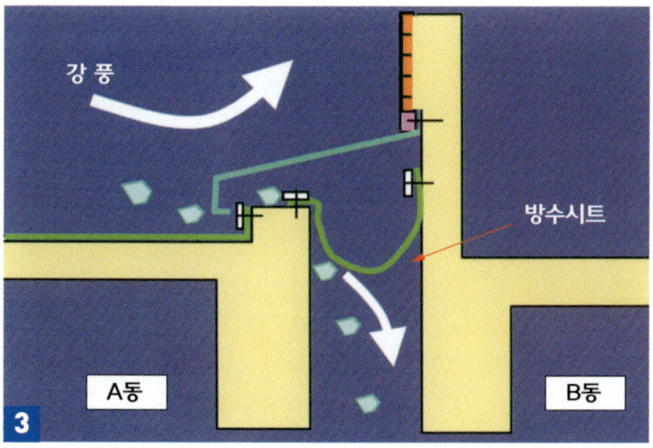

3 위의 그림과 같이 들어간 모서리에 부딪히는 듯한 강풍이 불어 내부에 기압이 내려가면 우수는 빨려 들어가듯이 내부로 침입한다.

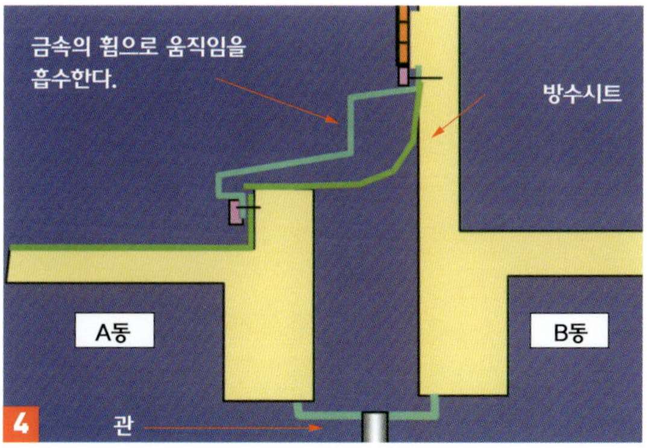

4 물끊기의 양단부분을 확실히 고정하여 실링을 하여 건물의 움직임을 물끊기 곡선부분으로 흡수하는 방법은 기압차에 의한 누수에는 유효하다.

5 복도의 익스팬션조인트 부분에 채용한 금속의 휜 부분으로 움직임을 흡수하는 익스팬션조인트

실패방지 포인트 1

익스팬션조인트부분을 그림 4와 같이 시공하여도 실링의 수명에 의해 누수는 발생한다. 그때에 효과를 발휘하는 것이 그림의 보 아래에 설치해 놓은 관이다. 이 관에 배수를 설치해 놓는 것으로 인해 만일 누수가 발생하여도 물의 처리가 가능하다. 이 부분은 방수공사가 완료하기까지의 사이에도 물이 들어가기 때문에 지수대책이 필요한 장소이나 가설로 사용하는 관을 제대로 된 자재로 사용하여 그대로 본 공사에 이용한다면 누수방지에 효과적이다.

09 알루미늄 두겁대 실의 부착불량

콘크리트 두겁대에 비교하여 안전성이 높은 알루미늄 두겁대를 채용하여도 그 조인트 부분의 실이 파괴되어버리면 의미가 없다. 두겁대의 단면 검토는 상세히 실시하지만 연속방향의 검토가 건성으로 이루어질 우려가 있다. 과거의 사례를 보면 연속방향의 결손이 많이 발생하고 있다. 또한 사진 5와 같은 오픈조인트공법이 많이 사용되어지게 되었으나, 벽과 만나는 부분에 결손이 발생하기 쉽다.

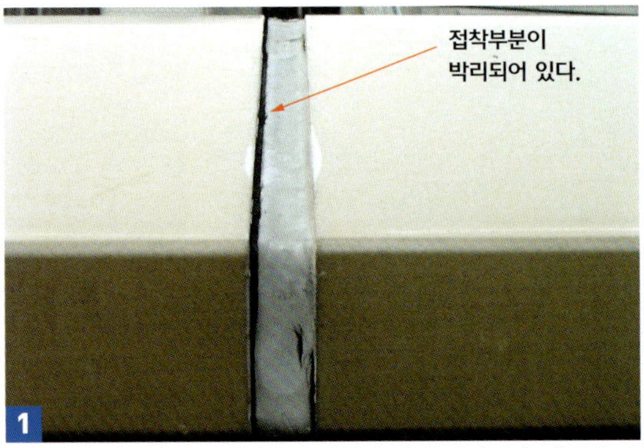

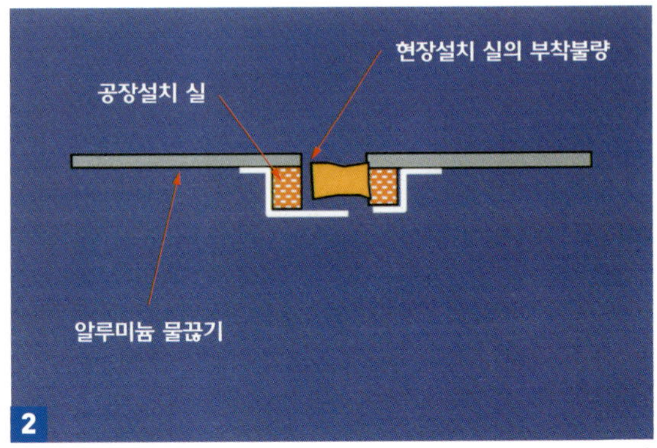

한쪽면의 알루미늄 두겁대와의 부착이 나빠 박리되어 버렸다. 공장 설치 실이 깨끗하게 설치되지 않은 경우, 부착력이 약해 이러한 형태가 된다. 또한 공장 설치 실은 이성분 폴리설페이트를 사용하는 경우가 많으나 현장 설치 실과 프라이머와의 상대성의 실험을 실시 해 놓는 것이 좋다. 프라이머의 오픈 타임의 관리는 중요하다. 시공직전에 먼지 등이 부착되지 않도록 관리하지 않으면 안 된다.

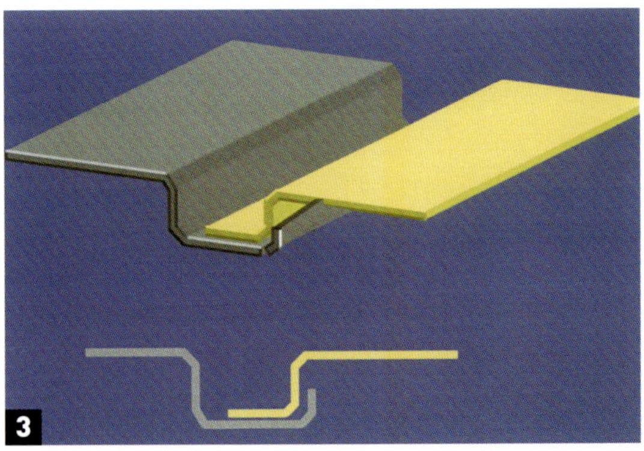

위의 그림과 같이 알루미늄 두겁대의 홈 부분을 굽히는 방법은 3차원의 굽힘이 어려워 용접에 노력이 소요되기 때문인지 최근에는 거의 볼 수 없게 되었다.

그 부분에 채움 오버브릿지 실을 해도 이렇게 되어 버린다. 근본적인 대책을 취하지 않으면 안 된다.

오픈조인트의 두겁대에도 위와 같이 벽과 만나는 부분과 벽으로부터 50㎝ 정도는 벽으로 불어 들어가는 것을 막기 위한 실이 필요하다.

이것은 실폭이 너무 크다. 추겨올림 부분의 실이 잘려져 있다.

10 알루미늄 두겁대의 줄눈 설계 실패

알루미늄 두겁대는 커다란 온도차를 받아 수축을 반복한다. 그것을 흡수하는 것이 줄눈부분이다. 설계치로는 암색계의 경우 80℃의 실효온도차를 견딜 수 있게 되어 있으나 이것을 이해하지 않고 시공하면 사진 1과 같은 부실시공이 되어 누수사고를 발생시키게 된다. 이러한 부실시공은 많은 장소에서 실제로 발생하고 있으나 그다지 대책이 취해지지 않고 있는 상황이다.

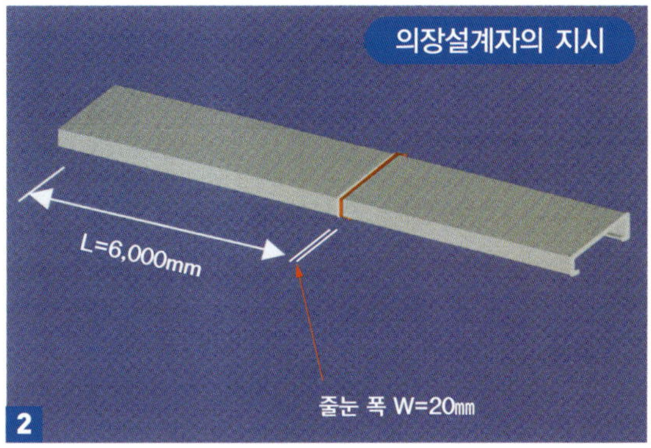

8월에 시공한 암색계의 알루미늄 두겁대의 변성실리콘 실이 겨울에는 위의 사진과 같이 거의 잘려져 버렸다. 기술적인 검증을 하지 않고 의장설계표시대로 두겁대의 길이를 6m, 줄눈을 20㎜로 시공해 버렸기 때문에 이러한 실패가 되어버렸다.

줄눈은 간단한 계산으로 확인이 가능하다. 표계산소프트로 작성된 것을 도구로 가지고 있으면 자신의 판단기준으로서 쓸 수 있다.

줄눈 movement $\Delta L=\alpha \times \Delta T \times L \times (1-K)$

줄눈폭 $W=\Delta L/E \times 100+t$

이상으로 알루미늄 두겁대의 길이 $L=6{,}000$(㎜)를 대입하면

줄눈의 movement ΔL = 10㎜

줄눈폭 W = 53㎜(일본건축학회의 계산식에 의함)

가 되어 온도차에 의해 10㎜의 움직임이 있는 것을 알 수 있다. 또한 기존의 줄눈폭은 53㎜가 필요하였던 것으로 나오나 40㎜ 이상은 허용범위를 넘으므로 알루미늄 두겁대의 길이 6m는 무리가 있었다. 두겁대의 길이를 3m로 한 경우

줄눈의 movement ΔL = 5㎜

줄눈폭 W = 28㎜ 가 된다.

> 알루미늄 두겁대의 열팽창계수 a=23/1,000,000/℃
> 암색계의 알루미늄 두겁대의 실효온도차 △T=80℃
> 알루미늄 두겁대의 온도 movement의 저감율 K=0.1
> 변성실리콘의 설계전단변형율의 표준치 E=20(%)
> 알루미늄 두겁대의 줄눈폭 허용치의 표준치 t=±3(mm)

위의 2개의 사진도 동일한 오류를 범하고 있다. 설계자 · 시공자 · 금속의 제작회사 각각의 기술적인 양심이 강하게 요구된다.

11 새시 주변의 누수(1)

새시 주변으로부터의 누수사고가 많다. 특히 타일은 줄눈을 통해서 물이 침입하게 된다. 구조체의 단계에서 1차 실을 설치하여 지수를 완성하여 압력을 걸은 살수시험을 실시한 후 마감공정에 들어가야 한다. 1차 실을 정확히 시공하는 전제는 구조체의 정밀도 확인임을 잊어서는 안 된다.

1 새시와 타일 사이에 실은 설치되어 있으나 문제는 타일의 하단부 단계에서 방수가 되어 있는지 여부이다.

2 구조체 개구부의 정밀도가 나쁘면 이러한 구조체와의 사이를 모르타르로 채워 타일을 붙이는 경우가 발생한다.

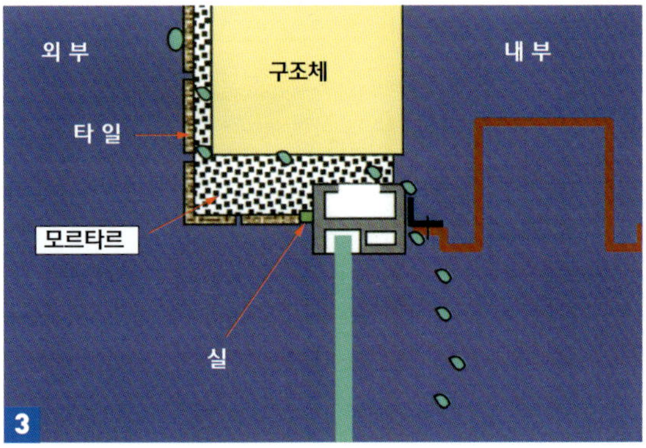

3 외벽구조체와 나중에 바른 모르타르의 사이 틈새를 우수가 통과해 누수가 된다.

4 이것은 난간의 모르타르 두겁대이나 모르타르를 바른 부분이 깨끗하게 갈라져 버렸다. 그림 3의 새시상부의 모르타르도 이러한 상태가 되어버렸다.

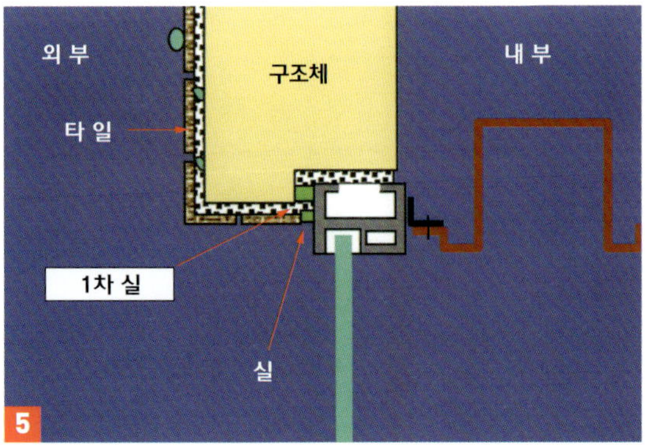

5 모르타르에 맞기지 않고 외벽구조체와 새시의 사이에 1차 실을 설치한 후에 마감타일이나 석재를 붙이는 것이 바른 시공방법이다.

실패방지 포인트 2

이 사례로부터 알 수 있는 바와 같이 누수방지에 불가결한 것은 구조체의 정밀도 확보이다. 담당자에게 이러한 내용을 상세히 지시하면 [그런 것은 당연하지]라는 반응이 돌아오지만 실제로 진행되는 작업을 보면 그렇지 않다. 그 후의 변명은 [전에는 잘 되었는데!]라는 식이다. 머리로 생각하고 있는 것과 현실 사이에 커다란 차이가 있는 기술자가 증가하는 경향이 있다. 관리해야 할 본질적인 것까지 [함께 버리기]는 안 된다. 현실을 보고 반성하며 다음에는 개선에 주력할 수 있는 인재의 육성이야말로 우선적으로 이루어져야 한다.

12 새시 주변의 누수(2)

그림 1은 새시 도면이 판독하기 힘들기 때문에 지수 고무의 방향이 틀린 사례이다. 시공도면은 설치하는 사람에게 전하는 언어이다. CAD로 그린 깨끗한 도면보다 포인트를 짚어주는 알기 쉬운 도면에 신경써야 할 것이다.

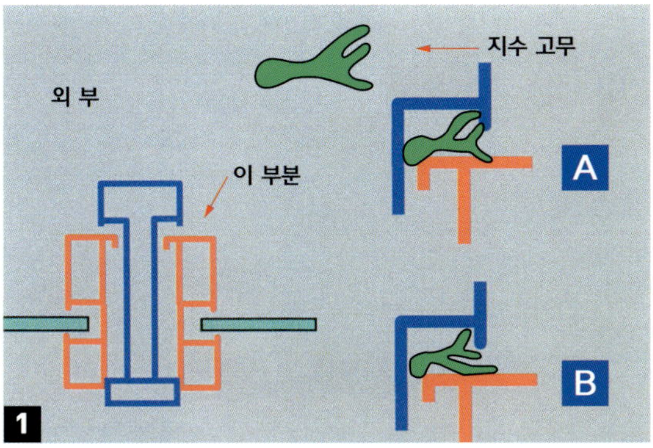

연결된 창호새시의 지수고무를 넣는 방법을 B와 같이 틀리게 하여 누수가 발생하였다. A가 옳다. 새시 메이커는 설치상세를 표시하지 않았다.

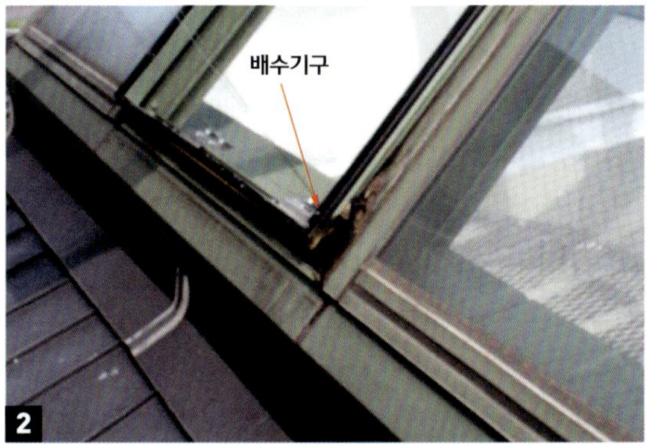

폐쇄식 톱라이트의 배수기구를 낙엽이 메워 수위가 높아져 내부로 누수가 발생하였다. 유지보수를 하기 힘든 장소는 대책을 세워 놓아야 한다.

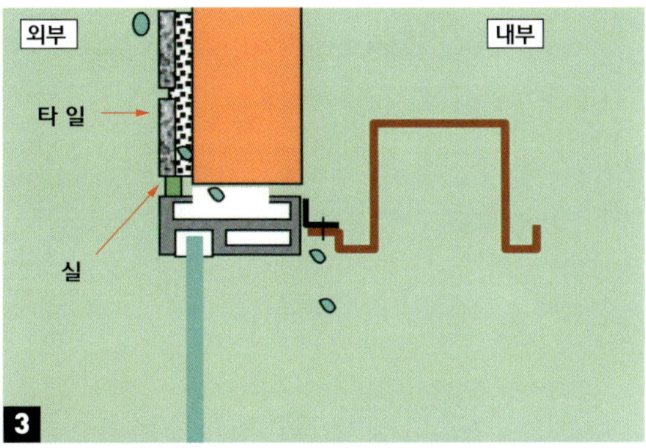

새시와 외벽의 마감면을 합쳐 놓은 디자인으로 타일과 새시 사이만 실을 설치하였으나 타일과 구조체 사이를 돌아서 물이 내부로 들어왔다.

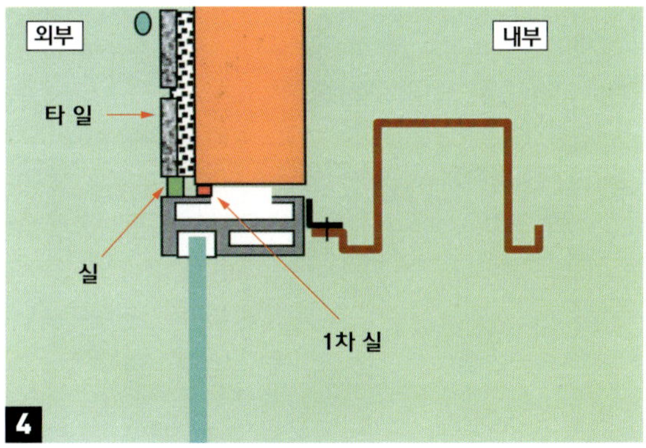

디자인적으로 허용된다면 새시는 물을 끊을 수 있도록 내측까지 길게 한다. 그렇지 않다면 위의 그림과 같이 새시와 구조체의 사이에 1차 실을 시공한다.

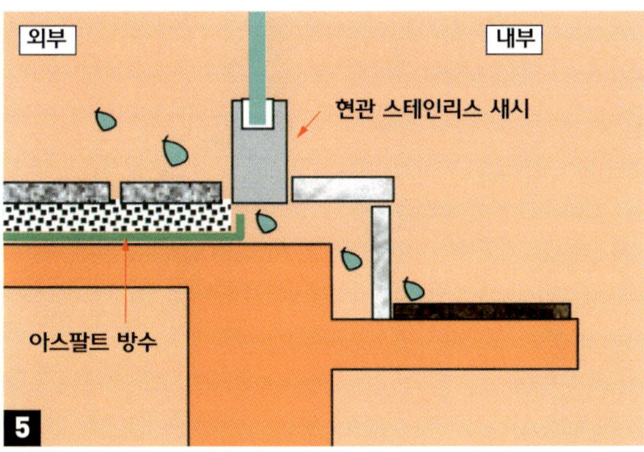

아스팔트 방수와 새시와의 방수구성이 나빠 호우시에 내부로 누수가 발생하였다.

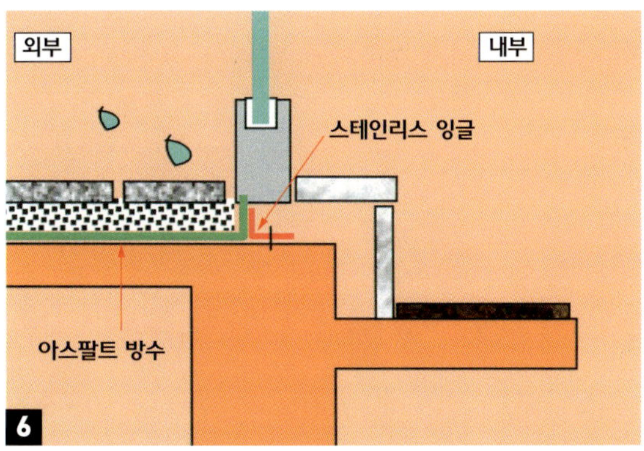

구조체에 추켜올림을 만드는 것이 가장 좋지만, 불가능하다면 위의 도면과 같이 앵글을 통과시켜 새시와의 사이에 실을 한 후에 아스팔트 방수를 추켜올린다.

13 새시 주변의 누수(3)

새시 그 자체의 배치나 설계가 나빠 내부로 우수가 침입하는 경우가 있다. 특히 태풍 등의 강풍 시에도 문제가 발생하지 않도록 고려해 놓을 필요가 있다.

1 처마의 돌출이 적은 현관 새시의 경우, 강풍시에는 우수가 내부로 침입하고 만다. 여닫이문은 미닫이문과 비교하여 물이 들어오기 쉽다.

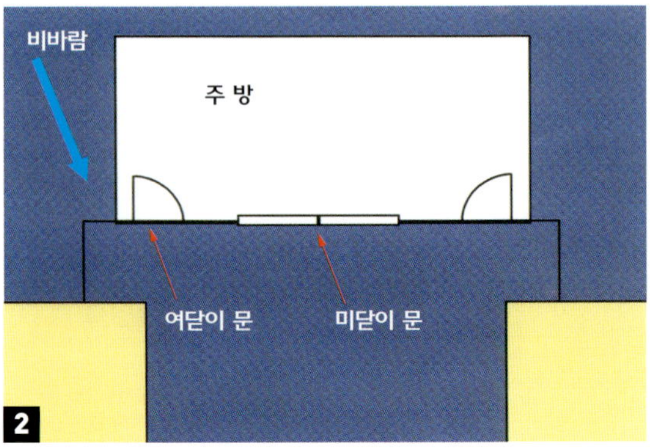

2 처마는 전면만이 아니라 측면으로 내미는 방법도 필요하다.

3 엘리베이터 기계실의 환기루바의 위치가 나빠 비바람이 강한 경우 우수가 들이닥쳐 기계와 배선반에 물이 닿는 경우가 있다.

4 협소한 기계실의 경우는 충분히 검토를 실시한다.

5 잘못 설치된 새시 선반의 도료가 결로수에 의해 벗겨져 있다.

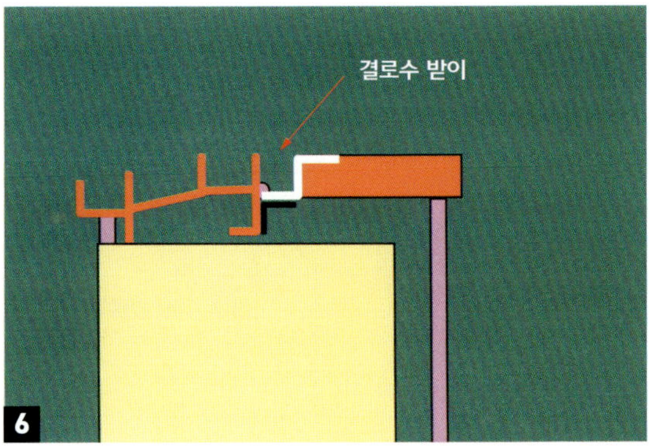

6 위의 그림과 같이 결로수 받이와 설치한 새시와의 사이를 실하여 결로수를 받아낼 수 있는 기구를 만든다.

14 새시에 금속 물끊기가 없는 상세의 실패

새시 하부에 금속의 물끊기를 설치하지 않은 세부의 경우 누수사고가 발생하기 쉽다. 타일 등을 지수성이 있는 것이라고 오해하여 새시와 타일의 실링만으로 지수작업을 완료하는 사례를 볼 수 있다. 물은 구조체로 멈춘다는 원칙을 잊지 않아야 한다.

물끊기가 없이 시트방수를 직접 새시에 말아 올렸으나 단부의 삼각실이 잘려버렸다.

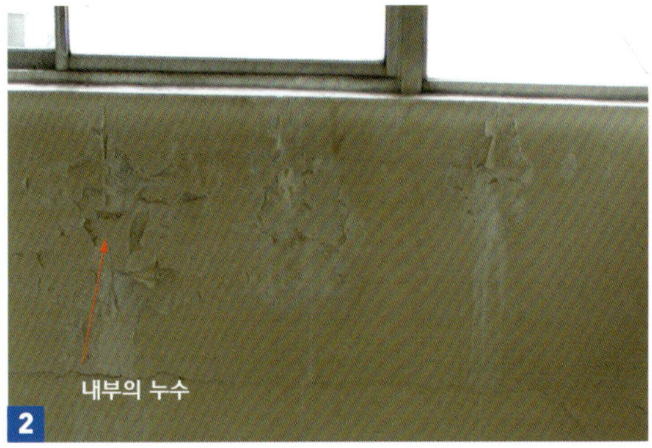

내부에서 누수되고 있는 상황. 도료가 누수에 의해 벗겨져 있다.

연속된 창호 새시의 물끊기를 타일로 마감한 것이나 이 부분에서 누수되고 있는 사례가 많다.

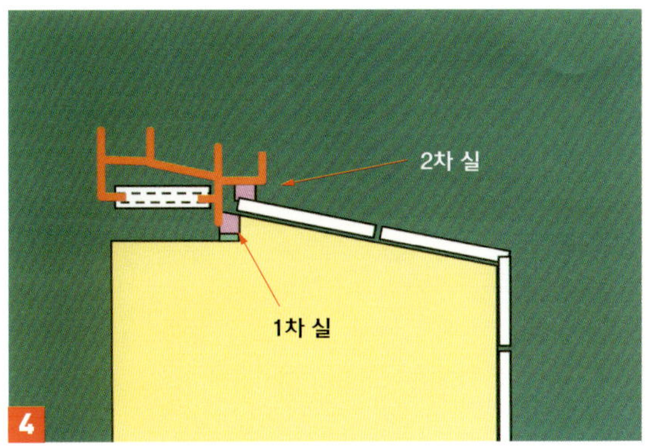

표면의 실만으로는 타일 줄눈을 통과한 물을 막을 수 없다. 구조체와의 사이의 선행 1차 실의 시공을 잊어서는 안 된다.

정밀도가 나빠 새시와 구조체 사이에 벌어진 커다란 틈새를 모르타르로 막아놓았다. 이런 식으로는 1차 실로 해결될 일이 아니다.

이렇게 마감해 버리면 구조체와 새시와의 방수가 만나는 부분을 알 수 없게 된다. 타일을 붙이기 전에 검사와 압력살수시험은 반드시 해야 한다.

15 새시에 금속 물끊기를 설치하고도 실패

애써 새시에 스테인리스 물끊기를 설치하고도 사진 1과 같이 해서는 의미가 없다. 물끊기를 설치하기 위한 구조체의 홈과 타일이 차지하는 부분을 고려하여 시공도면을 작성해야 한다.

1

새시 물끊기의 열팽창과 진동에 의해 타일 하부의 모르타르가 구조체로부터 박리되어 타일과 함께 전면으로 튀어나와 있다.

사진 1의 상황은 새시 물끊기 부분의 구조체홈이 너무 커서 모르타르로 크게 메워 물끊기와의 사이에 실을 하는 폭이 없었던 것이 원인이라 생각된다.

2

위의 그림과 같은 구조체였다고 생각된다.

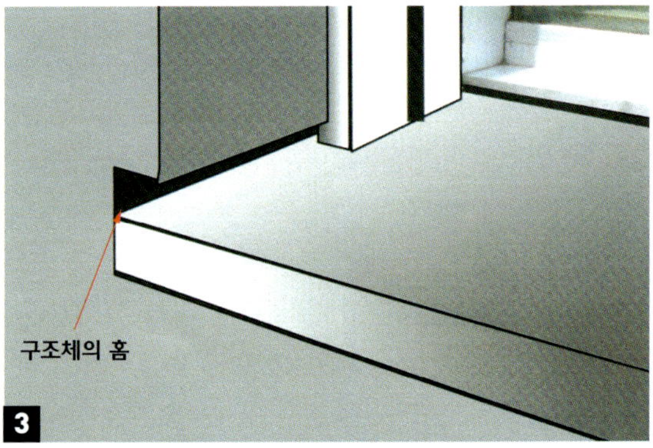

3

위의 그림과 같이 구조체로 물끊기를 위한 홈을 만들어 구조체와 물끊기 사이에 1차 실을 만든 후 타일을 붙이면 이러한 사고는 발생하지 않았다.

4

이것은 콘크리트 타설전 형틀의 상황이다. 물끊기를 위한 홈을 구조체 공사시에 넣어 놓으나 단열재를 사용하기 때문에 정밀도가 떨어진다.

새시의 시공도면 작성시에 그것을 설치하는 구조체의 상세를 그 시점에서 종합해 놓으면 능률적이고 오류를 줄일 수 있다.

16 측방향 드레인 높이의 실패

사진 1은 측방향 드레인이 높아 옥상에 물고임이 발생해버린 실패 사례이다. 이 상황은 아스팔트 노출방수이므로 눈에 보여 이슈화되었으나 누름 콘크리트의 밑에 이러한 상황이 발생하여 방수층의 물빠짐을 나쁘게 하여 방수 성능을 떨어뜨리는 일이 있다. 배근방향과 드레인 배치의 전략이 중요하다.

1

측방향드레인이 높은 채로 방수가 시공되어 우천 시마다 물이 고여 버린다. 물 흐름 경사가 부족한 경우, 물 아래의 시트를 중첩한 부분으로 막는 방법도 있다.

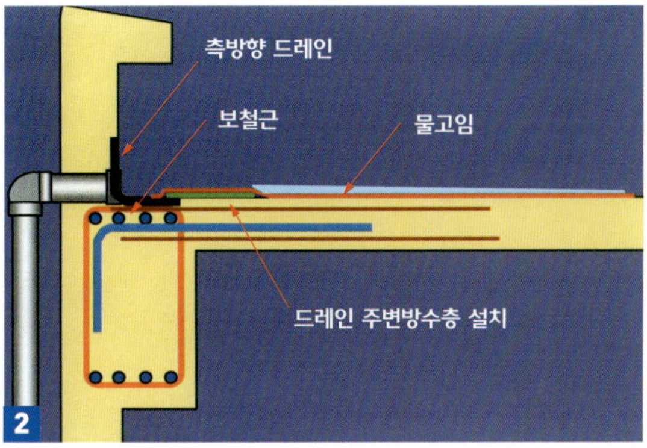

2

드레인의 높이가 높아지는 것은 보철근과 만나는 부분의 검토부족 때문이다. 드레인을 수면보다 3㎝ 내리기 위해서는 철근에 닿지 않도록 계획해야 한다.

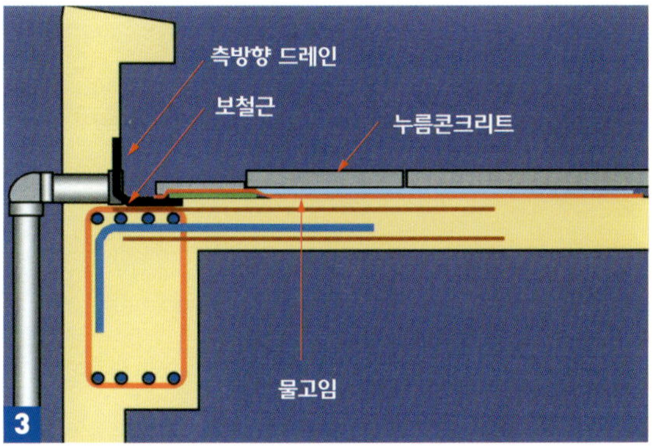

3

누름콘크리트가 있다면 물 흐름 구배가 제대로 잡혀 있다고 보기 쉬우나 드레인의 위치가 높은 경우 누름콘크리트의 밑은 물이 고여 버리고 만다.

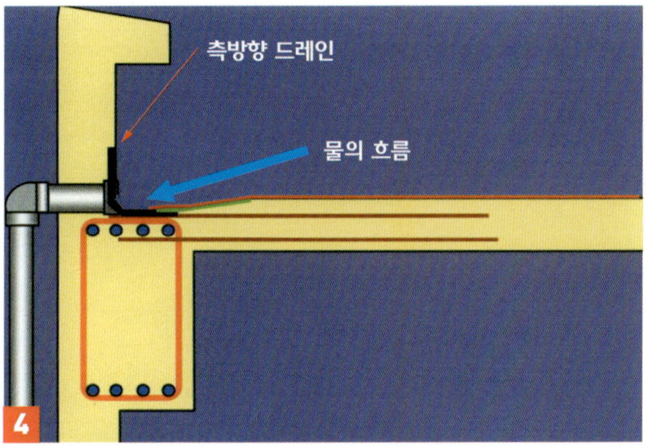

4

보의 배치를 고려하여 드레인을 설치하는 것에 따라 이렇게 깔끔한 구성이 된다. 특히 드레인의 밑은 철근이 밀실하므로 콘크리트의 다짐이 중요해 진다.

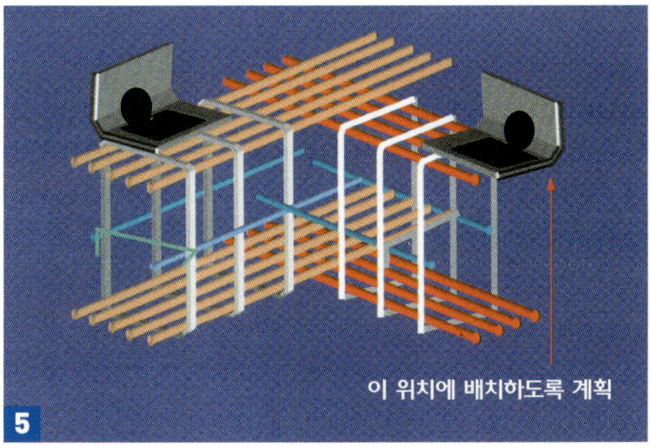

5

측방향 드레인은 왼쪽의 높은 보위가 아닌 오른쪽의 낮은 보위에 배치하도록 계획하지 않으면 안 된다.

6

드레인의 설치 위치가 높으면 비온 다음날에도 이렇게 물고임이 남아있다.

17 측방향 드레인 주변의 실패

사진 1과 같은 상세는 설계도와 시공도면 단계에서의 단면도로서는 표현되기 힘든 부분이다. 건축공사에서는 매우 중요한 부분의 표준이 완성되지 않은 경우가 많다. 당연한 것이 이루어지지 않는 이유는 각각의 마무리 방법이 다르기 때문이다. 또한 당연한 것도 여러 단계를 거치므로 습득에 많은 시간이 요구된다. 여유가 없을 때에는 실패사례로부터 배우는 것이 효과적이다.

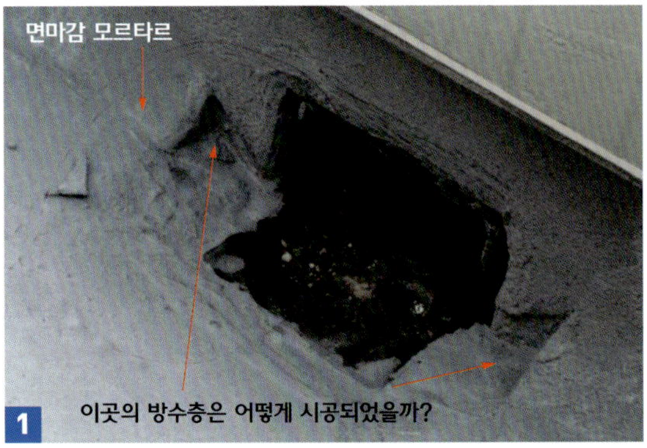

1

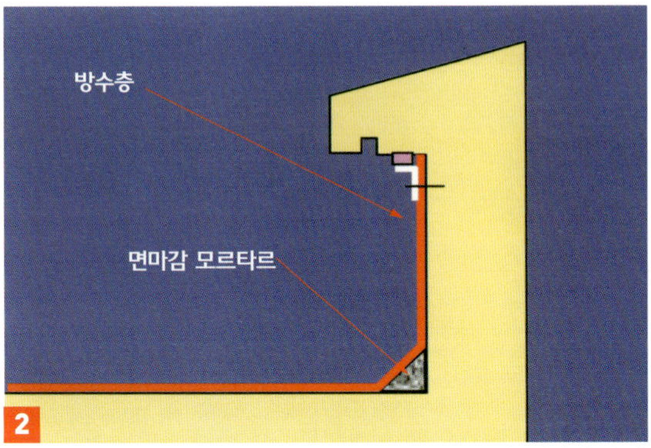

2

사진 1은 면마감 모르타르를 드레인 가까운 곳에서 잘라내어 그대로 방수공사를 하고 있다. 드레인의 커버를 설치하기 위한 행위라 추정되나 이것으로는 면마감 모르타르를 시공하는 의미가 없다. 그림 2와 같이 방수층의 곡선을 부드럽게 하여 방수의 결손을 막는 것이 그 목적이다. 물을 모으는 부분에서의 시공불량은 치명적이다.

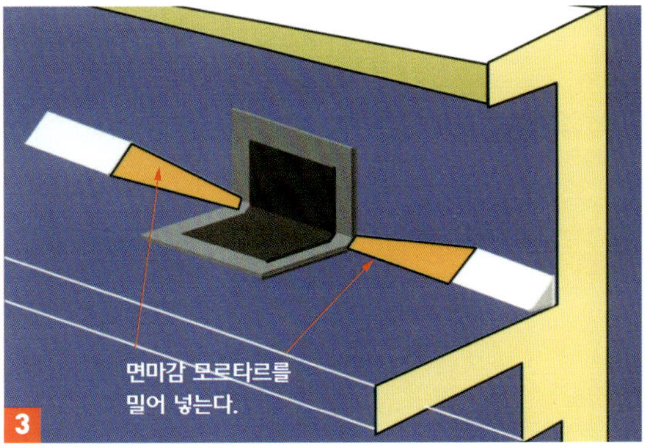

3

이러한 면마감 모르타르를 드레인의 곡선부분에 맞춰서 밀어 넣으면 방수층이 부드럽게 시공되어 드레인 커버도 말끔히 설치할 수 있다.

4

측방향 드레인이 안쪽에 너무 들어가 있어 유지보수가 불가능하다. 개구부는 크게 설치하지 않으면 안 된다. U자 구조를 역으로 사용하면 말끔한 개구부를 만드는 것이 가능하다.

5

측방향 드레인의 위치가 안 좋은 상태인데 커버가 바르게 설치되어 있으므로 별도의 커버를 설치하고 있다. 구멍이 벌어지므로 망으로 막고 있다.

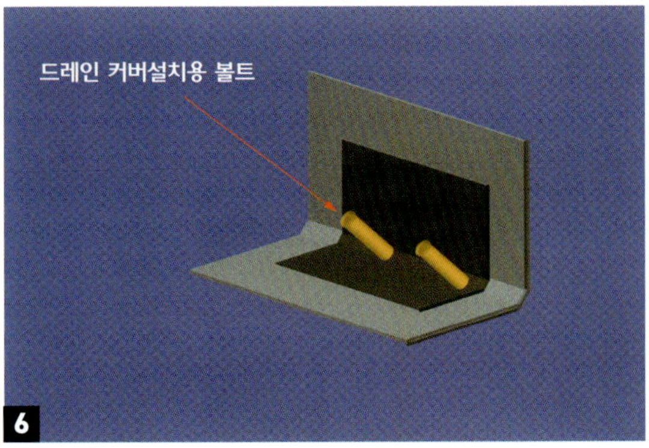

6

볼트를 풀어놓는 경우가 많으므로 볼트 구멍이 콘크리트나 아스팔트로 메우지 않도록 배려한다.

18 루프드레인 높이의 실패

드레인의 설치는 콘크리트 타설 직전의 작업이 되므로 아래에 나타내는 바와 같이 실패가 많다. 슬래브의 배근 후 드레인 위치에 철근을 굽힌다든지, 절단하든지 하여 드레인을 설치하는 식의 작업을 해서는 정확한 설치가 어렵다. 드레인 고정을 위한 계획도면을 작성하고 배근 전에 위치 결정을 하여 철근공사담당자와 조정을 하는 단계가 중요하다.

물구배와 드레인의 위치가 안 맞아 커다란 물의 고임이 생겨버렸다. 물구배가 부족하고 복잡한 구배를 취하면 실패한다. 또한 데크 플레이트의 휨도 고려하지 않으면 안 된다.

드레인이 높게 설치되었기 때문에 물빠짐이 나빠졌다. 콘크리트 표면에서 3㎝는 내려야 한다.

콘크리트에 설치한 드레인이 콘크리트면보다 높다. 이런 형상으로는 물고임이 발생하고 만다. 또한 경사지게 설치되어 있다.

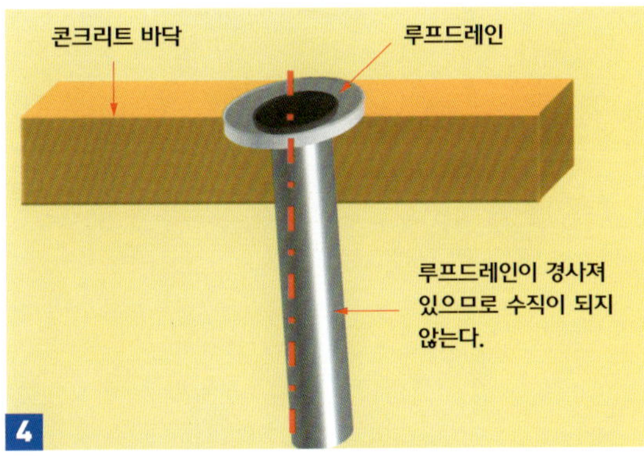

위의 그림과 같이 설치된 루프드레인이 수평으로 설치되지 않으면 후에 끼워넣는 배수관이 수직으로 서지 않고 접속불량이 되기 쉽다.

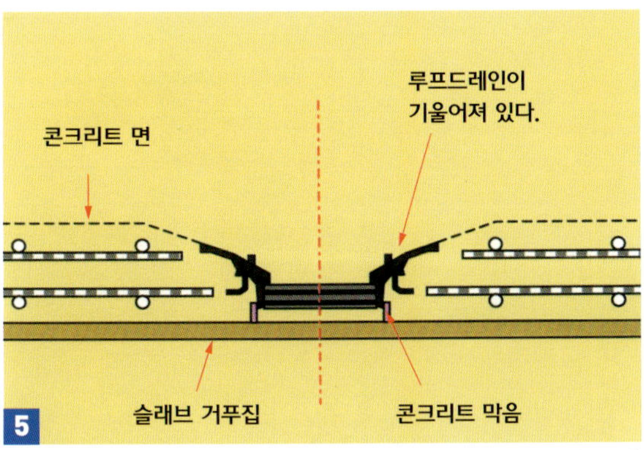

높이가 너무 높다든지, 경사지게 설치되어 있는 것은 슬래브 거푸집에 확실히 수평을 잡아서 고정시켜 놓지 않았기 때문이다.

깨끗이 설치된 루프드레인. 드레인의 주변에는 보강 철근이 있어 콘크리트가 들어가기 힘드므로 충분히 고정시켜 놓는다.

19 드레인 배치계획의 실패

비가 오는 날도 아닌데 바닥에 물이 흘러 얼룩이 발생한다든지, 바닥면이 더러워지는 것을 볼 수 있다. 앞으로 돌아가 보면 공조기로부터의 결로수임을 알 수 있다. 건물의 바깥 표면은 돈을 들여 깨끗이 하고 있으나 이러한 부분에 배려가 없는 것은 매우 아쉽다. 처음부터 계획했더라면 적은 비용으로 개선이 가능하였다.

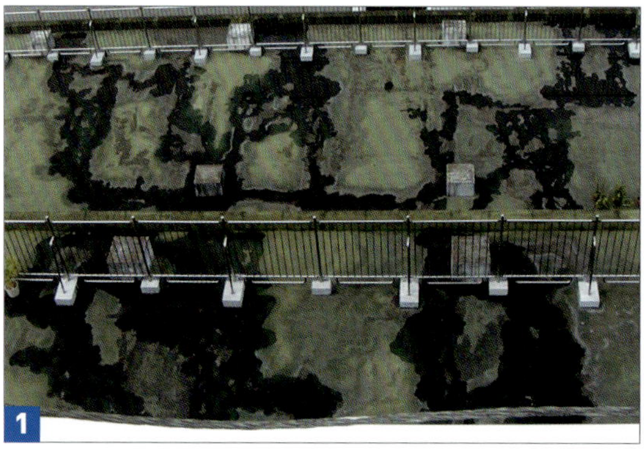

1

노출방수의 옥상에 공조기의 결로수배수가 더럽게 이어져 있다. [외부이므로 배수를 흘려보낸다.]라는 안이한 생각이 이러한 결과를 발생시켰다.

2

이것은 실내기의 배수를 직접 발코니의 드레인에 흘리고 있는 좋은 예이다.

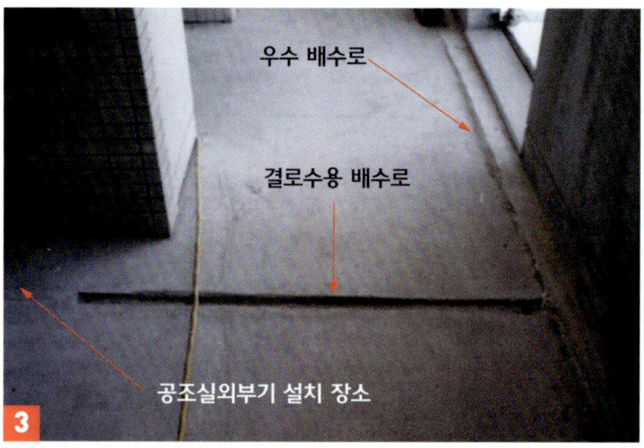

3

맨션의 복도측에 공조기의 배수가 흐르면 보기가 싫다. 이런 식으로 제대로 된 배수로를 만들어 덮개를 씌우는 인부가 있다면 훌륭하다.

4

옥탑의 빗물을 외부의 관으로 옥상으로 흘려보내고 있다. 이러한 배치 역시 가능한 드레인에 가깝게 올 수 있도록 생각해서 계획해야 한다.

5

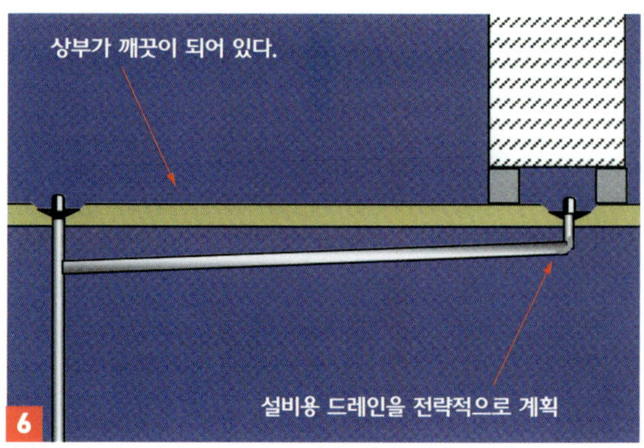

6

사진 5는 크리닝타워의 자동세정의 배수가 옥상 바닥에 넘쳐 바닥에는 얼룩이 발생하였다. 드레인의 계획 시에 설비배수까지 고려하는 일은 거의 없다. 그러므로 드레인을 1개 증설해 놓으면 통로를 막는 배관이 없어져 깨끗한 구성이 된다.

20 루프드레인 설치 누락·잘못 설치

루프드레인의 재료를 수배해 놓으면서 설치 공사를 계약하지 않는 경우가 있다. 콘크리트 타설 직전에 매우 빠쁜 일정 속에서 잊어버리면 사진 1과 같이 엄청난 수고를 들여 구멍을 뚫고 설치하는 일이 발생한다. 더욱이 완성된 것은 품질이 나쁘다.

1 철골계단 참부분에 드레인을 설치하지 않고 모르타르를 타설하여 나중에 모르타르를 벗겨내고 설치해 놓은 상황

2 슬래브에 코어 뚫기를 하여 드레인을 설치하고 모르타르를 넣으려 하고 있으나 이러한 설치방법으로는 수평이 맞지 않으므로 재시공하고 있다. 개구부 보강근도 들어가 있지 않다.

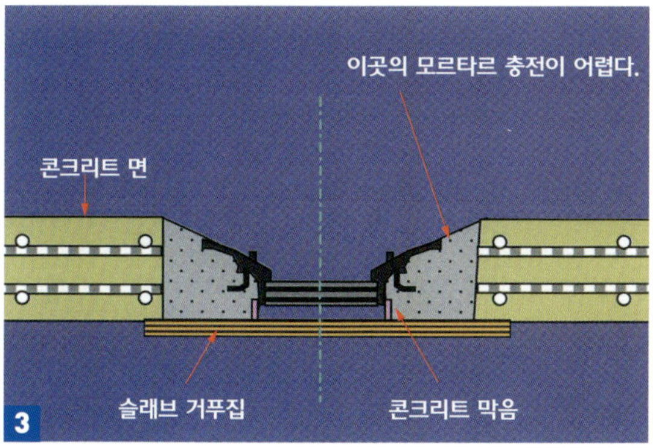

3 이러한 단면으로 설치된 드레인으로는 구조체로서의 지수를 기대할 수 없다.

4 방수층에 결손이 생긴 경우, 제일 약한 드레인 주변의 모르타르 부분에서 위와 같이 누수된다.

5 데크부분의 모르타르 나중 타설의 상황. 나중 타설 모르타르가 흔들려 진동으로 낙하할 우려가 있다.

실패방지 포인트 3

하나의 실패가 발생한 경우, 그것을 구태의연한 방법으로 고치려하면 대부분의 경우 그것에 기인한 새로운 부실시공이 발생한다. 그것도 치명적인 형태가 되어 나타나는 일이 많다. 발생해 버린 실패는 팀 전체가 회의를 통해 그 대책에 보다 우수한 기술력과 경험을 가진 맴버의 의견을 받아들여 전원의 실패사례로서 인식하고 당당히 대응해 나가는 것이 중요하다. ISO를 취득하고 있는 기업이 늘고 있으나 겉모양뿐으로 끝나지 않고 부실시공을 확실히 기록으로 남겨 재발방지에 진실하게 참여하는 기업정신이 요구된다.

21 공사 중에 우수 드레인이 막혀 인도 후에 누수

공사 도중, 이러한 상황에서 우수 배수관이 가득차는 경우가 발생한다. 쓰레기나 철근의 결속선 · 정 등이 관의 구부러져 있는 부분에 걸려 그곳에 시멘트 성분을 포함한 배수가 흘러서 굳어 버려 물의 흐름을 막는 경우가 발생한다. 특히 배수관 속은 검사하기 힘들기 때문에 그대로 건축물을 인도해 버려 호우 시에 배수되지 않고 누수로 이르는 경우가 있다.

1 드레인의 배수관이 막혀있으면 이러한 대량의 배수를 통과시키지 못하고 넘쳐버린다.

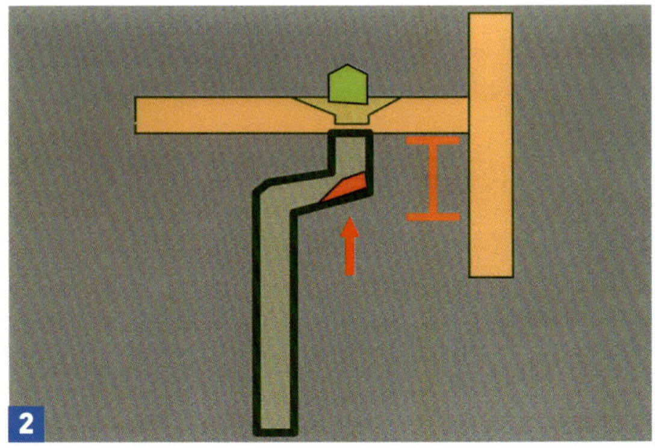

2 이 부분이 막히기 쉬우므로 모든 청소에 노력과 비용이 소비된다.

3 방수 누름콘크리트 타설 시에 시멘트 가루를 포함한 배수가 흐르고 있는 상황. 이것이 관의 구부러진 부분에 있는 쓰레기를 굳혀 버린다.

4 콘크리트의 먼지와 쓰레기가 드레인 속에 들어가려 하고 있다. 여기에 사진 3과 같이 시멘트 가루가 섞인 물이 흘러들어 배관을 막아버린다.

5 대책 : 드레인의 주변은 항상 깨끗하게 청소하고 쓰레기의 유입 방지를 위해 사진과 같이 비닐파이프를 원형으로 잘라 실로 고정하여 망을 넣어 보호한다.

6 이 사진은 방수 누름콘크리트의 석회분이 오랜 시간 녹아 방수층 사이에 스며들어 드레인에 흘러든 상황

22 루프드레인 배관이 온도차로 인해 파단 · 누수

여름에 시공한 루프드레인의 배수관이 준공 후의 겨울에 이음부분에서 파단 · 누수 되어 버렸다. 상부는 드레인에 볼트 방식으로 고정되어 하부는 콘크리트 바닥에 고정되었다. 경질염화비닐수지의 열팽창계수는 50~180×10-6이다. 여름온도가 30℃ · 겨울 온도가 0℃라고 가정하고 30℃의 온도차가 4m의 배수관에 작용하면 계산상으로는 최대 4,000×30×180×10-6=21.6㎜ 수축하는 움직임이 있었다고 생각된다. 배수관은 이 힘을 흡수할 수 없어 파단 되었다.

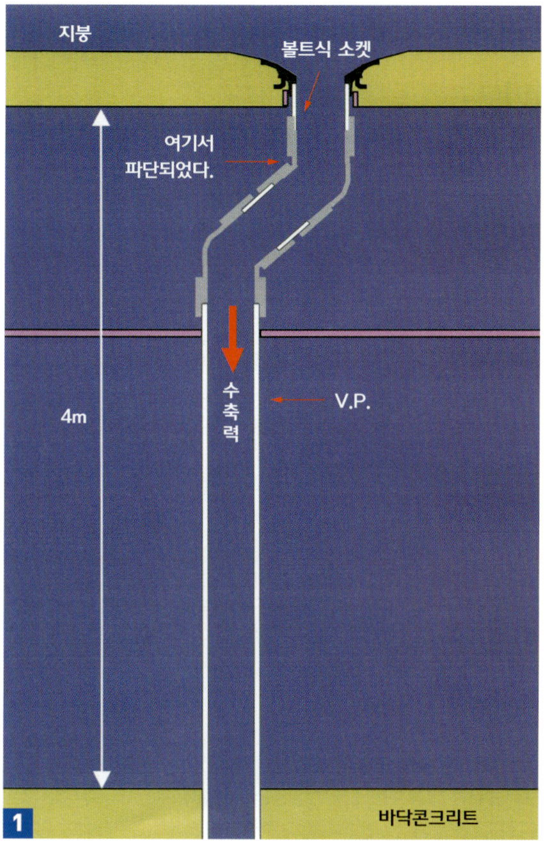

1 30℃의 온도차에 의해 21.6㎜ 수축하는 움직임이 있었다.

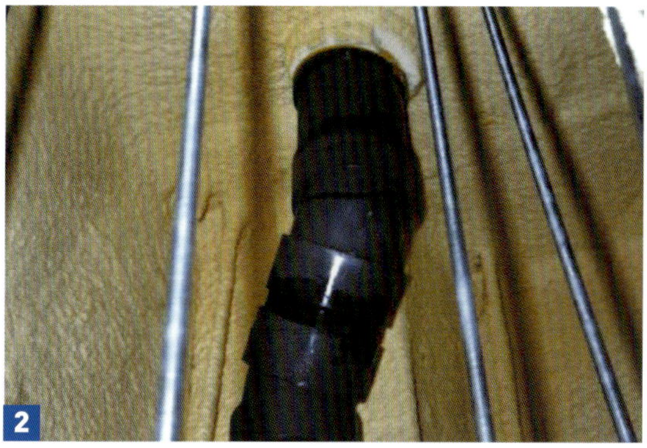

2 아래 사진이 드레인 배관이 갈라진 부분이다. 상하를 고정하였기 때문에 온도차에 의한 수축력이 작용하여 파단되어 버렸다.

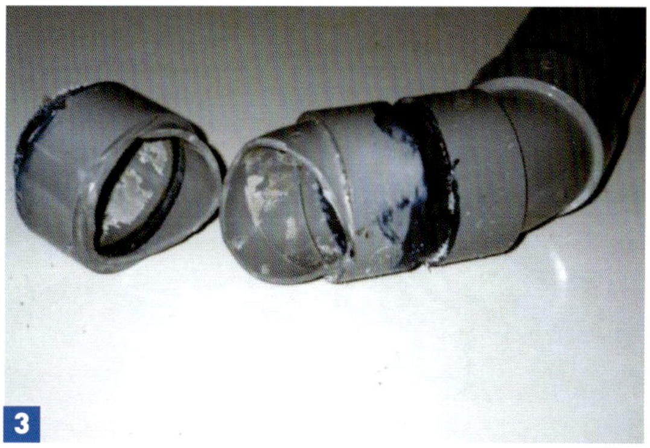

3 커다란 인장력이 걸려 이음매의 약한 부분에서 부러져 있다.

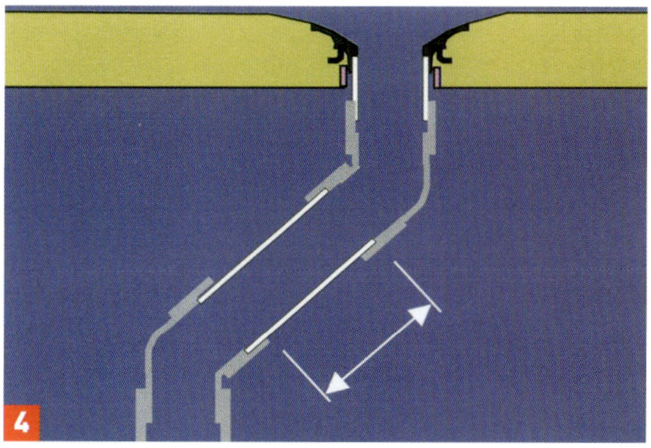

4 위의 경사진 부분의 배관길이를 길게 함에 따라 어느 정도의 움직임을 흡수하는 것이 가능하다.

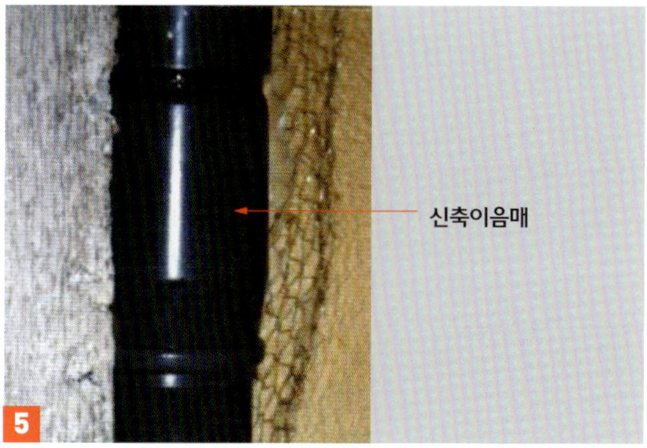

5 움직임이 큰 경우는 이러한 신축이음을 이용하는 방법도 있다. (방화구획관통 시에는 배려가 필요)

23 루프드레인 배관으로부터의 누수와 배관은폐의 문제

드레인에는 여러 종류가 있어 그 지역특성을 계획에 반영하지 않으면 안 된다. 여기서는 하나의 실패사례를 가지고 그 적정성과 부적정성을 생각해 본다. 또한, 배수관은 의장적으로는 숨기고 싶겠지만 문제 발생 시 점검 용이성을 고려해야 한다.

1 한겨울의 적설지역으로서 발코니의 천장에 우수가 흘러 피스구멍을 통해 보드 표면에 나타나 있다.

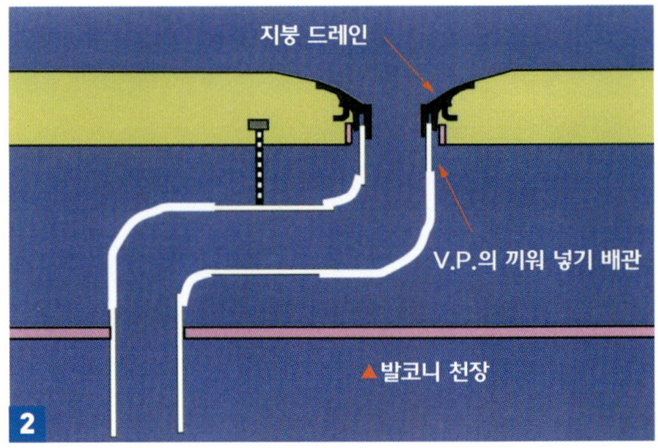

2 지붕의 드레인을 끼워 넣기 배관으로 하여 천장 내로 떨어뜨리는 구성이 되었다.

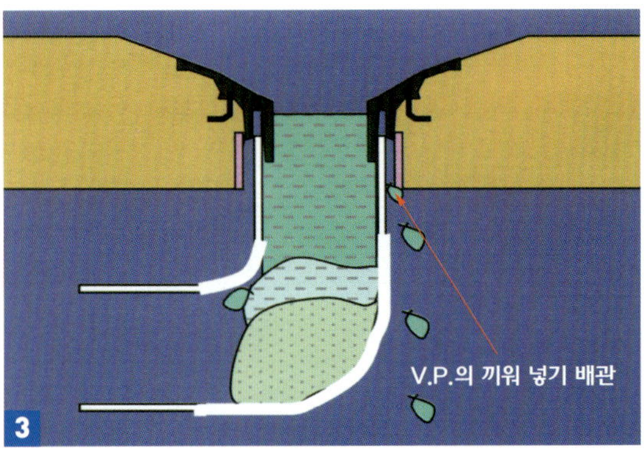

3 엘보부분에 우수가 동결되어 배관을 막고 있어 위로부터 흘러들어온 물이 끼워 넣기가 느슨한 부분으로부터 넘쳐 나온 것이 이 원인이었다.

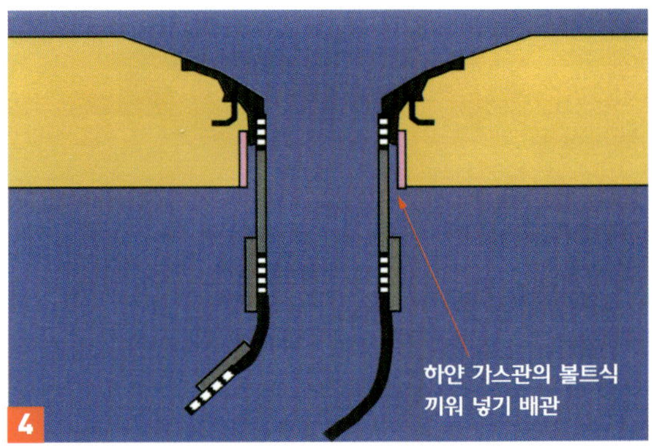

4 끼워 넣기 배관을 버리고 하얀 가스관의 볼트식 이음을 사용함에 의해 이러한 상황에서 누수를 막는 일이 가능하다. 또한 45°의 엘보를 사용하면 보다 안전성은 높아진다.

5 공조 드레인과 우수 배수관을 기둥마감재속에 감춰놓으면 배관이 막혔을 때 원인을 알아내기 위한 노력이 소요되고 보수에 비용이 소요된다.

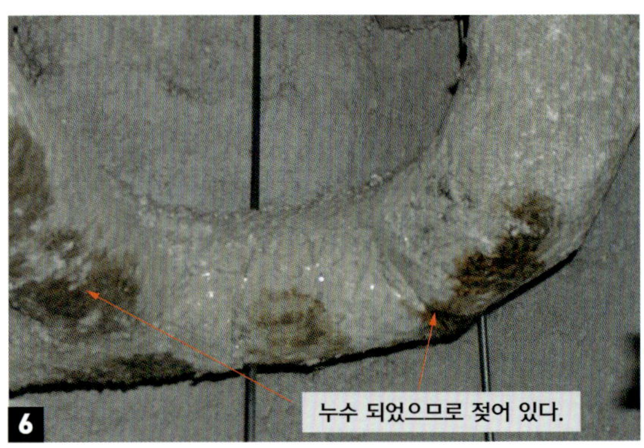

6 배수관은 실내에서는 보온되지 않으므로 젖어 있는 부분을 확인할 때에는 보온재를 벗겨내지 않으면 안 된다.

24 시트방수의 실패

준공하고 바로 다음에 사진 1과 같은 부실시공이 발생하였다. 원인은 시트방수의 접착제가 콘크리트의 이어치기부분으로 스며들어 내부의 철근의 녹을 발생시켰기 때문이다. 방수하부의 이어치기 처리를 확실히 하지 않으면 안 된다.

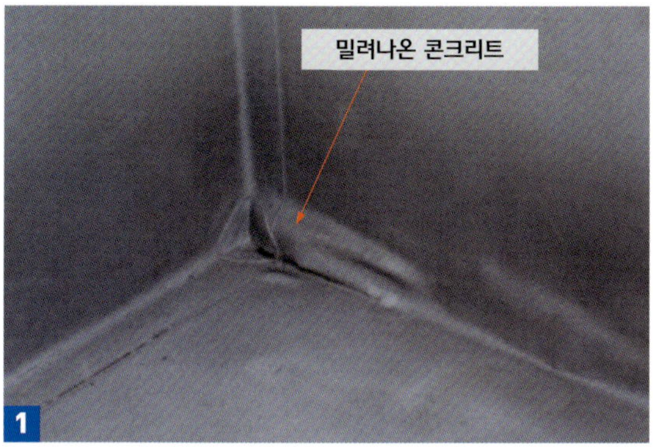

시트방수의 내측 콘크리트가 부서져 방수층을 밀어내고 있다.

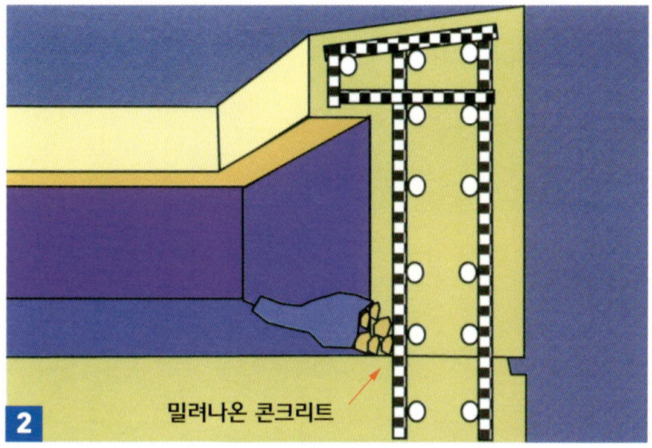

콘크리트의 이어치기 부분의 다짐이 불량하였기 때문에 시트의 접착제가 그 약한 부분을 통과하여 철근에 녹을 발생시켜 팽창한 철근이 콘크리트를 밀어내고 있다.

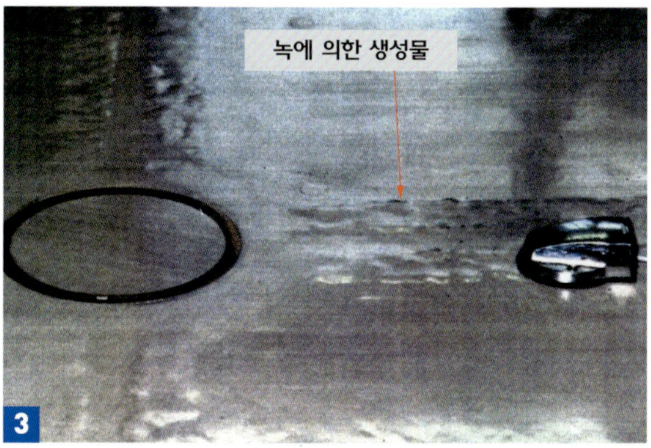

방수관련은 아니지만 접착제의 영향에 관련된 사항이다. 바닥에 긴 시트를 깔았을 때, 플로어덕트부분의 콘크리트의 피복이 없어 녹을 유발시켰다.

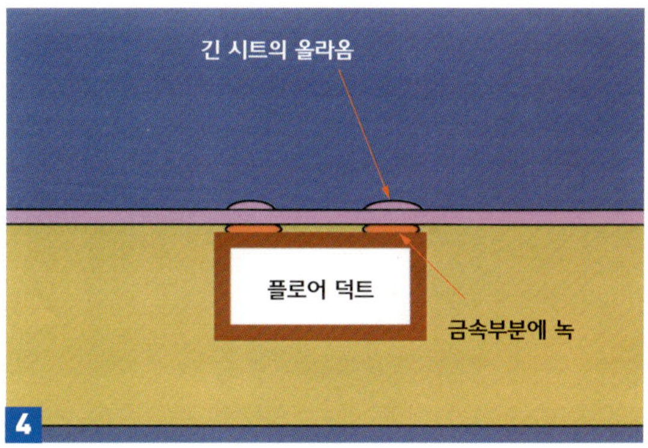

이러한 녹을 유발하기 쉬운 접착제를 사용할 때에는 금속부분의 처리를 철저하게 하지 않으면 안 된다.

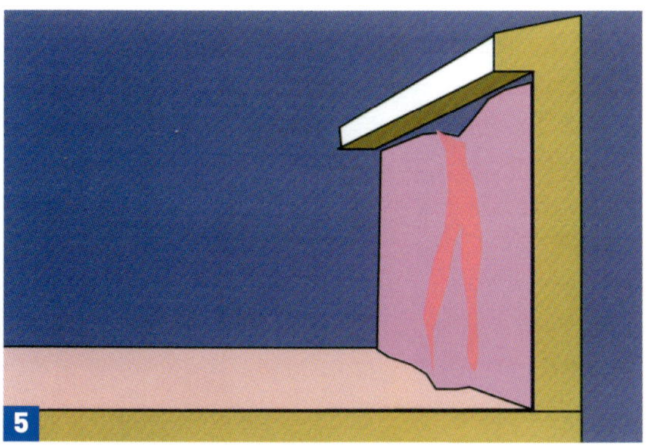

시트방수를 필요 이상으로 높게 말아 올린 형태로 하면, 오랜 기간에 접착력이 약해져 말려 내려오는 경우가 있다.

기계기초의 올림부분에 모르타르를 발랐기 때문에 인장력이 집중되어 시트가 파단되었다.

25 판금지붕의 하단부 시공 불량에 의한 누수

사진 1 · 2는 시공 도중이나 호우 시에 누수가 발생하고 있다. 판금지붕의 하부시트의 시공이 나빠 관리되고 있지 않은 사례를 나타낸다.

지붕부분의 방수가 나빠 천장의 보드가 바닥보드와 함께 낙하하였다.

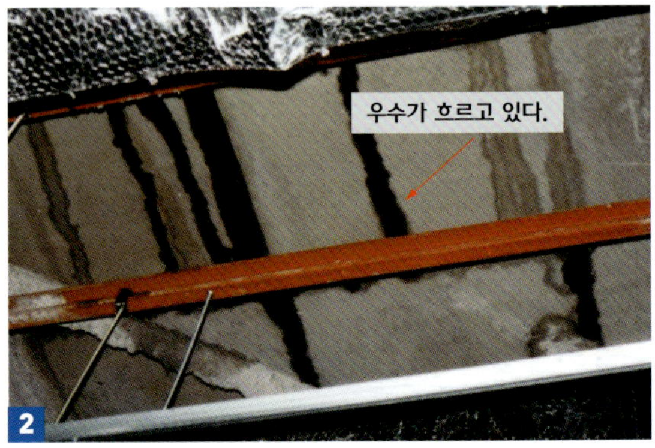

시트방수를 시공한 후에 사진과 같이 우수가 천장판의 안쪽을 흐르고 있다.

물흐름관의 가장 위험한 부분의 하부 시트가 크게 벌어져 있다. 도면의 단계에서 검토부족과 함께 관리가 되지 않은 상황이다.

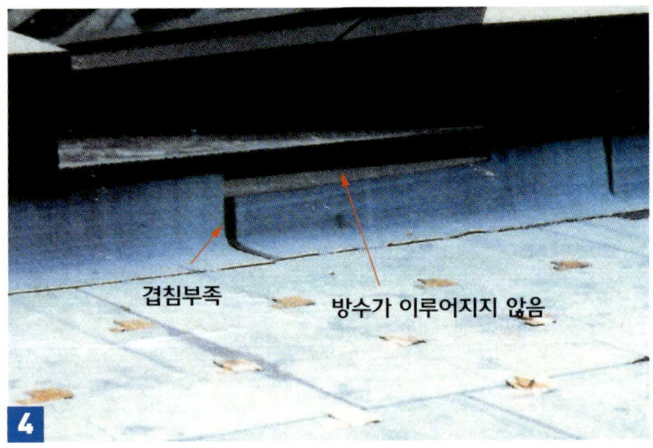

이 관부분도 많은 구멍이 있다. 또한 시트의 겹침도 부족하다. 이대로 판금을 시공한다면 전부 재시공을 해야 한다.

금속의 위치가 나빠 구조체와의 부착에 커다란 구멍이 생겼다.

실패방지 포인트 4

여기서의 실패원인은 먼저, 상세의 검토가 이루어지지 않은 채로 공사가 시작된 것, 다음으로 하부 단계에서의 검사가 실시되지 않고 판금마감공사에 들어간 것이다. 기존의 시공요청서는 아무 쓸모도 없었다. 더군다나 작업하는 사람은 그것을 전혀 보지 않았다. 현장에 퍼져있는 분위기상 이러한 상황이 되는 것을 마음에 새기지 않으면 안 된다. 여기서의 관리 중점은 하부의 완료시점에 전문공사회사의 책임자 입회하에 하이워셔 등에 의한 수압테스트를 하는 것이다. 이 테스트가 OK라면 자신을 가지고 다음 공정으로 이어갈 수 있다.

26 누수위치 발견의 어려움

누수가 발생한 경우, 그 원인을 확인하는 것은 매우 어렵다. 사진 1과 같이 누수되고 있는 장소는 데크 플레이트의 조건이 나쁜 장소로부터 새고 있다. 슬래브의 콘크리트가 보여도 콘크리트의 이어치기나 약한 부분으로부터 새고 있으므로 방수의 결손장소에는 꽤 접근하기 어렵다. 파괴하여 검사할 수 없기 때문에 살수와 누수를 확인하는 그룹으로 나누어 순차검사를 하는 방법이 일반적이다.

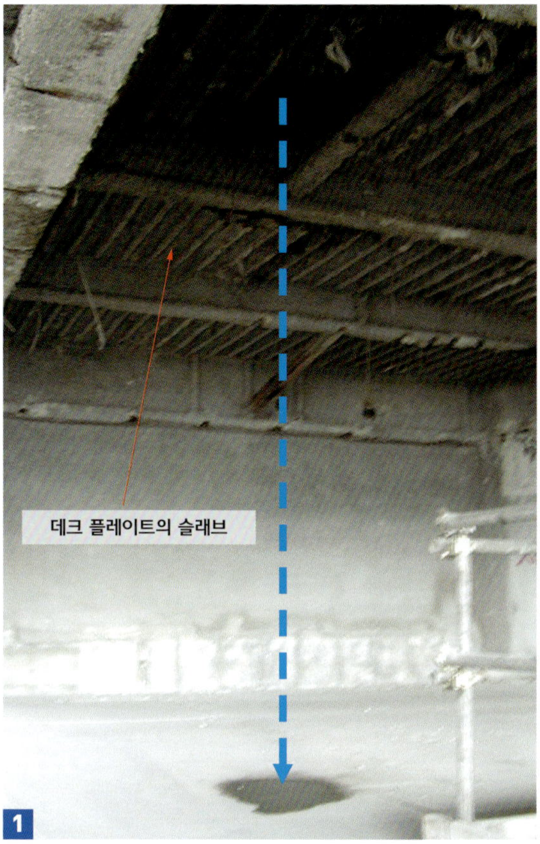

1 방수 시공불량과 노후화로 누수가 발생해도 원인이된 장소를 확인하는데 시간을 필요로 한다.

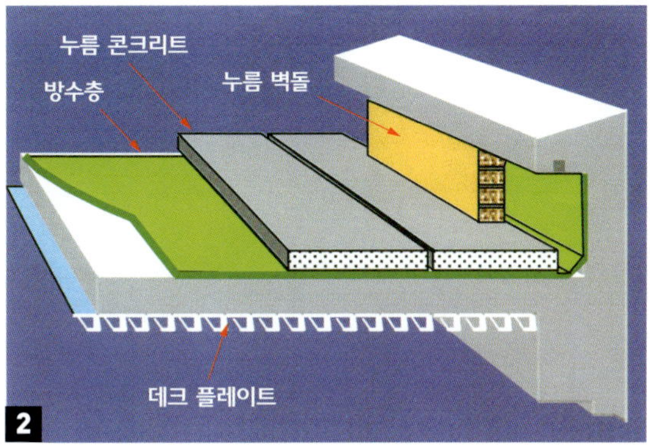

2 방수층의 상태가 확인되지 않는 구성이 많아 리뉴얼에는 많은 비용이 소요된다.

3 누름 콘크리트를 제거하여 방수층을 벗겨내고 있는 상황. 최근에는 누름 콘크리트 위에 새로운 방수층을 만드는 공법도 많다.

4 방수를 새로할 때에 힘든 것이 그 위에 있는 설비기계의 이동이다. 장래의 방수공사까지 내다보는 계획을 하면 건물의 라이프 사이클 코스트는 내려간다.

5 방수층에 접근하기 쉬운 점이라면 우레탄노출방수는 이점이 있다.

27 방수의 계획과 시공 불량

방수 구성의 검토가 확인된 후에는 현장의 관리가 관건이다. 일단 현장의 상황이 방수공사에 들어간 상황인지 아닌지와 방수공사를 실시하는 작업반장에게 공사착수 전에 현장의 확인과 일의 흐름을 포함한 조정회의를 실시하면 좋다. 방수작업에 들어간 후에는 그 기량을 빠른 단계에서 검토한다. 사진 3 · 4 · 5와 같은 시공불량을 유발하는 버릇은 빨리 수정하지 않으면 너무 늦어버린다. 전문공사업자로부터 보증서를 받아도 누수를 발생시킨 경우 신용을 잃는 것은 관리자이다.

1 아스팔트의 플라이머를 바른 상황. 이 전에 모든 사전검사가 종료되지 않으면 안 된다.

2 콘크리트 덩어리나 구멍 또는 위와 같은 요철이 있어도 확인을 하지 않고 방수공사를 진행하는 담당자가 있다. 전공정의 확인을 태만히 하면 안 된다.

3 아스팔트 방수층이 구조체에 접착하지 않고 떠 있다. 여기로부터 물이 침입해 버린다. 잘 보이지 않는 곳을 빠른 단계에서 검사하도록 신경써야 한다.

4 시트로의 아스팔트 도포가 없는 채로 완료하고 있다. 실제를 확인하는 힘이 없으면 그대로 지나가 누수사고로 이어진다.

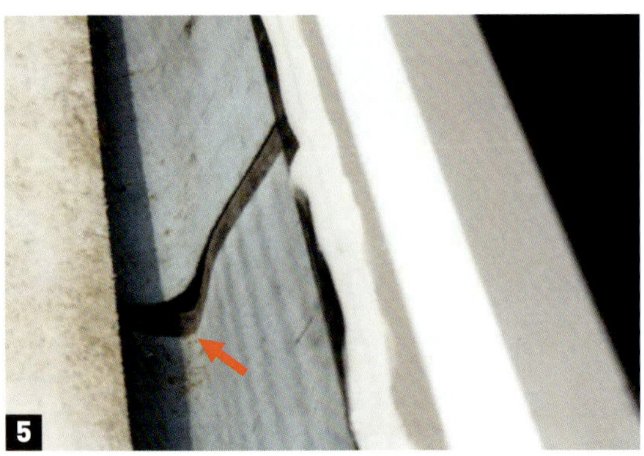

5 금속 물끊기 안쪽에 시트가 들어간 모서리 겹친부분에 구멍이 벌어져 있다. 이 상황에 다음 공정에 들어가려고 하였다. 전문 시공회사의 품질관리능력이 떨어져 있다.

6 금속 지붕의 하부 시트를 모두 바른 상황이나 담배나 너트 등이 널브러져 있다. 이때에 확실히 관리하지 않으면 안 된다.

28 철골기둥 접합부의 방수

철골기둥 접합부의 방수에는 충분한 주의가 필요하다. 시공도면의 단계에서 방수상세가 확실히 그려져 있지 않은 상태에서 현장의 담당자와 방수시공 작업원 모두 어떠한 의문도 갖지 않는 경우, 사진 1과 같은 시공이 되어버리고 만다.

1 아스팔트 방수 플라이머를 바르고 있는 상황이나 철골기둥의 내화피복부분의 상세가 고려되지 않았다.

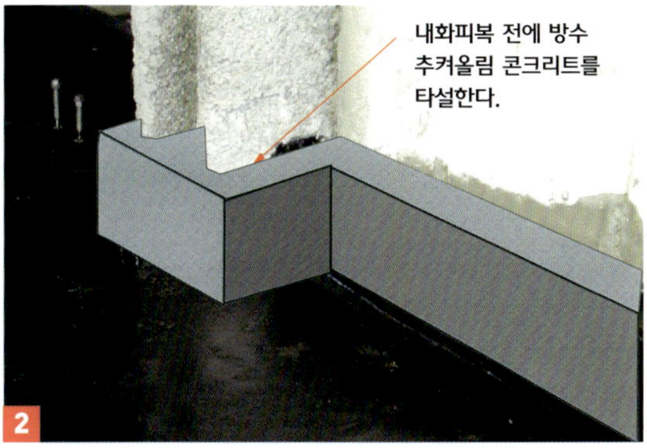

2 방수 추켜올림 콘크리트를 위와 같이 타설한 후에 방수 단계에 들어가지 않으면 안 된다.

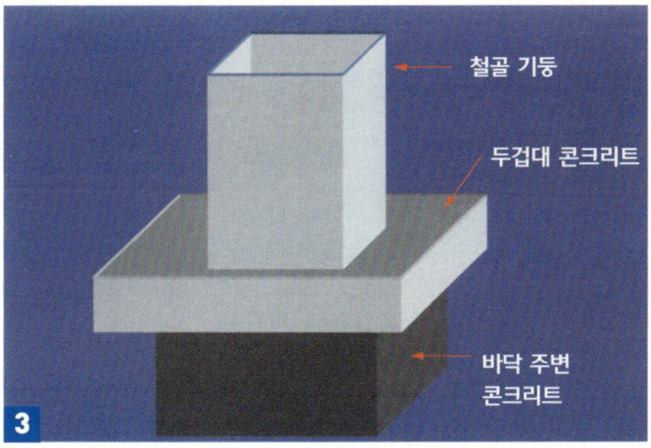

3 철골 기둥 주변의 방수에 콘크리트를 두르는 경우 두께가 부족하면 깨지기 쉬우므로 마감이 커지게 된다.

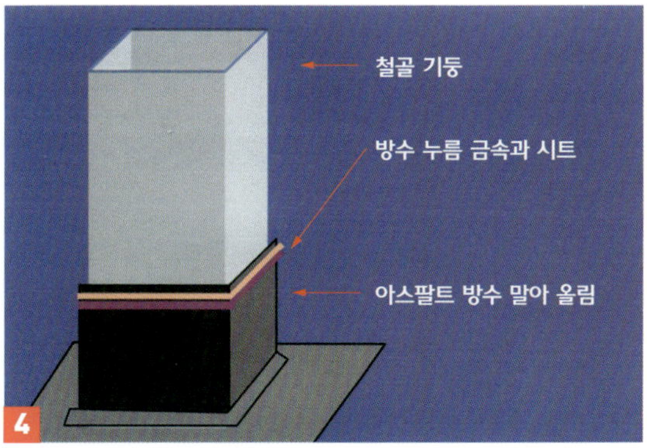

4 방수층을 철골 기둥에 직접 감아올려 그 위에 내화피복을 시공하면 마감을 얇게 시공할 수 있다.

5 철골 기둥에 방수를 말아 올리는 상황. 누름 금속에 실을 부착하여 기둥 전체에 내화피복을 뿜칠하여 마감재를 부착하고 있다.

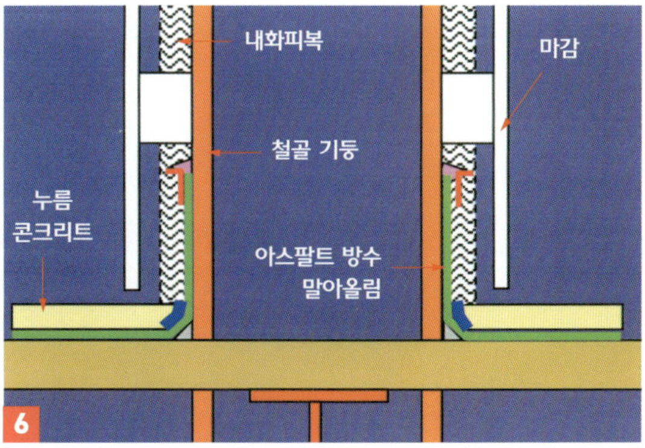

6 마감재를 패널로 하면 매우 얇은 두께로 구성할 수 있다.

29 아스팔트 방수의 문제와 방수공법 선택

아스팔트를 녹이면 코를 찌르는 듯한 악취가 발생한다. 막 시공을 시작하려는 상황에서 민원이 발생하여 공정을 중지하지 않으면 안 되는 상황이 많다. 다시 한번 상황을 고려한 뒤에 판단해야 할 것이다. 또한, 방수공법도 종류가 많아지고 있다. 라이프사이클 코스트를 생각해 그 장소에 적합한 방수공법을 선택해야 한다.

1 아스팔트 가마를 실내에서 끓이고 있는 상황으로 코를 찌르는 듯한 악취가 발생한다. 연기를 화재로 오해하여 소방서에 연락되어 소방차가 출동하는 일이 발생하였다.

2 슬로프 부분에 설치한 아스팔트 가마가 쓰러져 시트에 불이 붙어 화재가 된 경우가 있다. 인화점이 280℃이므로 화재방지에 주의를 요한다.

3 민원의 상황을 생각해서 외부의 아스팔트 방수를 토치공법으로 변경하여 시공하고 있는 상황. 버너로 열을 가하여 아스팔트에 붙은 시트를 접착한다.

4 토치공법용 시트. 시트가 두껍고 딱딱하므로 조인트부분과 방수단부의 시공이 매우 어렵다. 요철이 많은 부분에서는 충분히 관리하지 않으면 안 된다.

5 위의 그림과 같이 협소하여 작업이 어려운 장소에서의 아스팔트 방수는 결함이 발생할 우려가 있으므로 기초를 정리해 놓는다든지, 방수의 종류를 바꾸는 것도 필요하다.

6 옥상을 우레탄 방수로 시공한 상황. 복잡한 장소라도 시공성이 좋아 장래 누수가 발생할 때에도 누수장소를 발견하기 쉽다. 단열은 구조체 내부에서 시공한다.

30 후시공 앵커 등에 의한 방수층 파손

건축에는 많은 작업원이 관계한다. 많은 경우는 작업당일에 와서 지시를 받고 작업을 실시하므로 이전의 사정은 알 수 없다. 그렇기 때문에 지시하는 사람이 세부적인 지시를 태만히 하면 문제가 발생하기 쉽다. 관리자도 바쁜 속에서 그 문제를 간과하므로 아래에 명시된 2개의 사례(1~3 · 4~6)와 같은 실패를 발생시키고 만다. 현장담당자와 작업원의 [당연시 여기는 풍토]나 [상식]에는 거리가 있다는 것을 인식하지 않으면 안 된다.

1 옥상의 방수 누름 콘크리트 타설 후에 설비기계의 기초를 만들기 위해 후시공 앵커를 박아 놓은 상황.

2 드릴로 천공한 하부에는 방수층이 있다. 물담기 시험으로 누수가 없더라도 나중에 이런 구멍을 만들어 버리면 의미가 없다.

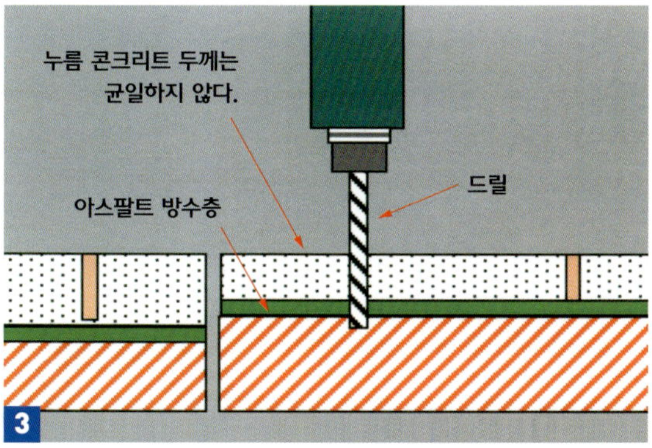

3 방수 누름 콘크리트의 두께는 구배를 잡는 방법에 의해 균일하지 않은 경우가 많으므로 후시공 앵커시공은 위험하다.

4 또 하나의 유사사례. 어느 건물에서 주방의 아래 층 천장에 누수가 발생하였다.

5 주방의 그리즈트랩의 형틀공사 시에 아스팔트 방수층을 손상시켜버린 것이 원인이었다.

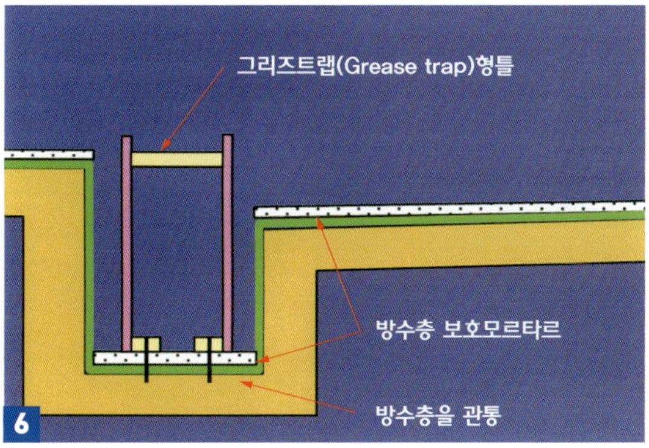

6 그리즈트랩의 형틀을 고정할 때 보호모르타르 위에 콘크리트 못을 박아서 아스팔트 방수층을 관통해 버렸다.

31 온도차에 의한 옥상방수 누름 콘크리트의 신축

방수 누름 콘크리트는 방수층을 보호하기 위해 설치하는 것이나 기본을 이해하지 않고 시공하면 오히려 방수층을 손상시키는 결과가 되므로 주의가 필요하다.

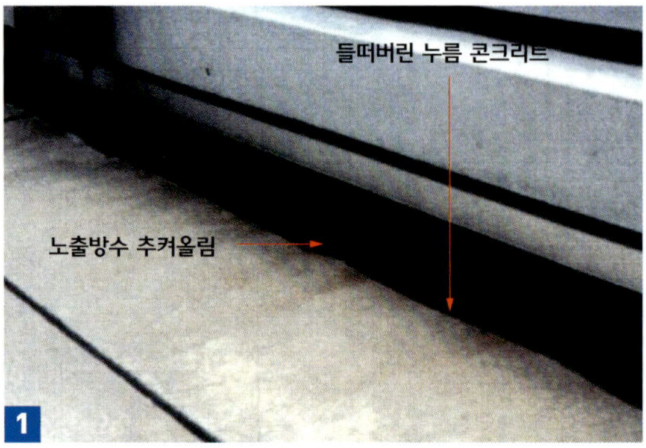

1 방수 누름 콘크리트가 온도차에 의해 들떠서 노출방수의 추켜올림부분을 눌러 손상시켰다.

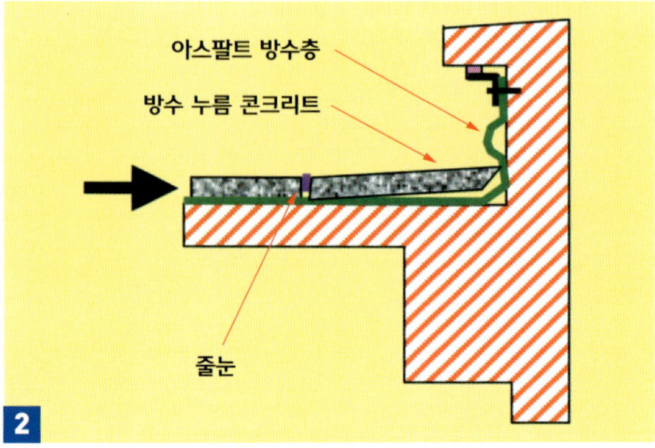

2 위 그림과 같이 단부의 누름 콘크리트가 열팽창으로 눌려 들어올려지고 온도가 내려가면 원래대로 돌아온다. 이 반복으로 방수층에 상처를 준다.

3 줄눈에 들어간 아스팔트 콤파운드가 누름 콘크리트의 팽창에 의해 위로 삐져나와 있다. 제거해보니 방수층이 압밀되어 있었다.

4 팽창에 의해 인접하는 2장의 누름 콘크리트가 압축되어 그 부분이 부서져 안쪽의 콘크리트가 밀려 올라와 버렸다.

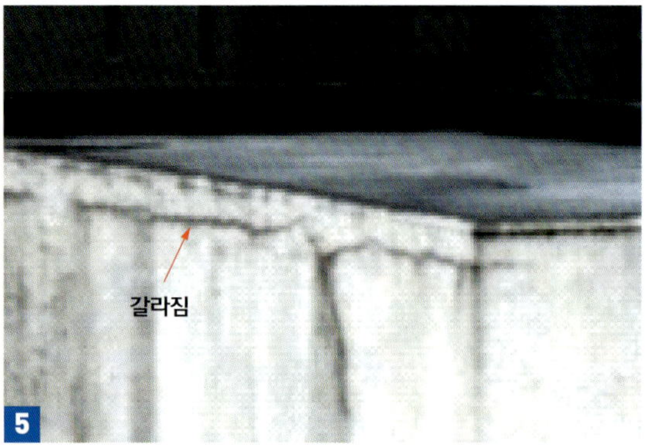

5 엘리베이터 기계실의 옥상. 정확히 누름 콘크리트의 위치에 균열이 발생하고 있다.

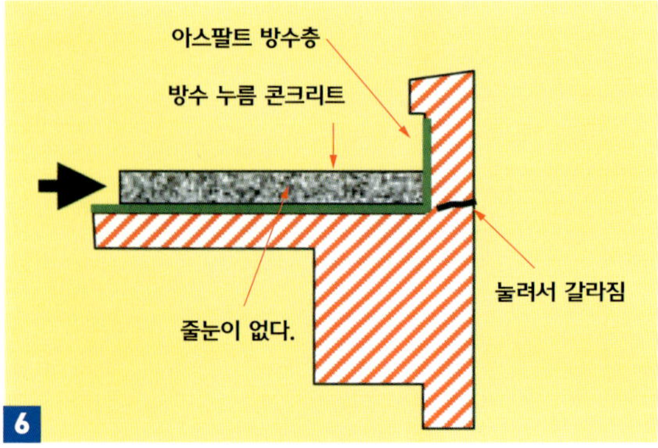

6 파라펫의 높이가 작기 때문에 벽두께가 작고, 단철근이므로 누름 콘크리트의 힘에 대항할 수 없었다.

32 온도차에 의한 옥상방수 누름 콘크리트의 신축 원인과 대책

온도차에 의한 옥상방수 누름 콘크리트의 신축을 흡수하기 위해서 신축(흡수) 줄눈봉이 있으나 그 설치시 모르타르 시공에 문제의 원인이 있다. 팽창에 의한 움직임을 흡수하도록 하는 구성으로 되어 있으면서 그 줄눈 아래에 소량의 모르타르가 들어가는 것이 원인이 되고 있다.

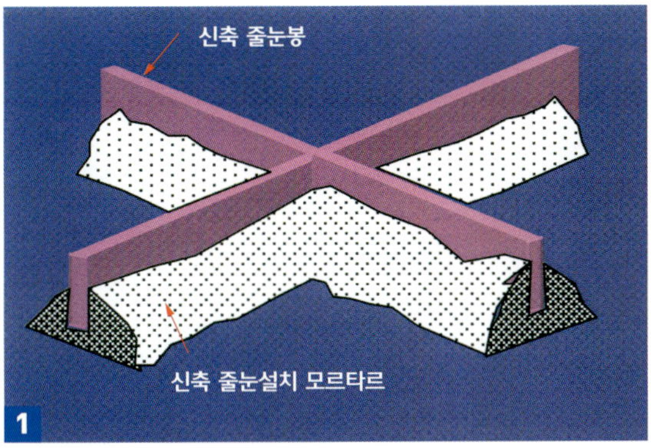

누름 콘크리트에는 신축 줄눈봉이 있는데 왜 팽창을 흡수하지 않는가? 줄눈을 설치하기 위한 모르타르에 문제가 있다.

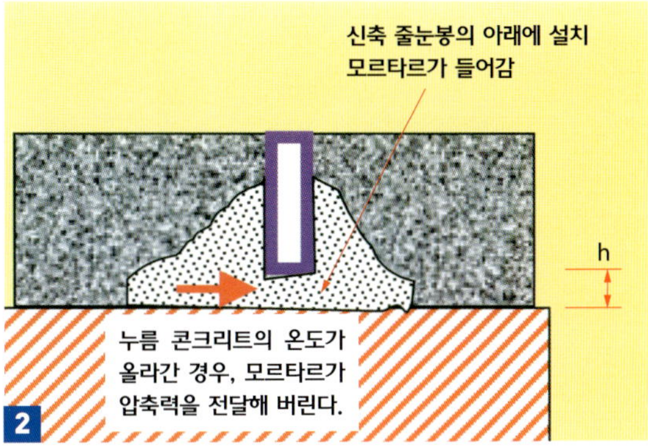

위 그림에서 h=2㎝라면 압축강도 30MPa의 모르타르로 1m당 100㎝×2㎝×30MPa=60tf의 힘을 전달한다.

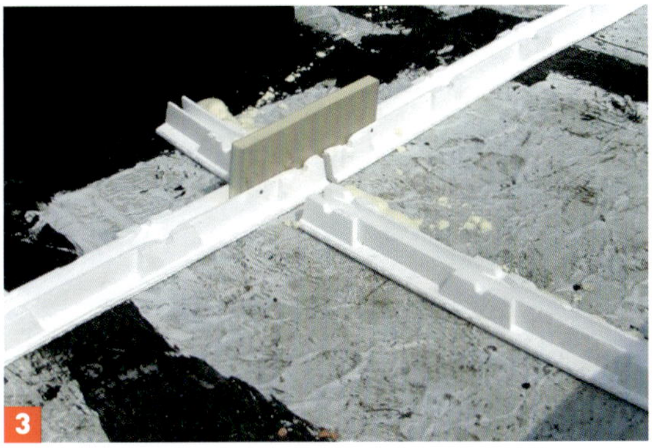

위와 같은 아스팔트면에 부착하는 타입의 제품이라면 모르타르가 들어가는 일은 없다.

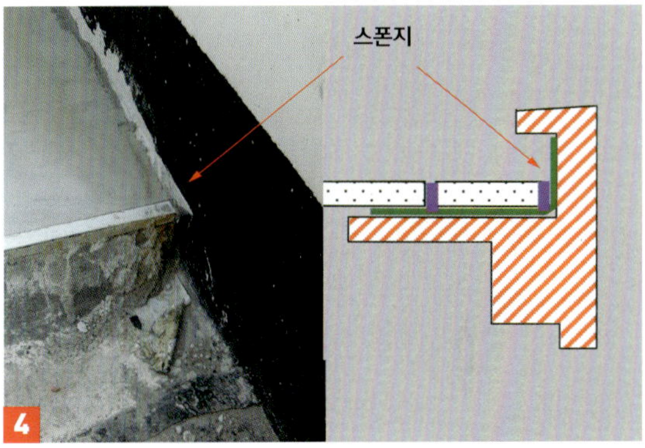

또한, 방수층과 접하는 부분에 부드러운 쿠션재를 넣으면 열팽창에 의한 흡수도 쉽다.

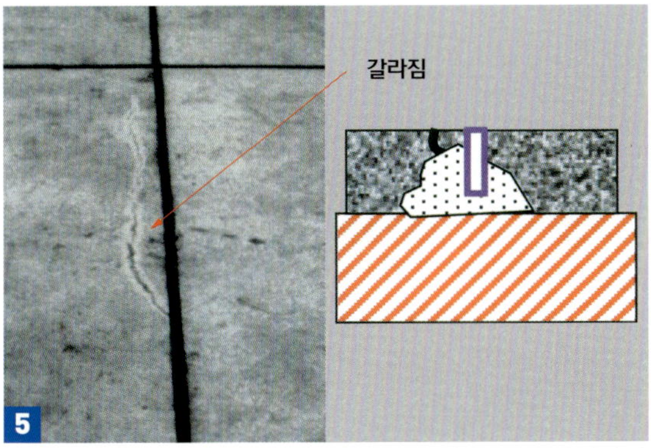

신축 줄눈설치 모르타르를 너무 높게 쌓은 경우, 나중에 타설하는 콘크리트가 얇아지기 때문에 균열이 생기기 쉽다.

방수의 수명이 다해 누수가 발생한 때에 방수 누름 콘크리트가 있다면 교체에 시간과 비용이 소요된다. 보전성을 생각해 단열블록을 사용하는 것도 좋다.

33 아스팔트 노출방수 위에 자갈을 올려놓아 누수

그림 1과 같은 옥상의 아스팔트 방수층에 직접 자갈을 놓은 건물에서 얼마 후에 누수가 발생하였다. 옥상녹화가 장려되고 있으나 충분한 배려를 하지 않으면 누수가 발생하여 그 대책으로 많은 비용이 소요되고 만다.

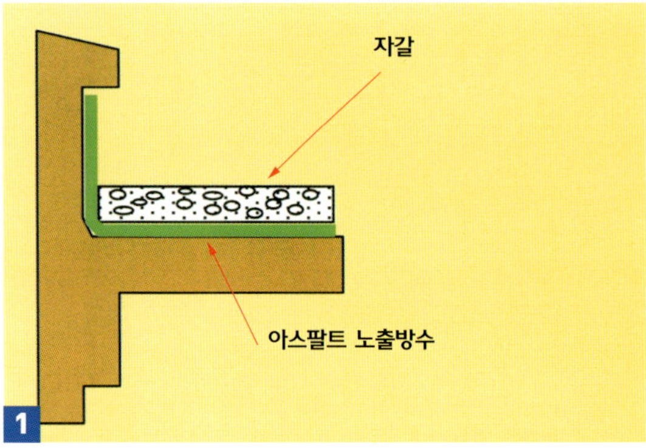

1 아스팔트 방수 위에 직접 자갈을 놓는 설계였다.

2 위의 사진과 같은 식물이 살게 되었다. 수분과 빛이 있어 식물의 성장에는 양호한 환경이 되어 있었다.

3 대나무가 사진과 같이 방수층을 뚫고 뿌리를 넓혀 누수를 발생시켰다.

4 위와 같이 방수 누름 콘크리트 위에 자갈을 놓아도 안전하지는 않다. 뿌리는 줄눈사이에서도 퍼지기 때문에 효과는 기대할 수 없다.

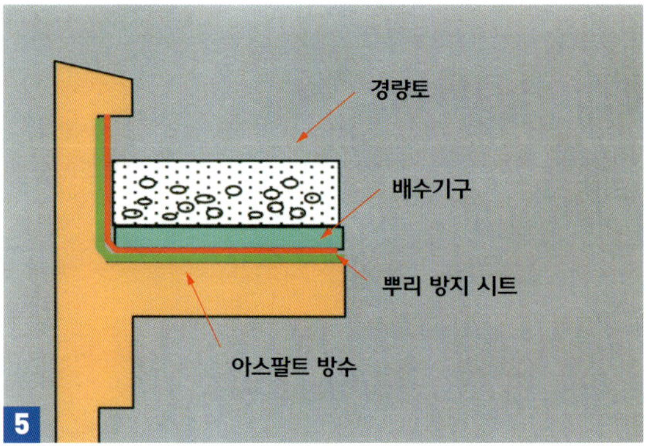

5 최근에는 위의 그림과 같은 구성이 늘고 있으나 뿌리가 아스팔트층에 먹혀들지 않는 배려가 필요하다. 뿌리 방지 시트는 검증된 것을 사용하여 충분히 겹쳐 설치한다.

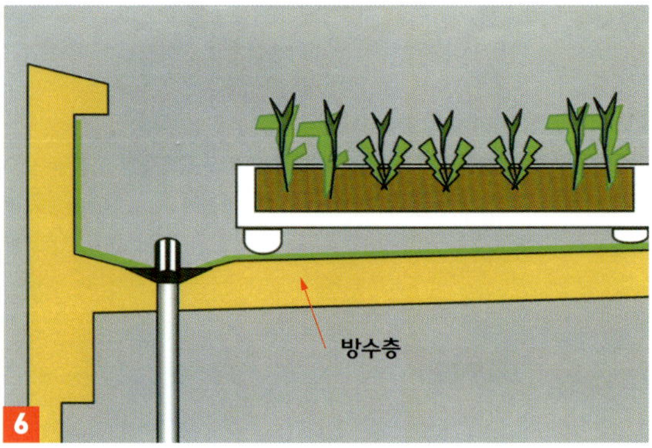

6 방수층의 점검이 가능하므로 드레인으로의 흙탕물의 유입을 확인할 수 있도록 하지 않으면 안 된다. 건물의 라이프사이클 속에서 방수층의 교체는 반드시 발생한다.

34 지하이중벽 주변의 누수

지하외벽은 이중벽으로 외벽으로부터 누수된 물을 이중 피트로 유도하나 기둥에 대해서도 같은 대책이 필요하다. 또한 이중벽의 내부의 상황을 확인할 수 있도록 점검하기 쉬운 대안을 잊어서는 안 된다.

1 기둥의 콜드조인트로부터 누수 되어 외부의 바닥을 젖게해 얼룩을 발생시켰다.

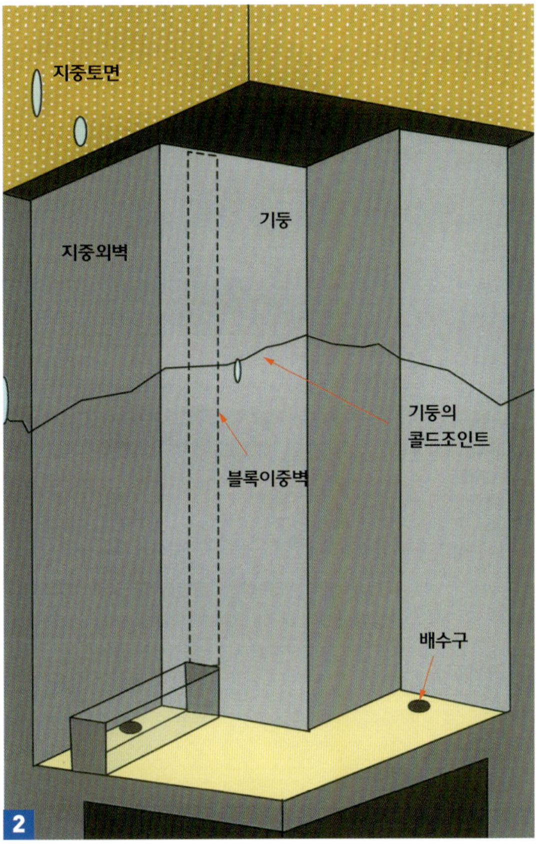

2 콜드조인트를 만드는 것이 누수의 원인이 되고 있다. 돌려치기를 고려하여 밀실한 콘크리트를 타설하지 않으면 안 된다.

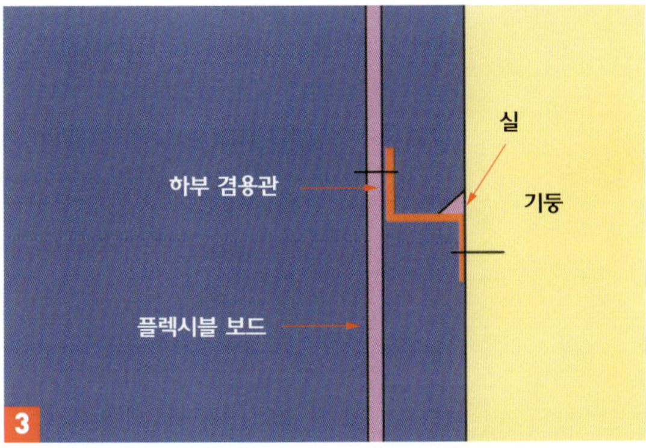

3 기둥부분에는 위의 그림과 같은 구성을 취하여 벽쪽의 누수된 물을 유도한다.

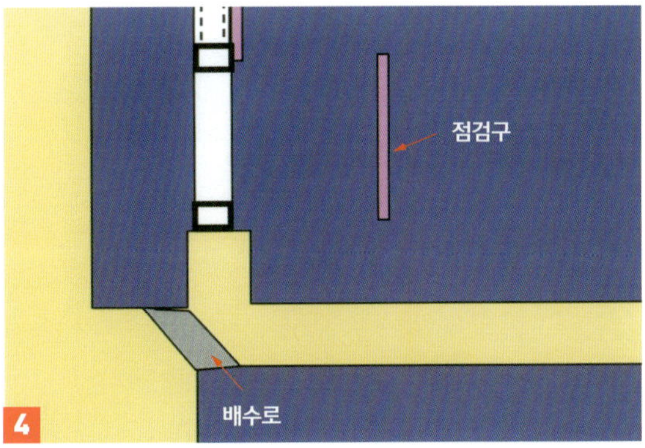

4 배수구는 콘크리트성분에 의해 막히기 쉬우므로 벽의 점검구가 필요하다. 위의 그림과 같은 간단한 피스로 고정한 구성이어도 좋다.

35 방수하기 힘든 부분의 누수

공법에 따라 외부에서의 지수가 어려운 부분이다. 내부에서 작은 구멍을 내어 팽창성이 있는 방수재를 채우는 지수방법이 있으나 물은 그 장소가 막혀도 다음의 약한 장소로 옮겨가는 성질을 갖고 있다. 그렇다면 관을 설치해서 흘려보내는 것도 누수방지의 한 가지 대책이다.

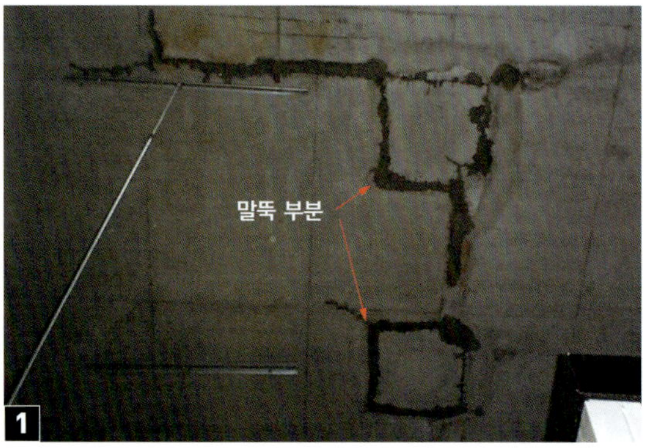

1 가설 받침말뚝 부분의 슬래브 콘크리트를 나중에 타설하였으나 그 이어치기면에서 누수 되고 있는 상황. 상부에서의 방수가 매우 힘든 부분이다.

2 그 하부의 물고임. 물은 구조체의 이어치기면이나 약한 부분을 통해 누수된다.

3 이것은 누수가 천장에 낙하되기 때문에 응급처치로 비닐시트로 관을 만들어 배수로로 흘려보내고 있는 상황

4 누수부분에 드레인판을 설치하여 물을 흘려보내고 있는 상황. 이것을 천장 내부에 설치하면 깔끔한 마감이 된다.

5 누수부분에 스테인리스의 물받이를 설치한 것.

6 지하도의 벽에 누수되는 것을 막기 위해 물받이 관을 통과시킨 것.

36 시공요령서와 시공기록의 문제점

방수전문공사회사가 작성한 일반적인 시공요령서를 어떤 확인도 없이 도장을 찍어 승인해주는 현장이 있다. 그 시공회사의 품질보증으로는 누수방지를 가장 갈망하고 있어도 공사현장의 담당자의 교육에까지 손을 쓸 수 없는 것이 현장의 현실이다. 방수공사의 시공요령서는 그 건물에서 가장 주의를 필요로 하는 점을 중점적으로 들어 시공불량을 일으키지 않도록 어떠한 관리를 해나갈 것인가의 의도를 표현한 것이다. 그것을 기본으로 관리자 · 건설회사 · 공사전문회사가 상호간 약속대로의 시공을 해 나갈 것을 결정하여 다시 한 번 결정된 공정의 각 단계에서의 검사를 누구의 책임 하에 행할 것인가를 명기하지 않으면 안 된다. 그것을 위해서는 실제로 시공을 하는 작업원을 포함해 관계자 전원이 단기간에 공통인식을 갖도록 알기 쉬운 형태로 해 놓을 필요가 있다. 시공요령서 대로 시공이 진행되었으나 혹시라도 변경이 있는지에 대한 기록으로 중요한 서류가 된다.

1. 장래 발생할 우려가 있는 누수사고의 추측

누수방지는 방수전문공사회사 한 회사만으로 완결되는 것이 아니다. 누수가 발생하기 쉬운 익스팬션조인트, 콘크리트구조체의 추켜올림부, 새시, 물끊기와 접합부 등이 종합적으로 연관되어 있다. 따라서 먼저 그 현장의 기본적인 자세가 취해지지 않으면 안 된다. 그러기 위해서 참고자료가 되는 것이 동종의 건물에 있어서 과거의 누수사고의 상황추측이다. 그것을 고려하여 이후 건설하는 건물의 누수사고의 위험예지를 실시한다. 여기서 중요한 것은 그 피해가 발생한 경우, 어느 정도 많은 피해를 건물주에게 미칠까를 상정해 보는 것이다.

》

1의 문제점

건설현장에서는 원가의 부담이 크므로 기술력 이상으로 코스트메니지먼트의 능력을 갖는 것이 필요하다. 그러므로 건설업에서는 분업화가 진행되어 기술적인 일은 담당부서나 외부에 일괄처리 시켜버리는 경우가 있다. 그렇게 되면 리더십을 발휘하여 누수사고의 방지를 꾀하기가 어렵게 된다.

2. 대책의 작성

1에서 실시한 상정속에서 손해가 큰 순번으로 각 작업범위에 걸친 누수대책의 기본방침을 입안한다. 그러기 위해서는 구체적으로 누가 무엇을 할 것인가를 결정해 나가지 않으면 안 된다. 관계하는 전문시공회사가 모여 상호간의 역할을 확인해 실시하지 않으면 안 된다. 그 중에서도 시공성이 나쁜 부위가 없도록 각각의 위치에서 확인해 나가야 한다.

》

2의 문제점

여기서 일어나기 쉬운 실패는 현장책임자가 경험이 적은 방수공사담당자에게 대책을 일괄로 맡겨버리는 경우이다. 충분한 지도도 없이 당연한 것처럼 모든 것을 그 담당자의 책임으로 해 버린다. 원래대로라면 누수사고방지의 기본적인 내용은 설계단계에서 고정해 놓아야 하겠으나 그것이 잘 되지 않는다. 또한, 전문시공회사의 결정이 늦어져 충분한 계획조정이 안 되는 것도 하나의 원인이다.

3. 실시

실시에 있어서 작업원이 시공요령을 이해하고 있는지의 확인이 필요하다. 그 후, 시공상황을 확인하고 검사를 한다. 반드시 기록사진을 찍고 시공이 정확히 이루어진 증거로 남긴다. 이 일련의 흐름을 종합하여 시공기록으로서 남겨놓는다. 후에 문제가 발생한 경우에도 그 사진을 근거로 옳은 판단이 내려져야 한다. 장래에 문제가 발생하였을 때에는 누수의 원인규명을 위해 매우 유익한 자료가 된다.

》

3의 문제점

현장입장 전에 처음으로 작업원이 결정되므로 시공요령서나 도면을 볼 시간이 없다. 전문공사회사도 필요한 지도를 하지 않는다. 확실한 검사체제를 만들지 않은 채 작업이 흘러가버리는 경우가 있다. 설계관리도 포함하여 일을 처리해 나가야 한다.

4. 누수사고 발생원인의 추측

시간이 지나 해에 따라 변화에 의해 누수가 발생하였을 때, 먼저, 그 누수의 원인을 추측하고 나서 다음 단계에 이행해야 한다. 그 시점에서 크게 쓸모 있는 것이 시공기록이다.

》

4의 문제점

[보증기한이 지났으니까 교체하자] 라는 안이한 결론에 다다르는 경우가 많다. 누수되기 쉬운 부분은 어디였는지, 이전의 공사에 반성할만한 점은 없었는지를 조사해서 그 후의 방수공사에서 그 대책을 세워 시공해야 겠다.

37 목조주택에서의 누수

신축한지 얼마 안 된 주택에서 누수사고가 발생하였다. 비가 내리면 1층 거실의 천장보드에 물방울이 맺혀 가구위에 떨어진다. 이러한 누수라도 원인을 밝혀내는 데에는 꽤 시간이 소요되었다. 작업 순서에서 하나 틀린 것을 고치지 않고 그대로 공사를 진행해 버린 것이 원인이다. 주택의 시공회사도 고층건물에 신경을 쓰므로 거의 하청에 맡겨버리는 경우가 많다.

1층 천장에 누수가 되어 천장을 벗겨내어보니 2층의 발코니부분의 벽측에서 물이 새고 있었다.

2층의 발코니 출입구 새시의 하부벽을 벗겨 내부를 보니 누수부분이 보였다.

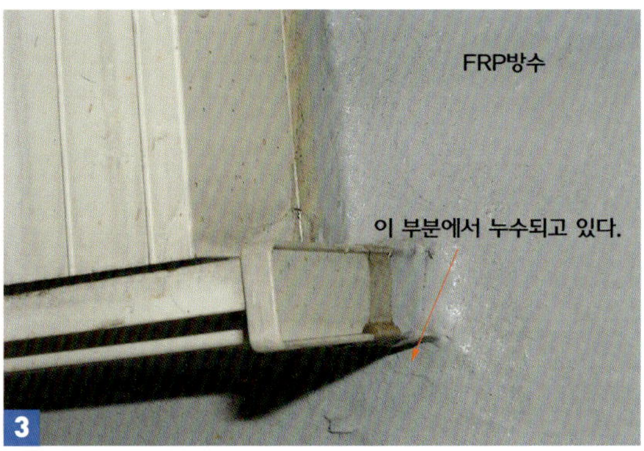

벽면과 새시의 접합부에서 누수되고 있다.

FRP방수를 벗겨내니 원인을 찾아내었다. 새시를 설치한 후에 방수를 시공하였기 때문에 베니아판과 새시 사이에 붙여 놓은 실이 잘려져 있었다.

새시를 아래에서 올려다 본 모습

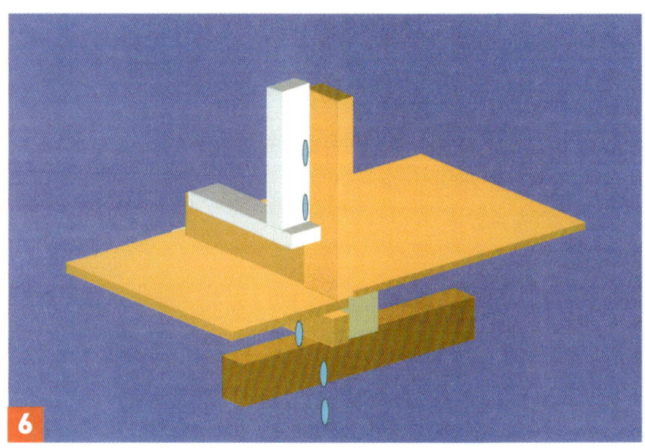

FRP방수를 완료시킨 후에 새시를 설치하면 새시에 흐르는 물은 처리가 가능하였다.

38 외부 실링 시공불량

외부무비계공법으로 시공한 외벽실링공사는 곤도라로 시공하는 경우가 많다. 고층에 벽면곤도라 레일이 없는 건물에 있어서는 바람의 영향을 받기 쉬워 불안정한 상황 속에서의 실링작업이 된다. 또한 시공상황의 검사도 곤란하기 때문에 시공불량을 알아내기 어렵다. 시공자의 기량을 확인하기 위해 빠른 검사 · 확인을 하지 않으면 안 된다.

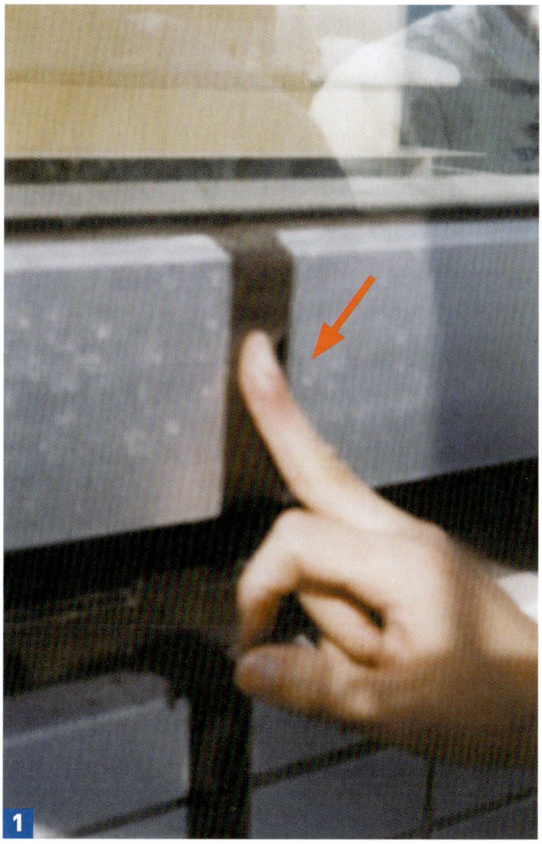

1 손가락으로 실부분을 누르는 것에 의해 모재와 공장에서 시공한 실과의 접착력이 확인된다. 화살표부분의 실이 떨어져 있다.

2 안을 살펴보니 원래 저면에 있어야 할 본드 브레이커가 어긋나 접착면에 위치해 있었다.

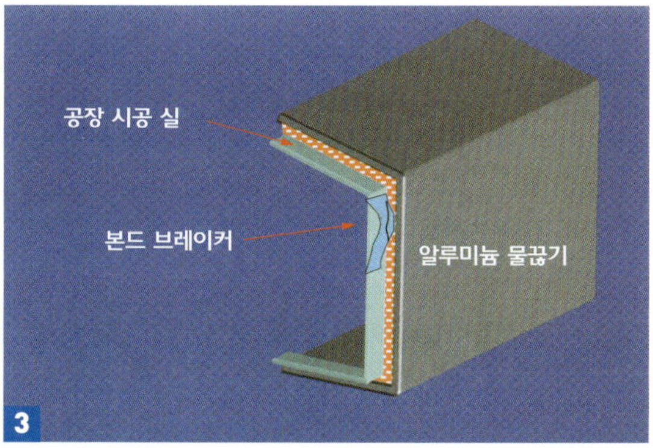

3

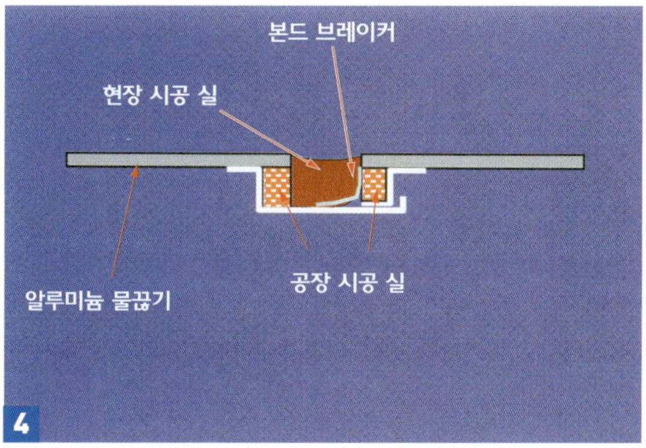

4

위의 그림과 같이 본드 브레이커가 공장 시공 실 부분까지 삐져나와 있어 접착력불량의 원인이 되었다. 공장 시공 실이 깨끗하게 시공되어 있지 않으면 본드 브레이커가 바른 위치에 있기 어렵게 된다. 공장 시공 실의 관리가 중요하다.

39 초고층건축물에 있어서 실링의 전략

외장에 어느 정도 양의 실링공사가 있고, 어느 시점에서 시공할 것인가를 계획하지 않으면 준공에 다다라서 서두르는 일이 생긴다. 지수가 끝나지 않으면 내장공사에 착수할 수 없으므로 마감을 포함한 종합적인 판단이 요구된다. 유닛화 등에 의해 외부에서 시공하는 실링의 시공량을 적게하는 것도 필요하다.

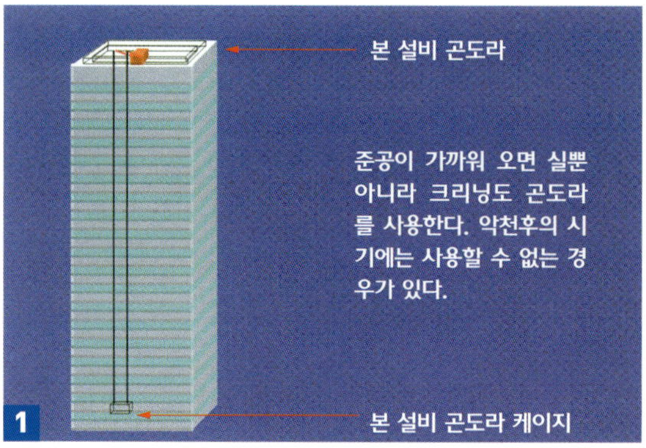

본 설비 곤도라가 완성한 후에 모든 외벽의 실링을 시공하려 하면 공정이 기간 내에 이루어지지 못하는 경우가 있다.

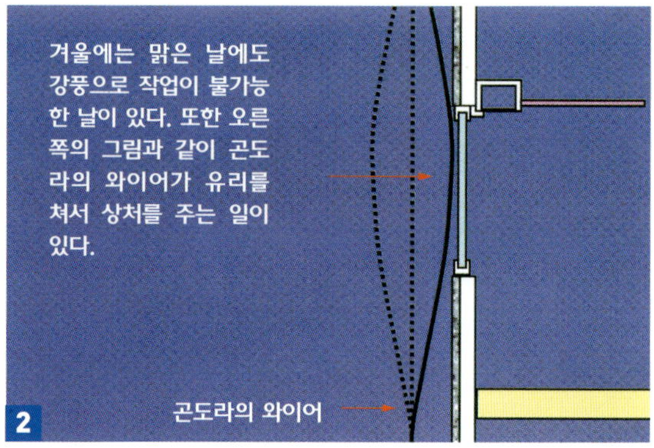

종합공정을 작성할 때는 곤도라 작업의 시공성이 좋은 시기에 작업하도록 계획한다.

이것은 중간 층에 가설 곤도라 레일을 설치하여 실링을 실시한 예이다. 와이어의 길이가 짧은 상태로 시공하면 능률이 올라간다.

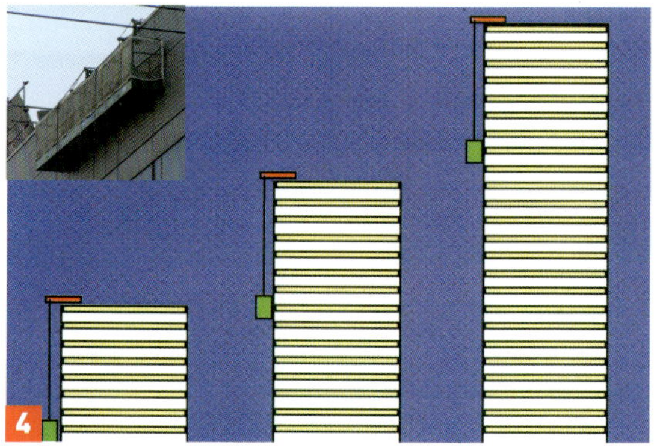

타워크레인의 계획과 같게 실링을 위해서 가설 곤도라 계획을 전략적으로 세워야 한다.

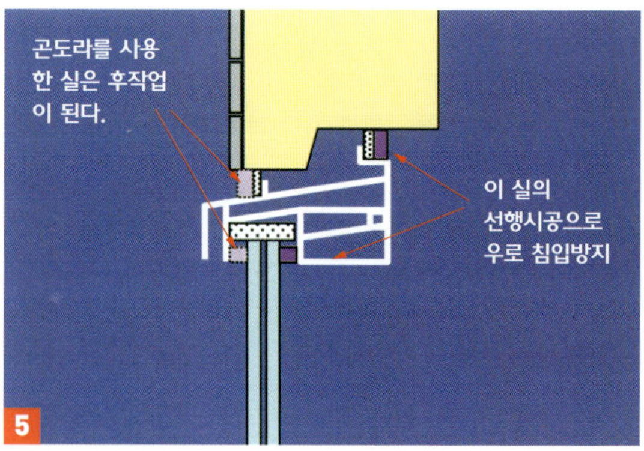

태풍 등의 경우는 우수의 침입에 의해 내부의 작업이 불가능한 경우가 있다. 위의 그림과 같이 내부에서의 실을 시공하도록 하는 구성을 취하면 그런 상황을 막을 수 있다.

외부작업의 효율을 올리기 위해서 흔들리기 쉬운 곤도라 대신에 위와 같은 상하로 이동 가능한 발판을 사용하는 방법도 있다.

[2] 금 속

40 철부분의 녹(1)

철부분의 용접부분과 나온 모서리 부분은 녹방지 도장을 칠하기 까다로워 유지보수를 태만히 하면 아래의 사진과 같이 심각한 상황이 되어 버린다. 사진 5와 같은 설비류도 같은 모양이다. 유지보수 비용을 줄일 수 있는 녹방지에 대한 아이디어가 필요하다. 유지보수를 고려하면 당초의 비용은 높아도 스테인리스나 알루미늄을 사용하는 것이 전체적으로는 저렴하다는 것을 알 수 있다.

1 철골계단의 발판면이나 용접부, 나온 모서리부분에 녹이 많이 보인다.

2 철골계단의 녹이 외벽을 더럽히고 있다. 도장의 유지보수가 곤란한 형태로 되어 있다. 이러한 철골 외부 계단은 아연도금 처리를 해야 한다.

3 이 상태가 되면 녹을 제거한 후에 녹방지 도장을 실시하지 않으면 안 되나, 부재가 얇은 난간의 도장 벗기기와 도장은 매우 많은 노력이 소요된다.

4 굴뚝의 계단이 녹슬어 있다. 굴뚝은 가스에 의해 철부분의 침식이 촉진된다. 승강 중에 부서지면 추락재해가 되는 경우가 있다.

5 전선의 중단 박스의 저면이 녹슬어 떨어져 나가버렸다. 이러한 얇은 철판은 내부에서의 녹에 매우 약해 보수가 까다롭다.

6 위와 같이 처마 아래에 설치함에 따라 수명은 오래 연장된다.

41 철부분의 녹(2)

이하에 나타내는 실패는 준공 후 시간이 경과한 후에 발생하므로 피드백이 이루어지기 힘든 사례이다. 사진 1은 상하 마감재가 다른 벽의 물끊기부분에 녹이 발생한 경우이다. 그림 2와 같은 상세로 하면 비용을 들이지 않고 녹의 발생을 막을 수 있다. 사진 3은 어느 곳에서든 볼 수 있는 실패사례이나 약간의 아이디어로 방지 가능하다.

1 공장의 슬레이트벽 하부에 설치한 물끊기가 녹슬어 아래 벽을 더럽히고 있다.

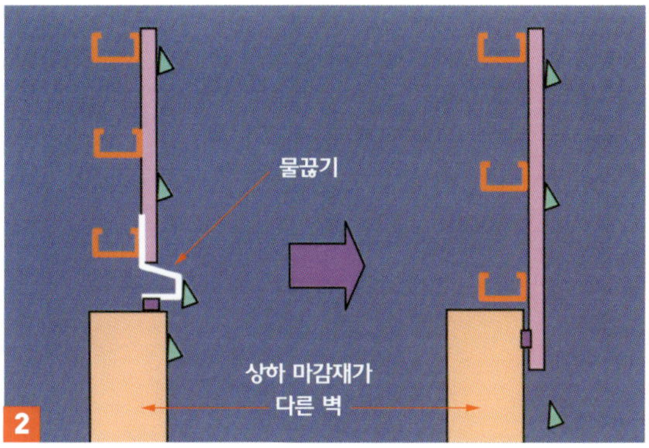

2 왼쪽 위의 그림과 같이 설치한 물끊기가 녹을 발생시키는 원인이 되어 있다. 오른쪽 위의 그림과 같이 물끊기를 설치하지 않고 물을 그래도 떨어뜨리는 것이 합리적이다.

3 측간판의 앵커부분의 녹이 외벽을 더럽히고 있다.

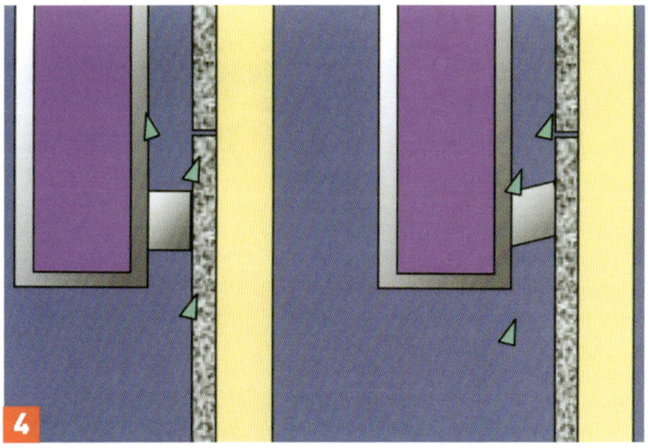

4 스테인리스 커버로부터 내부에 우수가 들어가지 않는 처리가 되어 있지 않았다. 오른쪽 그림과 같이 브라켓을 전방으로 경사지게 하여 물을 끊을 수 있도록 하여 지수처리를 확실히 해야 한다.

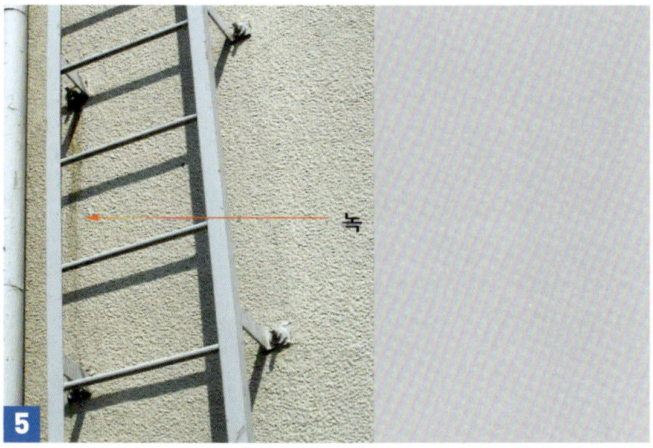

5 후 시공 앵커로 계단을 고정하고 있으나 앵커의 녹이 외벽에 흐르고 있다.

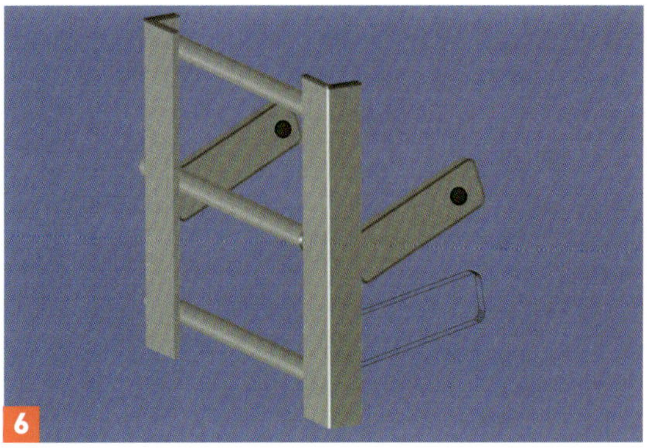

6 앵커부분을 콘크리트 속에 삽입하여 앞측으로 경사를 주는 것으로 인해 오염의 물끊기가 가능하여 외벽을 깨끗하게 지킬 수 있다.

42 금속의 녹과 얼룩

녹과 얼룩이 생기기 쉬운 건물은 청소에 지속적인 고액의 비용이 소요되고 만다. 얼룩이 지기 힘든 건물로 만들기 위해 계획단계에서의 배려가 필요하다. 구성의 결정전에 얼룩에 대해 디자인 리뷰를 실시하면 도움이 된다.

1 스테인리스패널외벽의 올려진 안쪽 부분에 철분이 부착되어 [조각 녹]이 되어 있다.

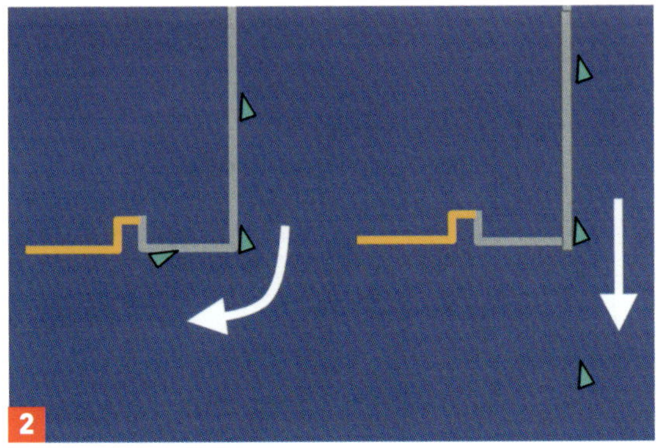

2 사진 1은 위의 그림 왼쪽과 같이 녹을 포함한 물이 올라간 안쪽 부분에 돌아들어가 녹이 슨 모습. 오른쪽 그림과 같이 물을 끊도록 하면 효과가 있다.

3 타일을 붙인 외벽 하부에 스테인리스 박판을 설치하고 있으나 철분이 부착되어 녹이 발생하고 있다. 확실히 물을 끊는 아이디어가 필요하다.

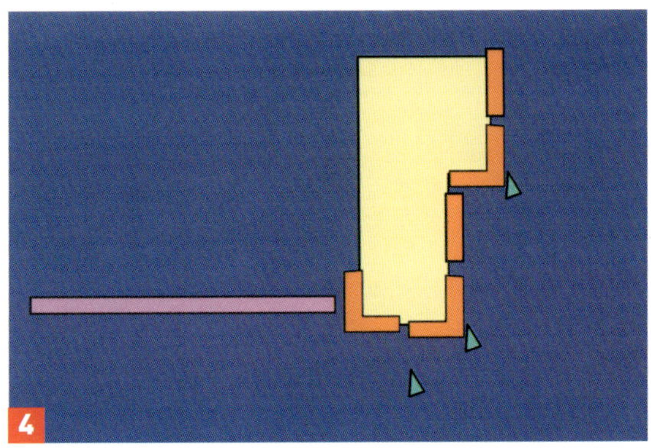

4 타일 아래에 스레인리스를 사용하면 시멘트의 얼룩이 부착되기 쉽다. 위의 그림과 같은 구성이 깔끔하게 보호된다.

5 광고탑의 철골이 외벽면에서 너무 돌출되어 있기 때문에 녹과 오염물질을 포함한 우수가 외벽을 타고 흘러 외벽을 더럽히고 만다.

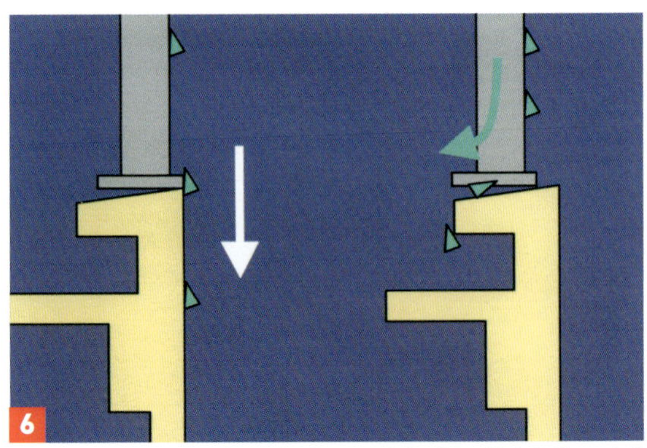

6 사진 5의 철골과 외벽은 위 왼쪽 그림과 같은 위치관계로 되어 있다. 위 오른쪽 그림과 같이 철골을 외벽면으로부터 셋백시키면 얼룩은 적어진다.

43 외부부착 금속의 오염

사진 1과 같은 얼룩이 어떻게 해서 만들어지는가를 생각하면 그 대응방법도 보인다. 사진 5와 같은 오수방지 대책을 포함한 형태는 확실히 효과가 있다.

1 외벽 간판의 앵커를 스페인리스로 커버한 것인데 커버측면을 타고 흘러 오염물질이 흐르고 있다.

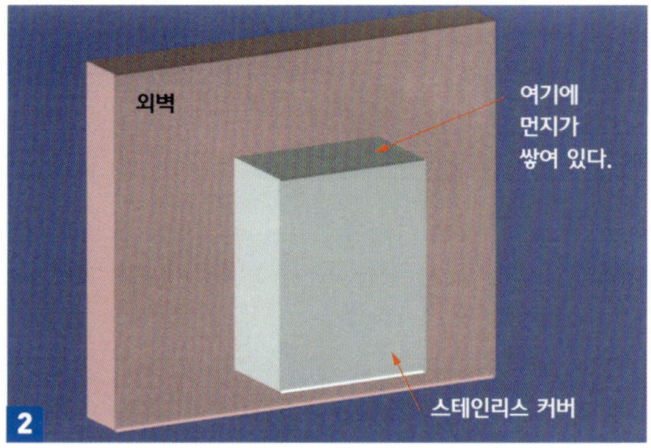

2 공기 중의 먼지가 스테인리스 커버의 위에 쌓여 그곳에 약한 비가 내리면 먼지를 포함한 농도가 높은 오수가 만들어진다.

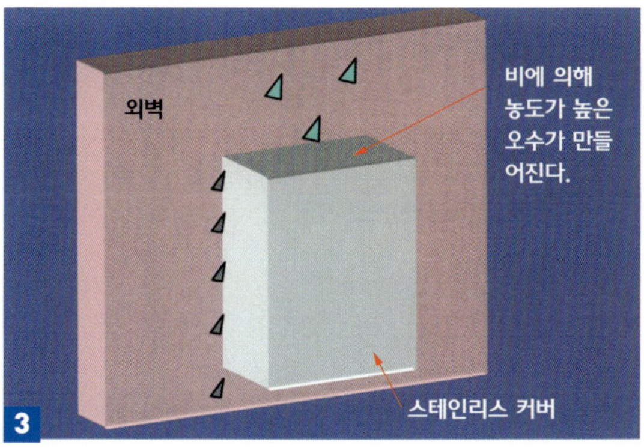

3 그 오수가 스테인리스 상자의 측면을 타고 외벽면으로 흘러내리기 때문에 외벽이 더러워진다.

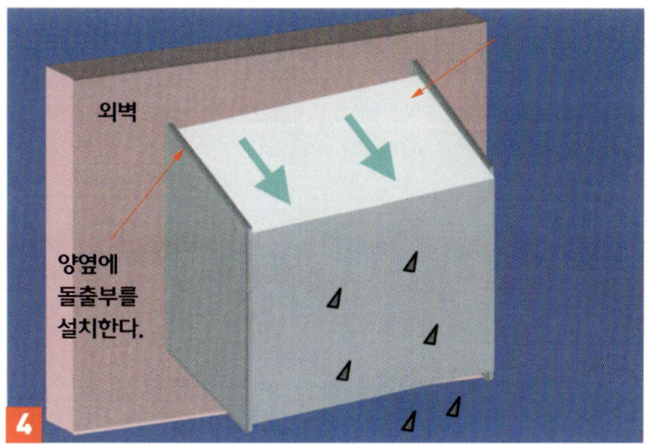

4 스테인리스 상자 위에 경사를 주고 양옆에 돌출부를 설치하여 더러운 물을 외벽으로부터 이격된 곳으로 떨어뜨린다.

5 이것은 외벽에 설치한 항공장해등의 베이스. 오수를 끊을 수 있도록 경사를 주었기 때문에 외벽으로의 오염물질 부착을 볼 수 없다.

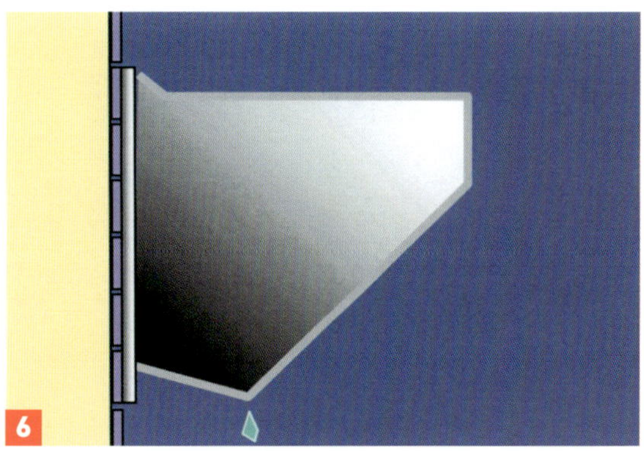

6 사진 5의 베이스 물끊기 단면. 상하 모두 외벽으로부터 경사를 주고 있다.

44 난간설치부의 실패

콘크리트를 비우고 난간의 앵커금속을 심은 후에 난간을 용접하는 경우가 많으나 그 구성이 나쁘면 사진 1과 같이 되어 버린다. 또한 그 정밀도가 나쁘면 사진 3과 같이 보수 및 재시공에 노력이 소요된다. 사진 6과 같이 콘크리트에 난간본체를 설치하는 것도 검토해 보면 좋다.

발코니의 난간이다. 난간의 상부에 녹은 보이지 않으나 부착부위가 부식되어 떨어져 있다.

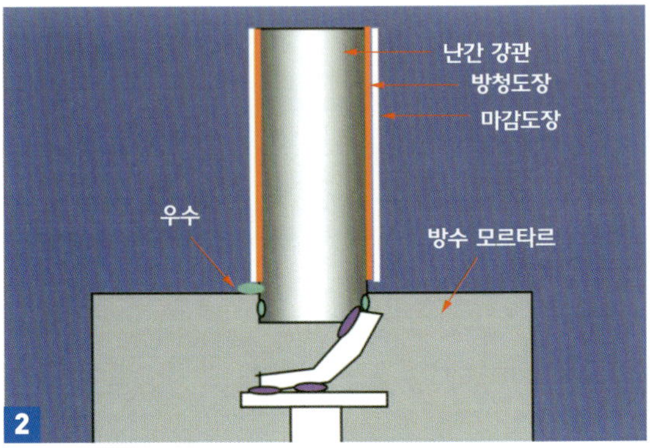

방수 모르타르와 난간 강관의 접합점의 방청도장이 나빠 그곳으로 우수가 침입해 녹을 진행시킨 경우

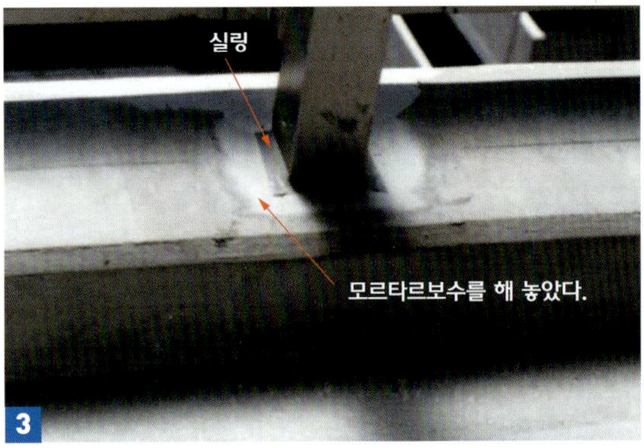

난간의 부재에 알루미늄을 사용하고 있으나 구조체의 구멍이 커서 모르타르로 보수하여 난간 사이를 실링하고 있다.

이것은 구조체 구멍의 정밀도가 좋아 확실히 관리되어 있다. 실링도 제대로 시공되어 있다.

사진 3과 같은 실패를 없애기 위해 이러한 스테인리스 앵커를 정밀도 좋게 콘크리트에 삽입하는 방법이 있다. 여기에 난간을 꼽는다.

위의 사진은 스테인리스 난간 자체를 콘크리트에 삽입해 버린 경우이다. 난간 자체를 설치하기 때문에 위치에 오류가 없어진다.

45 난간의 실패(1)

여러 가지 디자인의 난간이 계획되나 그것에 따라 어떠한 문제가 발생하는지의 검토가 되어지지 않은 상태로 완성되어 버리는 경우가 있다. 시공실적이 없는 것을 우려하여 그 자리에 멈추면 진보는 있으나 그 디자인으로 발생할 최악의 상황을 검토하여 회의를 통해 다시 한 번 그 대책을 찾아 놓는 것은 중요하다.

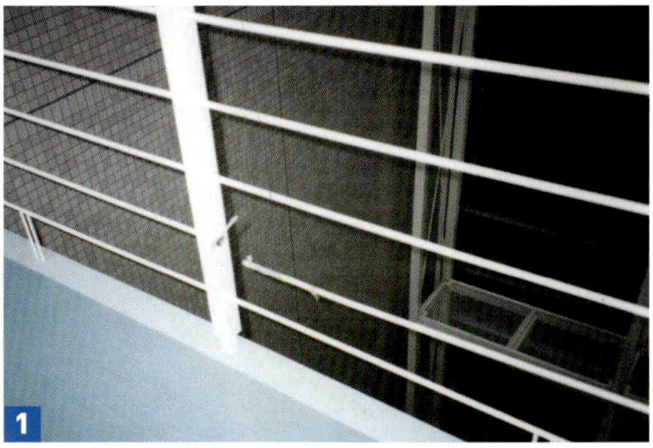

1 난간의 지주에 원형관을 용접하였으나 원형관의 장력과 진동에 의해 진동부분이 떨어져 버린 경우

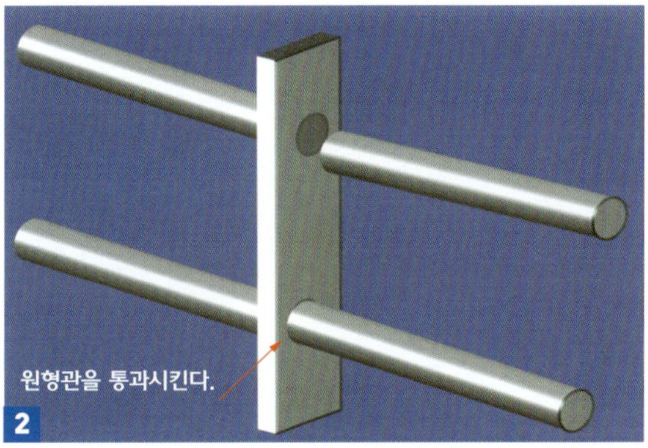

2 지주에 용접하는 것이 아닌 지주에 구멍을 뚫어 원형관을 통과시키는 구성이 아니면 강도를 확보할 수 없다.

3 난간 살의 중앙을 부풀려 아름답게 보이려고 모서리 용접부분을 깎아 내는 디자인이었기 때문에 부풀어 오른 부분에 힘을 가하여 돌아가는 힘에 의해 난간 살이 떨어졌다.

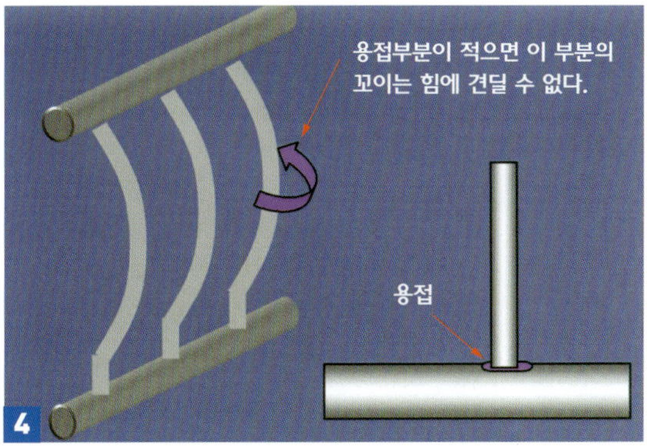

4 이러한 구성의 경우, 용접부분의 길이를 충분히 취해 부푸는 부분에 보강을 취하는 대책이 필요하다.

5 태풍시 강풍의 압력으로 난간이 기초와 함께 어긋났다. 자연의 힘을 가볍게 본 실패사례이다.

6 전 페이지에 소개한 난간의 파라펫 부분에 삽입한 경우, 추락방지의 대책은 필요하나 풍압에는 대항이 가능하다.

46 난간의 실패(2)

그림 1과 같은 맨션에서 베란다의 하부에 18㎝의 틈을 3세의 어린이가 빠져나가 추락해 버리는 사고가 발생하였다. 유사한 사고가 재발하고 있다. 어린이는 흔히 생각지 못하는 행동을 하는 경우가 있다. 우리 건축에 종사하는 사람들은 재발방지를 진지하게 생각하지 않으면 안 된다.

1 그림과 같은 18㎝의 틈에서 어린이가 빠져나와 떨어졌다.

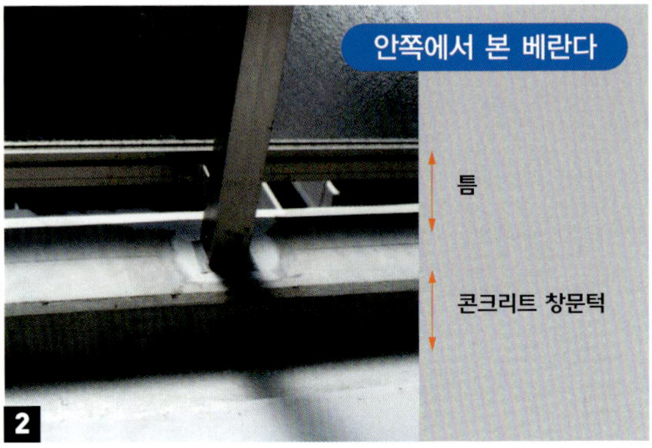

2 맨션의 경우, 작은 어린이가 베란다에서 노는 경우가 있으므로 이 틈의 크기에는 주의해야 한다. 또한 창문턱은 물건의 낙하방지를 위해서도 충분히 확보해야 한다.

3 위와 같은 기초적인 모양의 난간은 틈이 커질 수 밖에 없기 때문에 어린이가 놀 수 있는 장소가 될 경우 주의가 필요하다.

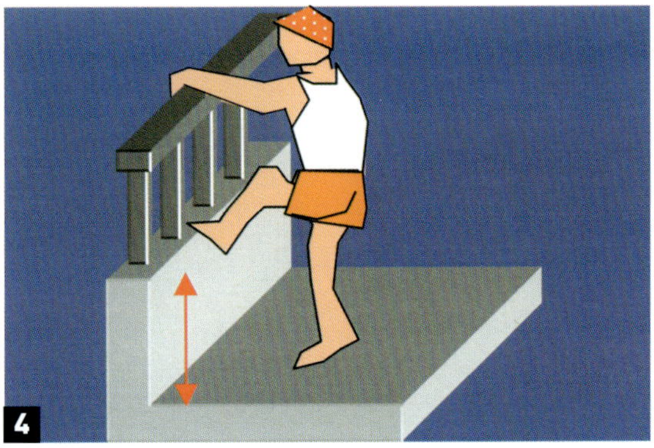

4 난간의 높이의 기준은 만족하고 있어도 위의 그림과 같이 도중에 발받임이 될 수 있는 것이 있다면 위험해 진다.

5 불특정다수의 사람이 통행하는 계단이나 낙하방지가 없는 디자인이었기 때문에 나중에 걸레받이를 설치하였다.

6 벽과의 사이에 틈새가 너무 작아 잡기 힘든 난간이 있다. 자신이 사용한다는 생각으로 길이를 결정해야겠다.

47 피난계단 설치의 실패(1)

사진 1은 실내측에서 발코니를 촬영한 것이나 화재 등의 발생 시 사용하는 피난계단에 문제가 있다. 실제로 피난할 때의 상황을 생각한 계획이 필요하다. 이 설비에는 많은 연관된 주의점이 있으므로 알기 쉽게 설명해 나간다.

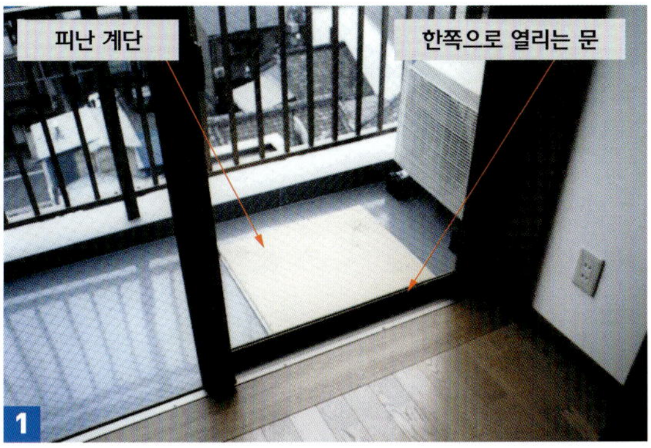

발코니로의 출입구 앞에는 피난계단이 있기 때문에 출입 시마다 이 덮개의 위로 발을 디디게 마련이다. 덮개가 상하기 쉬울뿐더러 피난 시에도 문제가 있다.

피난계단의 덮개가 앞쪽으로 열리기 때문에 위에서 피난하는 사람은 덮개를 타고 넘을 수 없다. 위층에서 피난하는 상황도 생각해 보면 가운데 남은 사람은 피하는 것이 늦어질 우려가 있다.

피난계단이 열려 피난이 시작된 상황에서 방안에 남은 사람은 계단덮개가 장해가 된다. 또한 타고 넘은 상황에서 개구부가 있기 때문에 타고 넘은 다음 떨어질 위험성이 있다.

각 층위치를 엇갈려서 피난계단이 설치되어 있으나 이렇게 협소한 발코니의 경우, 출입구와의 관계를 계획 시에 포함해 놓지 않으면 안 된다.

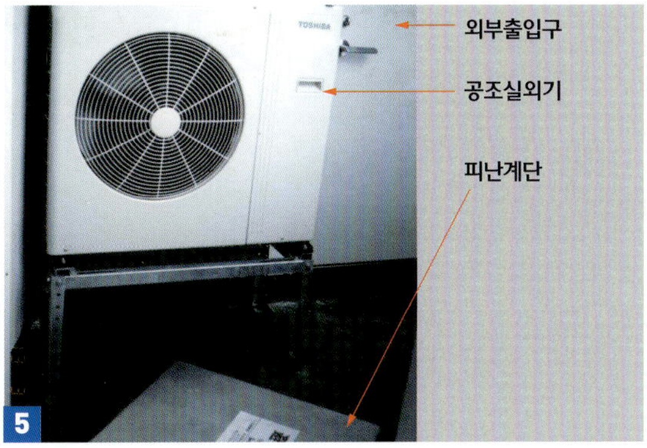

후에 배치한 공조실외기가 장해가 되어 피난시의 통로가 확보되지 않았다. 또한, 지진 등에는 공조실외기가 넘어져 버릴 우려가 있다.

48 피난계단 설치의 실패(2)

피난계단은 피난설비로서 설비 후의 검토가 필요해 지도 및 지적을 받기 쉬우므로 사전에 충분한 조정회의가 필요하다. 그림 5와 같은 투시도를 그리면 전체의 추측이 가능하여 오류를 방지할 수 있다.

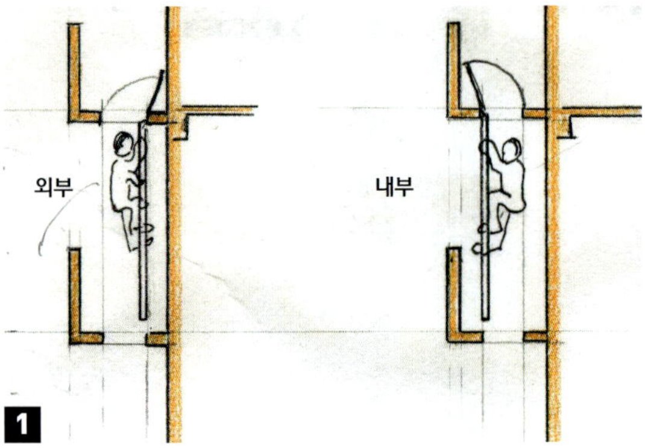

1 해당 소방서의 지도에 의한 피난계단의 설치방법이 위의 그림 오른쪽과 왼쪽과 같이 다른 경우가 있다.

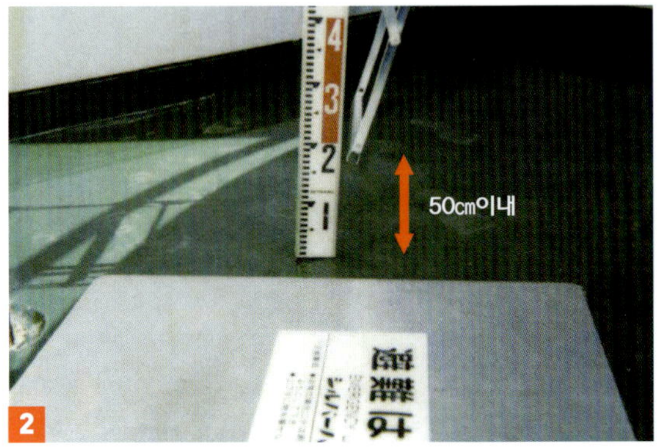

2 피난계단의 하부는 바닥에서 50㎝ 이내이어야 한다. 위의 사진은 검사에서 지적을 받아 재시공한 경우.

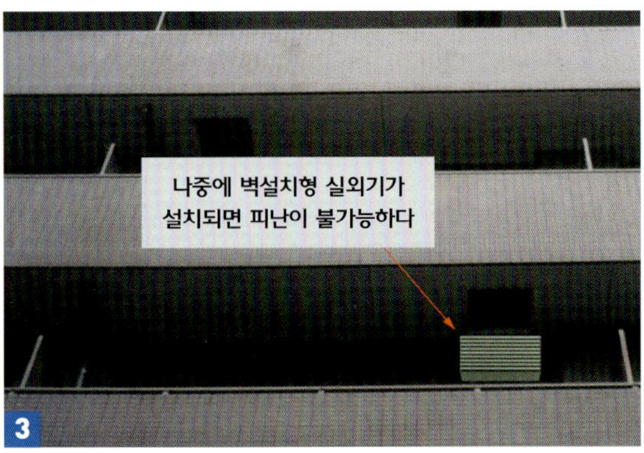

3 공조실외기가 별도공사의 경우, 나중에 피난계단 아래부분에 설치되지 않도록 배려가 필요하다.

4 공조기의 배수관을 발코니의 배수 드레인에 직접 접속하여 결로수를 배수하면 발코니를 깨끗하게 유지할 수 있다.

5 위의 그림과 같이 발코니 출입구와 피난계단 및 에어콘의 실외기와 배수 드레인의 배치 관계를 생각한 계획을 하지 않으면 안된다.

49 트랩설치 조정 부족에 의한 실패

트랩의 배치가 타공종의 설비와 충돌하는 경우가 있다. 본체조정이라는 것은 가능할 것 같으면서도 잘 안 되는 경우가 있다. 건축과 설비의 분업화가 너무 진행되어 있는 것이 이러한 종류의 트러블 중의 하나의 원인이다. 이러한 실패 방지에는 공사책임자의 강력한 리더십을 빼놓을 수 없다.

1

트랩의 안쪽에 배관이 위치해 있어 올라갈 때 배관을 밟아 버리게 된다. 트랩과 배관의 위치관계 검토가 부족하였다.

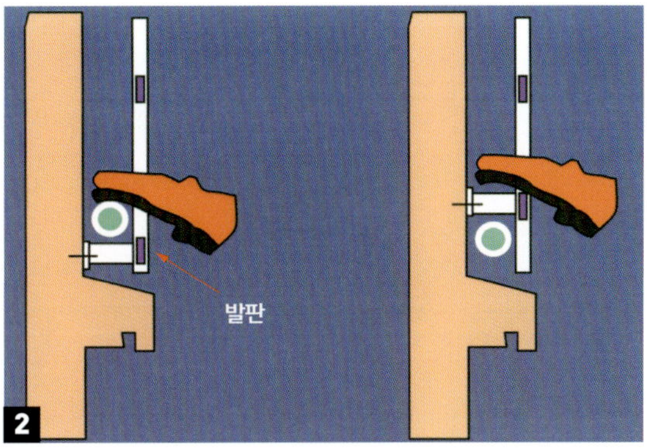

2

록킹이 발에 밟혀 상처가 나거나 트랩을 내려올 때 미끄러져 추락할 우려가 있다. 오른쪽 그림처럼 하지 않으면 안 된다.

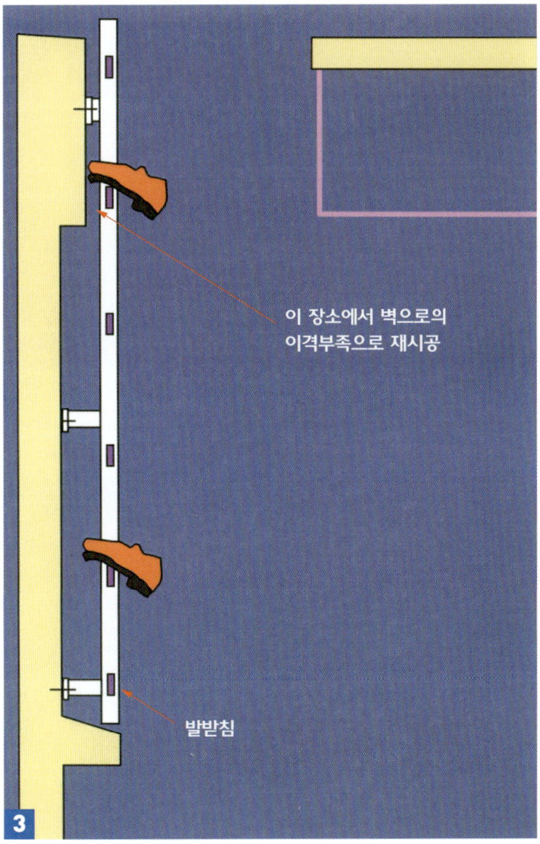

3

피난 트랩의 보부분에서 벽으로부터 이격거리가 적으면 검사에서 지적을 받아 재시공을 하는 사례가 있다.

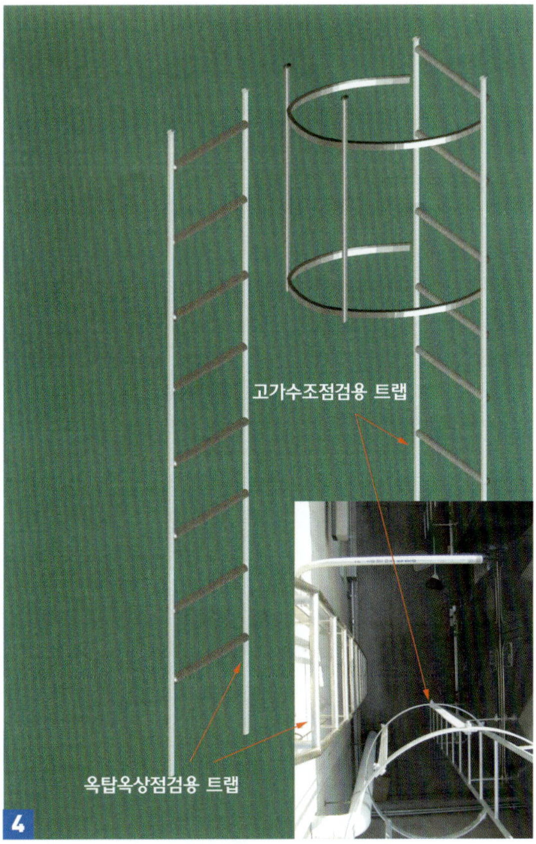

4

옥상점검용 트랩(건축공사)과 고가수조점검용의 트랩(설비공사)이 방해하고 있으므로 옥상에 올라가는 도중에 수조용 트랩의 가이드에 부딪혀 추락할 우려가 있다.

50 익스팬션조인트의 실패

익스팬션조인트를 안이하게 구성하면 후에 사진 1과 같은 문제가 발생하게 된다. 이러한 상황이 발생하면 보수가 매우 까다로워진다. 계획단계에서의 확실한 고찰이 요구된다.

1

페데스트리안데크의 익스팬션죠인트에 강한 힘이 가해져 단부의 타일이 벗겨져 있다.

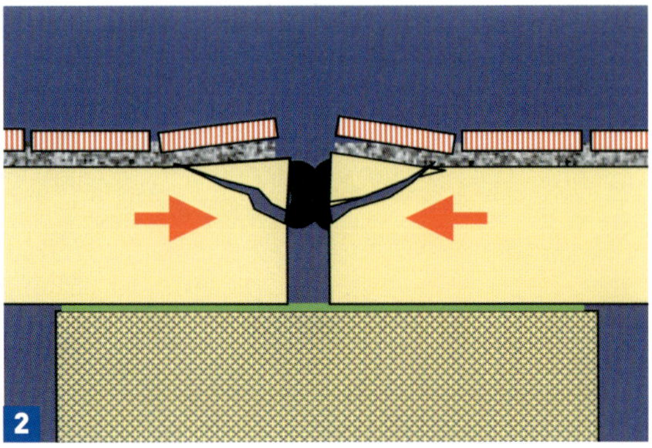

2

온도에 의한 팽창 등의 힘이 콘크리트 모서리의 약한 쿠션부분에 작용하여 깨지면서 들어올려진 모습

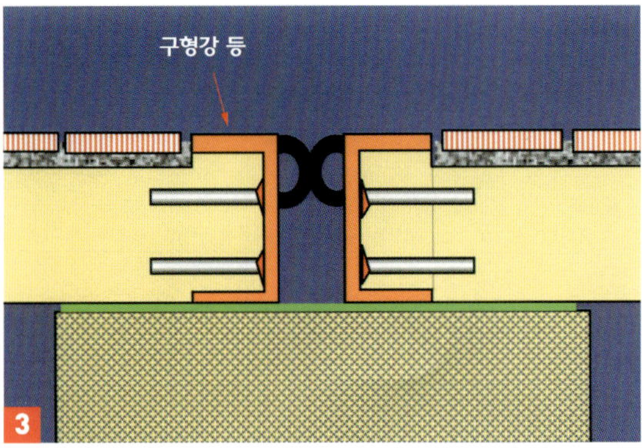

3

단부의 약한 부분을 두께가 두꺼운 강재 등으로 보호하면 사진 1과 같은 실패는 막을 수 있다.

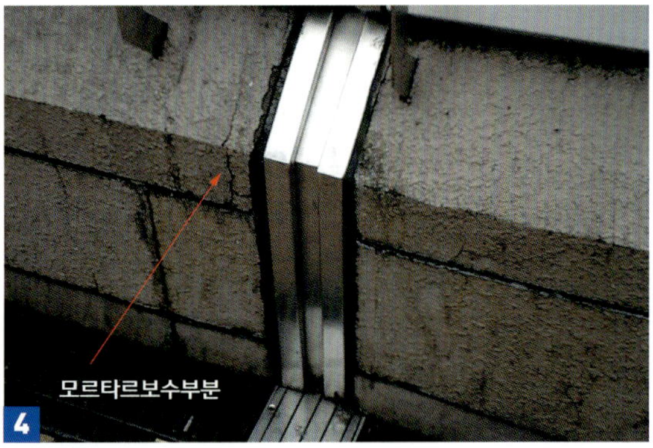

4

익스팬션부분은 힘이 작용하므로 모르타르 보수를 하여도 위와 같이 갈라진다.

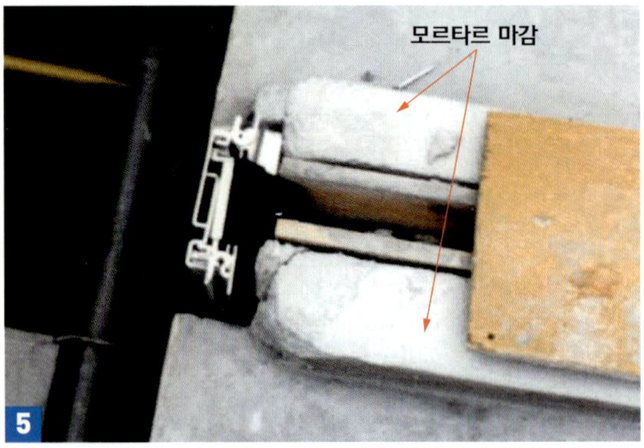

5

복도 상부의 익스팬션조인트를 모르타르로 올려 놓았으나 모르타르 올림부분은 움직임에 의해 부서지고 만다.

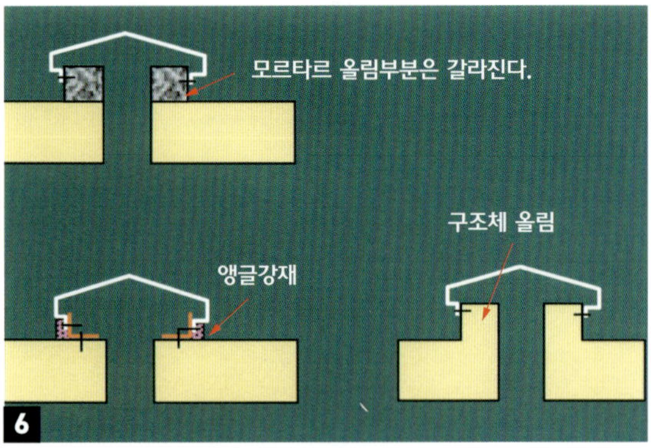

6

이 상황에서는 앵글강재를 구조체에 고정하여 실링을 할 수밖에 없다. 원래라면 구조체 올림을 해야 한다.

51 비둘기 배설물로 인한 피해

상업시설 건물이 오픈한 후에 고객의 머리위로 비둘기 배설물이 떨어지는 것은 커다란 문제이다. 또한, 피해가 발생한 후에 그 대책을 취하는 경우가 많아 고액의 비용을 들여야 한다. 비둘기가 앉기 쉬운 디자인이 되지 않도록 설계단계에서 반영할 필요가 있다.

1 정면출입구 상부의 벽을 내린 디자인으로 비둘기가 내려앉기 매우 좋은 공간이 되어 버렸다. 비둘기 방지 와이어가 시공되어 있다.

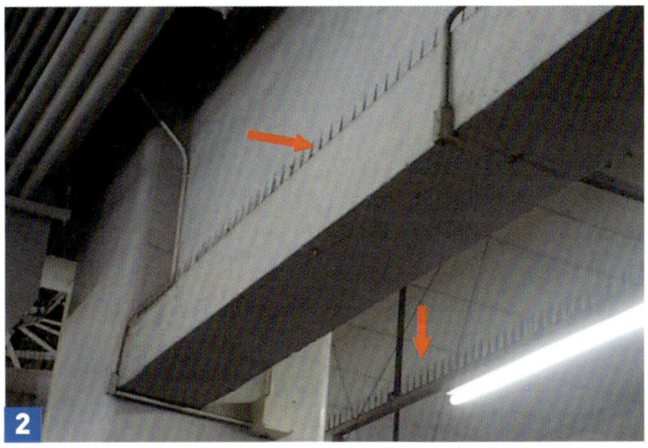

2 철골보 아래 플랜지 및 조명기구의 위 등이 비둘기의 휴식처가 되어 비둘기 방지용 금속물을 설치하고 있다.

3 역의 플랫폼에서 지붕철골에 설치한 비둘기 방지용 금속. 비둘기의 피해는 심각한 문제임을 알 수 있다.

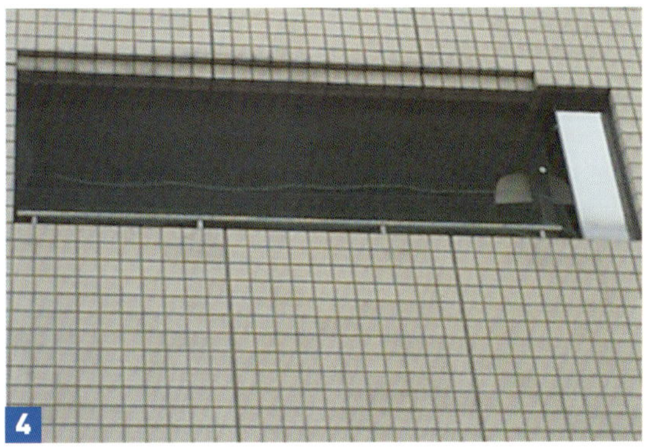

4 비둘기 방지를 위해 발코니에 망을 쳐 놓은 상황

5 쓰레기처리장에 유리의 피해를 막기 위해 상부에 망을 걸어 놓았으나 녹이 발생하여 보기 흉하게 되었다.

6 난간의 파이프크기가 새가 앉기에 적당하다. 와이어 등 얇은 것은 그렇지 않다.

52 슬로프 배수구의 실패

지하주차장부분의 슬로프에는 우수가 내부로 침입하지 않도록 배수구가 필요하나 사진 1과 같이 배수구가 막혀 지하가 침수되었다. 그 원인과 대책을 들어 보겠다.

1 배수구에 물이 넘쳐 배수 기능이 마비되었다. 그레이팅 내부의 배수망에 쓰레기가 막혀버렸다.

2 이 배수망을 낙엽이 막아버려 배수가 불가능하게 되었다.

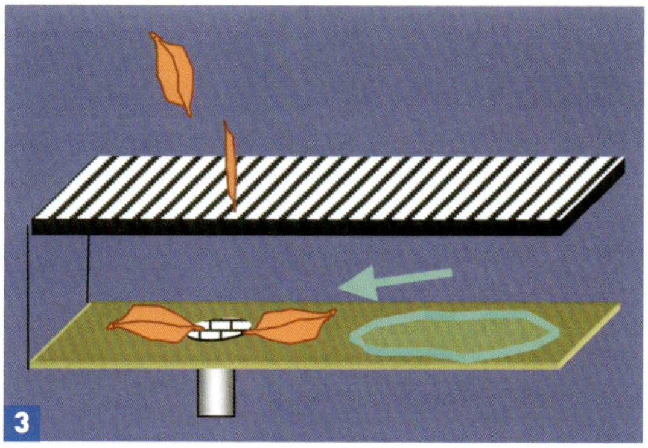

3 그레이팅을 통과한 낙엽 및 쓰레기가 물의 흐름과 함께 배수망 방향으로 흘러 망을 막기 때문에 배수가 불가능하게 되었다.

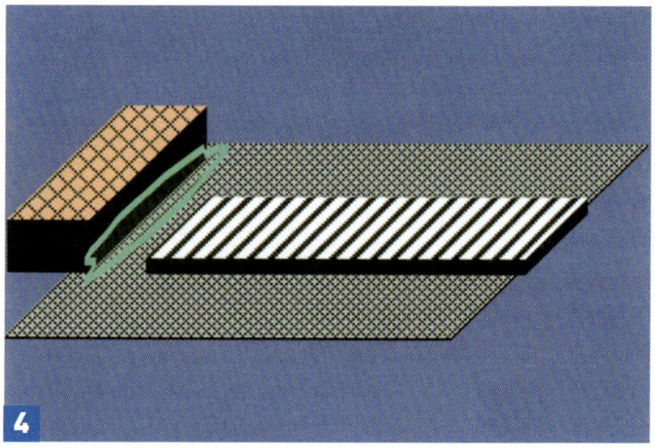

4 사진 2에서는 배수구가 벽까지 이어지지 않았기 때문에 호우시에 우수가 위의 그림과 같이 벽과 배수구 사이를 흘러 내부에 침입해 버린다.

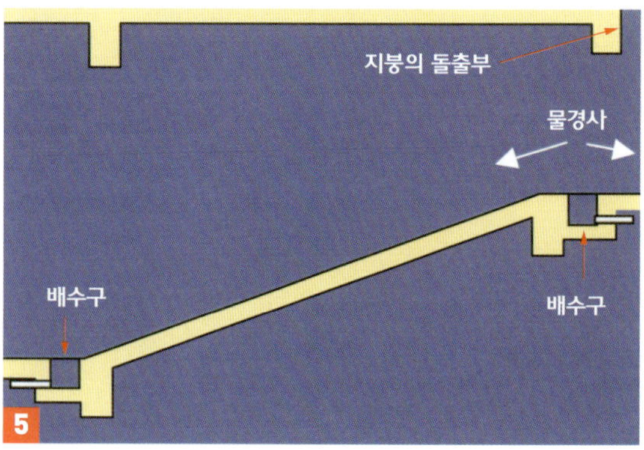

5 나중의 유지보수를 생각하여 위의 그림과 같이 슬로프 상하에 배수구를 설치하여 지붕은 상부 배수구로부터 떨어뜨려야 한다.

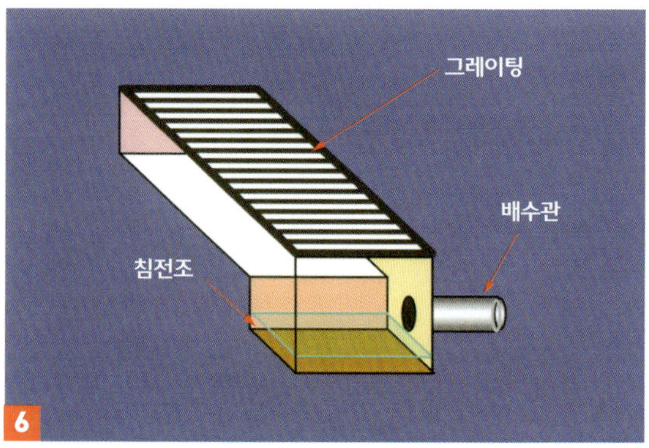

6 위의 그림과 같이 침전조를 만들어 점검 및 청소하기 쉽도록 하고, 그 위의 그레이팅은 제거가 용이한 형태로 계획한다.

53 외부 배수구의 실패

건물의 유지보수는 연속적으로 이루어지기 힘들다. 유지보수가 어려운 경우는 더 나아지지 않는다. 계획시점에 있어서 그 점을 충분히 고려한 설계가 요구된다.

1

낙엽은 배수구 주변에 모인다. 낙엽이 많아 유지보수하기 힘든 장소에는 이러한 배수구는 설치하지 않는 것이 좋다.

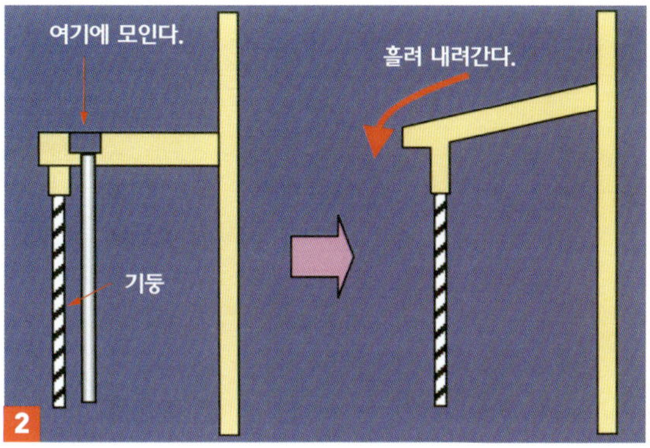

2

사진 1은 위 그림 왼쪽과 같은 구성으로 되어 있다. 오른쪽과 같이 계획하면 유지보수비용이 대폭으로 삭감될 것이다. 청소하는 사람의 입장에서의 계획이 요구된다.

3

옥상의 드레인 주변에 쌓인 흙에 식물이 자라고 있다. 점검하기 힘든 지붕부분은 이렇게 되기 쉽다.

4

식물이 없어도 새의 날개가 드레인에 흘러들어가는 일이 있다.

5

배수구 속에 흙이 쌓여 그레이팅 아래에 식물이 자라고 있다. 전반적인 청소가 가능한 계획상의 배려가 필요하다.

6

옥상배수구의 보더가 갈라져 있다. 여기도 홈을 만들어야 할 곳이다. 보더로서 기성품을 사용하면 깔끔하게 마감되고 잘 갈라지지 않는다.

54 내부 배수구의 실패

주방 등의 배수구는 많은 작업이 있어 실패가 발생하기 쉬운 곳이다. 주방의 레이아웃이 결정되지 않으면 배수구의 위치가 결정되지 않기 때문에 시공 직전에 결정되는 것도 그 원인이다. 또한, 그림 6과 같이 테넌트건물에서 영업개시 후에 아래층 주방 천장내의 그리스트랩을 설치하는 것은 영업보상 문제가 되어 매우 많은 노력과 비용이 소요된다. 위층에 주방이 위치하기로 정해졌다면 그리스트랩과 배수관까지 선행 시공해 놓아야 한다.

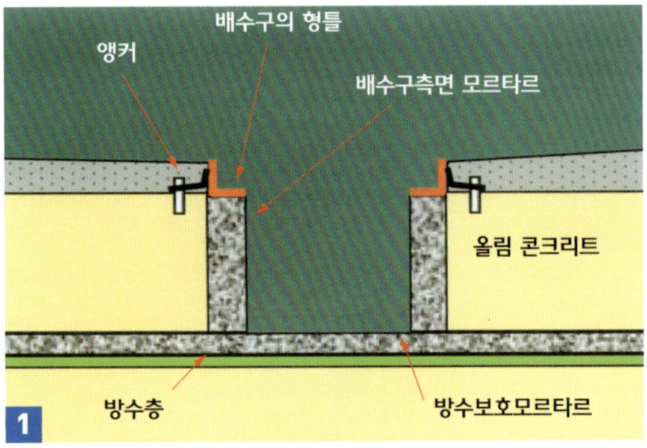

방수 → 보호모르타르 → 올림콘크리트 → 배수구 형틀설치 측면 및 바닥모르타르 → 배수구내 경사모르타르로 작업량이 많다. 또한 측면의 모르타르가 갈라지기 쉽다.

배수구를 위한 형틀을 짜고 올림콘크리트를 타설하고, 이후 배수관형틀을 용접하여 설치한다.

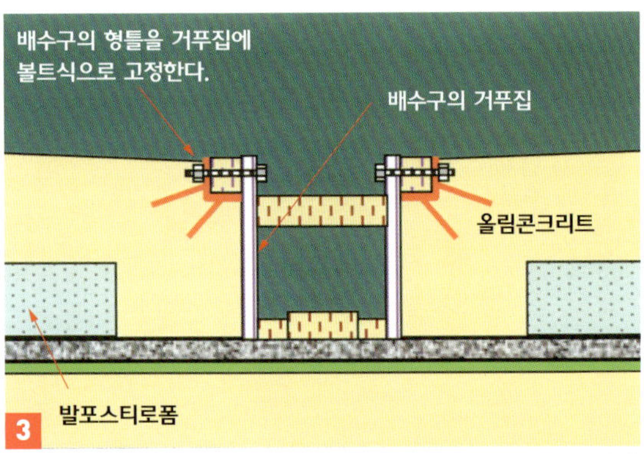

이러한 형태로 콘크리트를 타설한 후, 배수구의 형틀을 고정하는 볼트를 풀러 거푸집을 제거하면 배수구가 완성되어 노동력을 줄이고 품질향상을 꾀할 수 있게 된다.

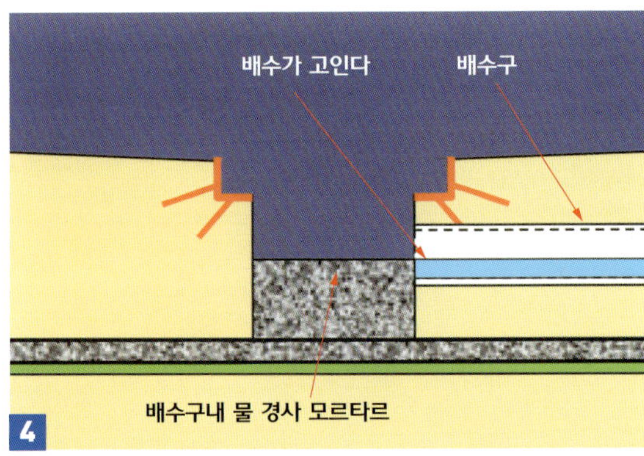

배수구로의 배수관의 높이와 배수구 내의 경사를 위한 모르타르의 높이를 생각하지 않으면 위의 그림과 같이 배수가 고여 비위생적으로 되는 경우가 있다.

주방의 배수구 덮개 위는 걷기 까다롭기 때문에 동선을 잘 생각해야 한다. 또 그림 4와 같은 실패방지를 위해 배수구 전체의 길이를 생각해야 한다.

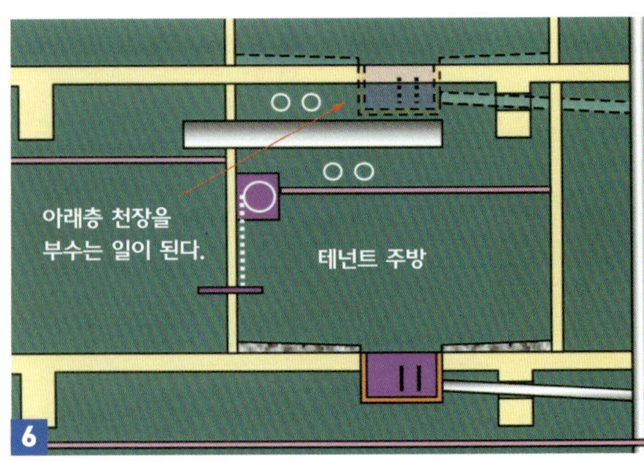

테넌트건물로 장래 주방을 설치하려고 하면 그리스트랩과 배관 설치공사는 아래층에 영향이 너무 크므로 어렵다. 먼저 설치하고 배관까지 시공해 놓아야 한다.

55 후시공 앵커의 실패

후시공 앵커는 간단하므로 많은 경우에 사용되나, 진동을 받는 부분에는 사용해서는 안 된다. 또한 구조체에 확실히 들어가서 강도를 확보하므로 신중히 확인할 것이 요구된다.

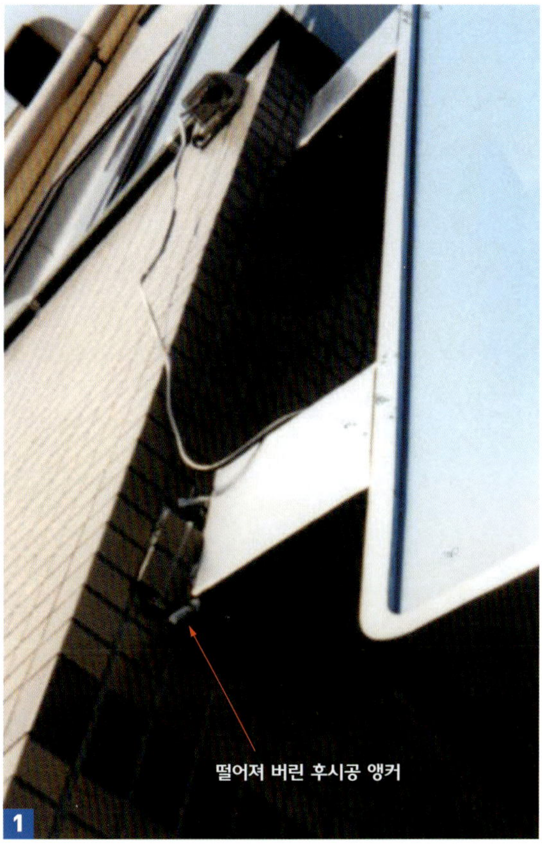

간판의 후시공 앵커가 풍압으로 타일과 함께 떨어져 버렸다.

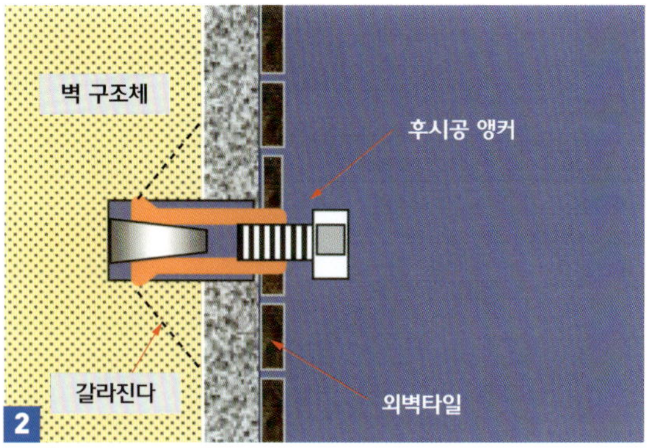

위의 그림과 같이 짧은 앵커를 사용하고 있기 때문에 타일 하부의 안쪽의 벽구조체에는 거의 들어가지 않는다.

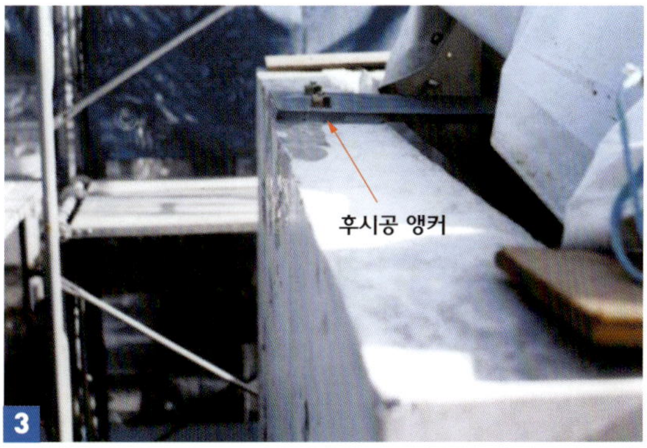

파라펫에 후시공 앵커를 타설하였으나 콘크리트 벽에 균열이 발생하였다. 사진은 균열을 에폭시 주입에 의해 보수하고 있다.

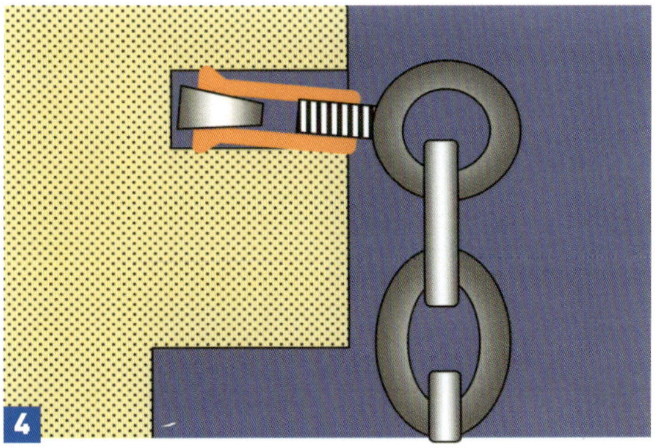

보의 측면에 후시공 앵커를 설치하여 중량물을 끌어당길 때 앵커가 내려가 빠져나와 커다란 사고로 이어졌다.

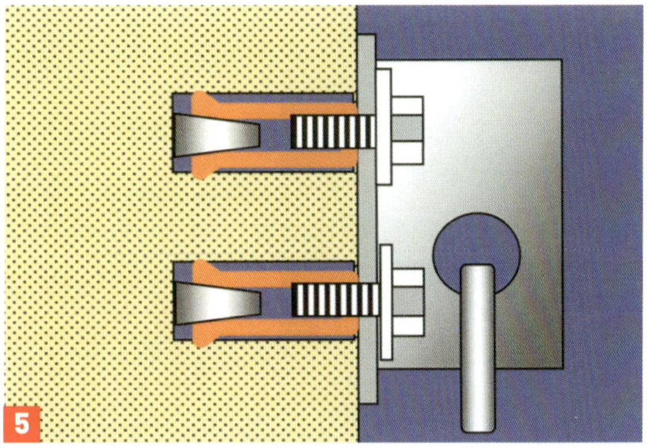

특히 진동이 작용하는 경우는 위의 그림과 같이 베이스를 만들어 진동을 받아 줘야 한다. 앵커도 케미컬 앵커 등을 사용해야 한다.

56 외부 광고패널의 비산

광고탑의 패널이 강풍으로 비산한 경우가 있다. 광고탑은 녹슨 상황을 점검하기 힘든 구조로 되어 있는 경우가 많다. 이후 계획하는 경우는 내부에 점검용 복도 등을 설치하여 접근하기 좋은 구조로 해야 한다.

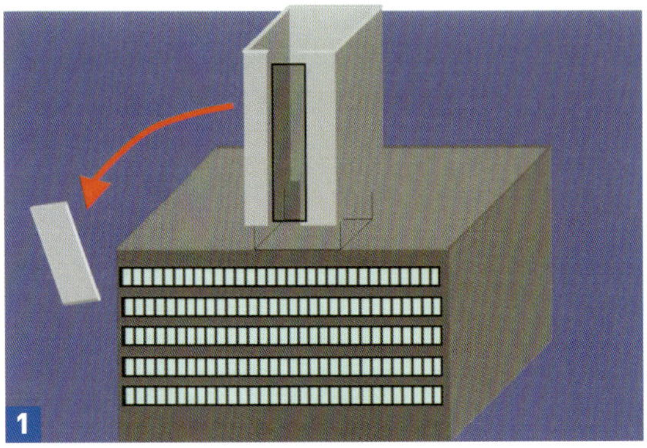

1 광고탑의 면이 태풍 시 강풍에 의해 날아가 버렸다.

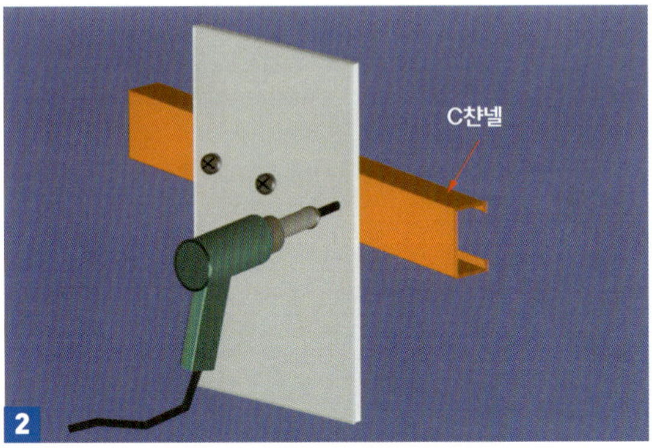

2 간판면이 이렇게 댑핑피스로 C챤넬 하부에 고정되어 있었다.

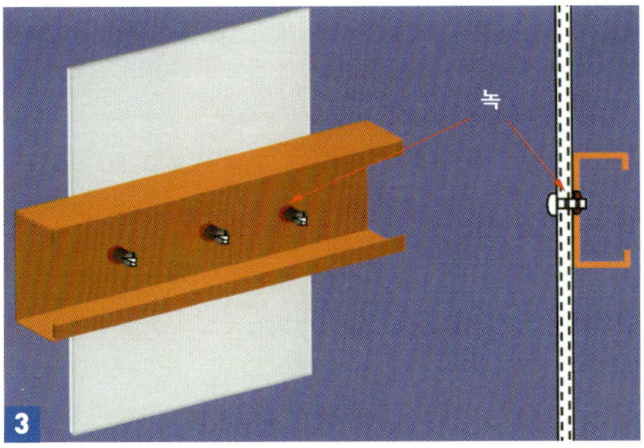

3 C챤넬은 두께가 얇아 녹에 의해 부식되기 때문에 풍압에 견디지 못하고 비산해 버렸다. 방청도료는 댑핑피스를 설치하는 단계에서 벗겨져 버린다.

4 하부에 앵글과 같은 두께가 두꺼운 부재를 사용하면 C챤넬과 비교하여 신뢰성이 높다.

5 점검하기 힘든 광고탑 내부의 상황. 패널의 점검이외에도 트러스의 유지보수에 통로는 필요하나 이렇게 설치되지 않은 것도 많다.

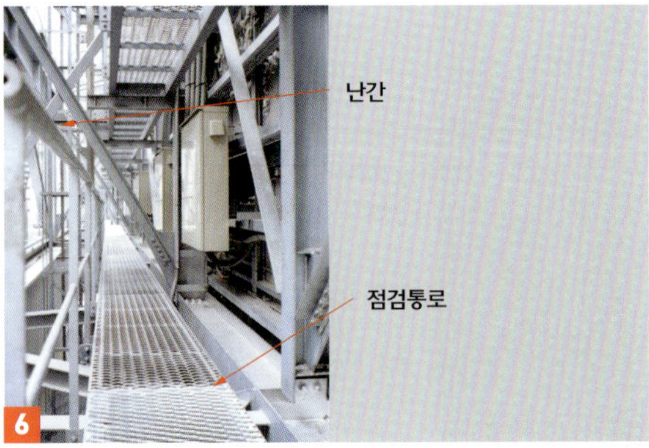

6 이렇게 확실한 통로를 계획해 놓으면 점검이 쉬워 패널의 피스 상황도 확인하기 쉽다.

57 외부 패널공사의 실패

외부 패널의 실패는 불량한 상태로 사람의 눈에 걸리는 경우가 생기므로 충분한 확인이 필요하다. 발판을 안전하게 해체하고 나서 다시 설치하는 경우도 있으므로 시공 도중에 확인하고, 재시공의 위험예지를 해 놓아야 한다.

1
외벽의 자연발색 패널의 색 차이가 크다. 공장검사시 자연광을 비추어 검사하지 않으면 이러한 색의 차이가 발견되지 않는다.

3
천장의 스팬드럴판 마감은 어렵다. 가까이서 보면 합격일지라도 발판을 해체한 후에 보면 자연스럽지 못한 경우가 있다.

3
현관 모서리의 판의 두께가 적고, 하부보강도 들어있지 않으므로 휨이 커서 보기 흉한 마감이 되어 있다.

4
색 차이를 고치기 위해 다시 뿜칠도장을 실시해도 개선되기 힘든 것은 각도의 차이 때문이다. 염이 첨가된 도료는 이러한 경향이 잘 발생되지 않는다.

5
이러한 패널도 수평도와 실링시공의 정밀도에 주의하지 않으면 안 된다.

58 내부 패널공사의 실패

대형현장에서 현장담당자와 시공도면담당자 사이에 의견 소통이 없고, 도면을 읽은 후 공정을 만드는 습관이 없는 현장에서는 사진 1과 같은 실패가 발생한다. 또한, 사진 3과 같은 일이 발생하지 않도록 구성의 검토 확실히 해야 한다.

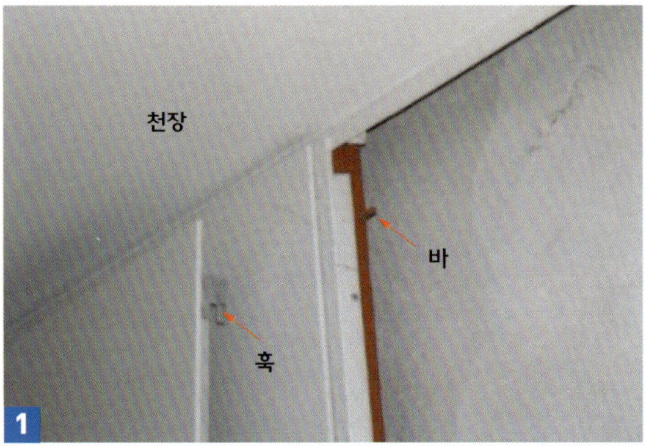

1 천장보다 먼저 벽패널을 설치하도록 하는 도면이었으나 천장을 먼저 설치하여 재시공하게 되었다.

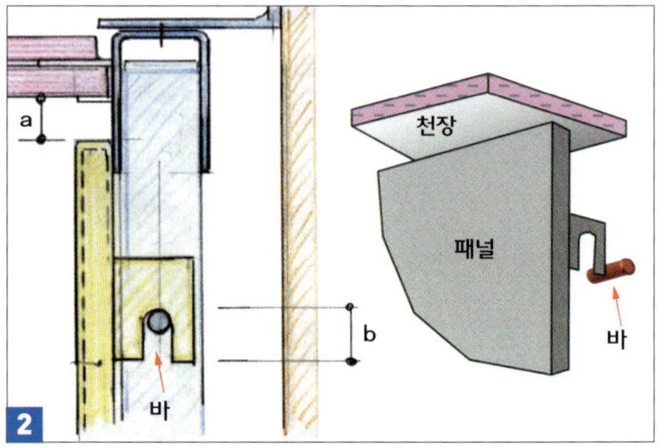

2 a보다 b의 길이가 크기 때문에 천장이 장해가 되어 패널의 훅을 하부의 바에 걸 수 없다.

3 기둥 주변의 패널 설치시에 공조기의 드레인 배수관이 있었기 때문에 그 부분을 잘라내고 있다. 일의 진척에 있어 걸림돌이 되는 것은 이러한 세부의 추측 부족이다.

4 벽면에 이러한 디자인을 사용한 경우, 먼지가 쌓이기 쉬워 청소에 수고가 된다.

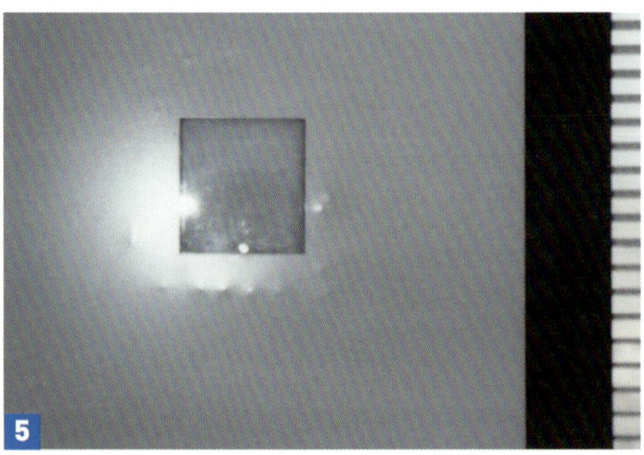

5 패널에 스위치를 설치한 것이나 가공한 흔적이 표면에 나타나 버렸다.

6 팬코일 커버의 앞판은 미리 설치해 놓으면 기기의 조정으로 떼어내야 하기 때문에 상처를 입기 쉽다. 마지막에 이러한 상태로 설치하는 것이 문제가 적어진다.

59 OA플로어 설치부분의 실패

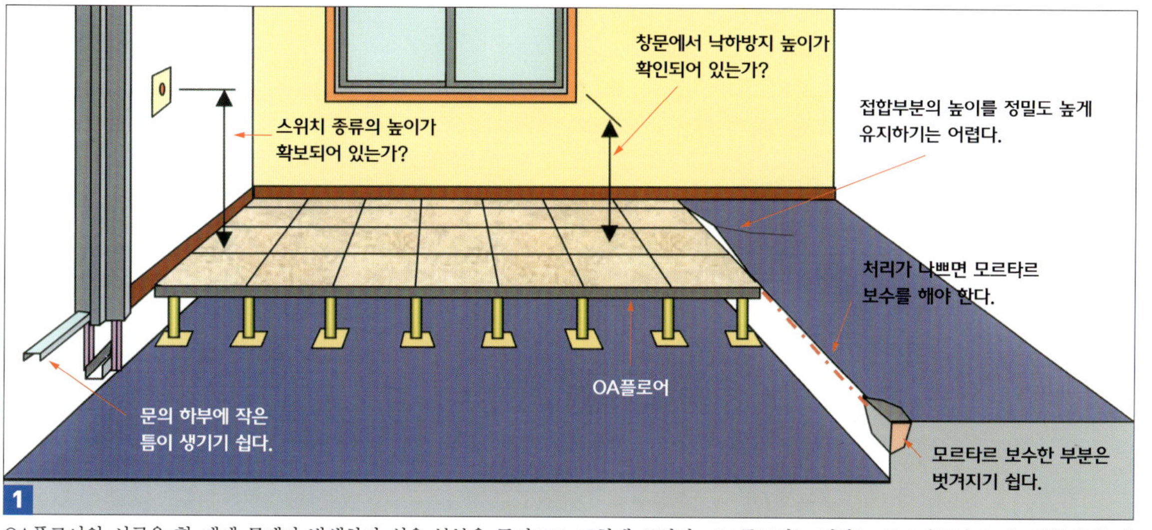

1

OA플로어의 시공을 할 때에 문제가 발생하기 쉬운 부분을 투시도로 표현해 보았다. OA플로어는 접하는 콘크리트의 높이 · 접합부의 정밀도가 나쁠 경우, 재시공에 시간과 비용이 소요되어 재시공한 부분이 장래에 갈라져 결함이 발생하기 쉬우므로 구조체 공사 단계에서 확실한 준비가 필요하다.

2

문접합부분은 위와 같이 되기 쉽다. 제대로 어떠한 상세가 될 것인가를 검토해 놓아야 한다.

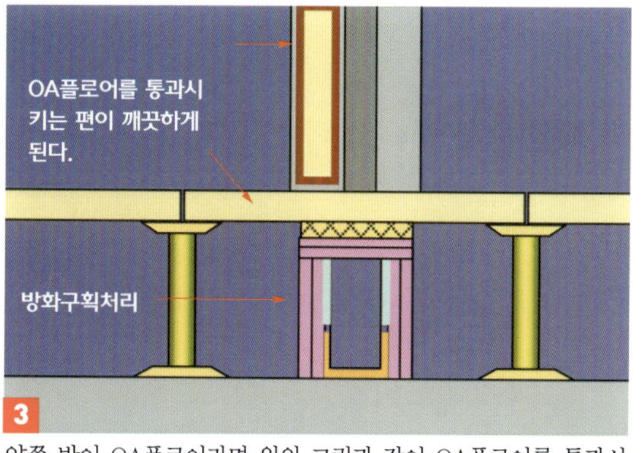

3

양쪽 방이 OA플로어라면 위의 그림과 같이 OA플로어를 통과시 커버리는 것이 좋은 구성이 된다. 방화구획이 있는 경우는 하부에 구획벽을 설치한다.

4

OA플로어와의 경계에 콘크리트의 정밀도가 나쁜 경우 재시공에 비용이 소요된다.

5

이렇게 콘크리트 타설전에 OA플로어와 콘크리트의 접합부분에 경계표시앵글을 넣어 놓으면 정밀도가 확보된다.

60 기타 금속공사의 실패

약간의 고려부족으로 사용하기 어려운 경우가 발생해 버린다. 사진 1과 같은 경우는 다칠 우려가 있으므로 충분히 주의해야 겠다. 또한 사진 5 · 6은 재료의 변색을 고려하지 않은 실패이다.

1 익스펜드메탈의 복도 단부가 앵글의 틀보다 나와있으므로 여기에 걸려 다칠 우려가 있다.

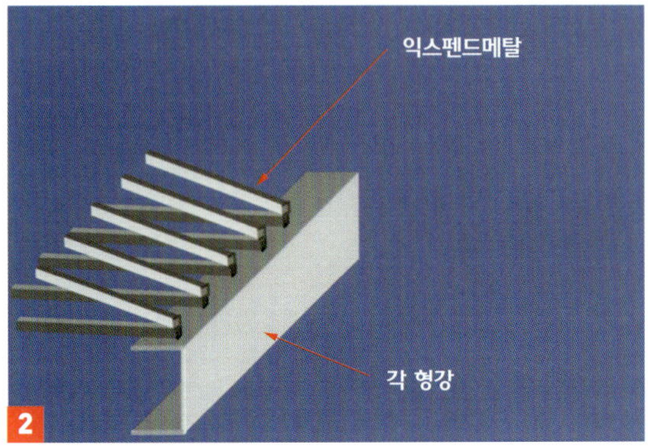

2 위의 그림과 같이 제작해야 한다.

3 맨홀 볼트 구멍에 아스팔트가 채워져 열기 힘들게 되었다.

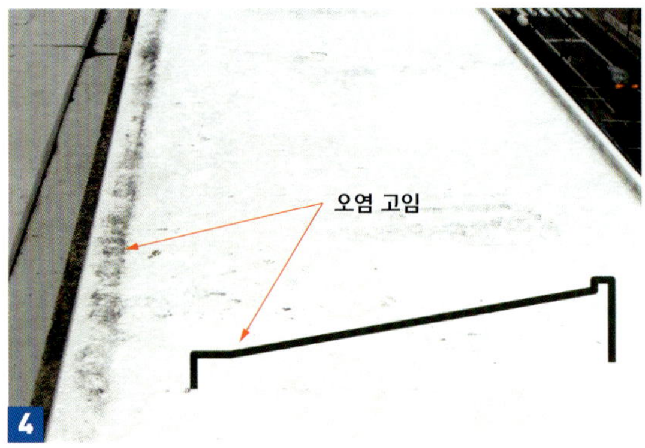

4 알루미늄 두겁대의 좌측에 물이 흐르지 않아 오염된 찌꺼기가 되어 버렸다.

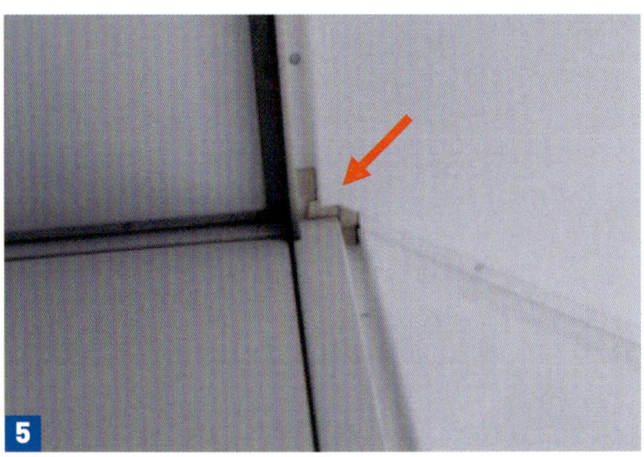

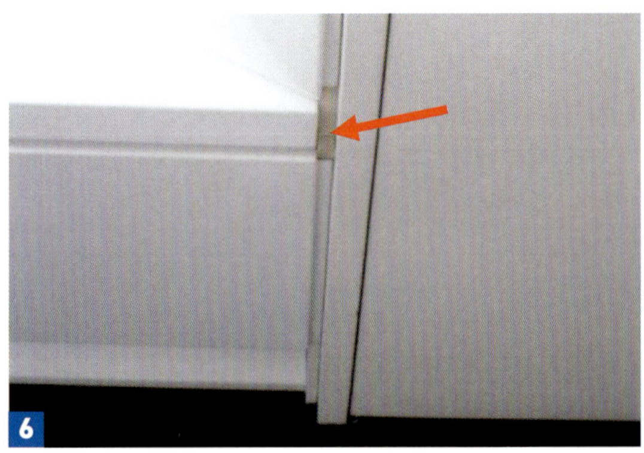

5·6 패널공사로 실을 되도록 사용하지 않는 구성으로 하였으나 굴절이 불가능한 부분이 발생하였으므로 사진과 같이 충전재를 사용한 결과 시간과 함께 변색되어 버렸다.

[3] 철골계단

61 철골계단 받침보용 베이스의 실패

사진 1은 외부 철골계단을 받는 보를 콘크리트 구조체에 고정하기 위한 베이스의 상황이나 2개의 커다란 오류를 범하고 있다. 철골의 공작도의 확인이 이루어지지 않은 채로 설치되어 버린 것이다.

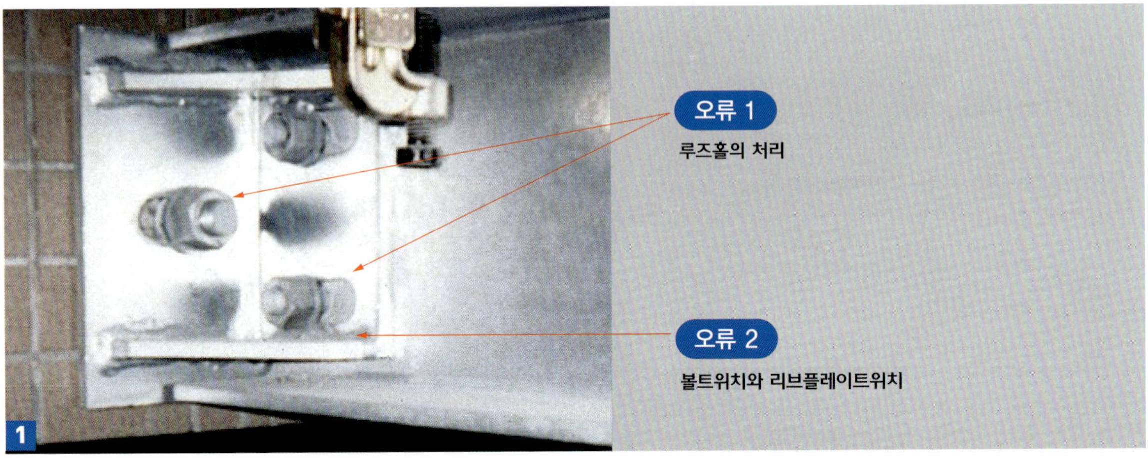

오류 1: 루즈홀의 처리가 되어 있지 않다. 커다란 인장력이 작용하는 경우, 너트가 감당하고 있는 면적이 적기 때문에 빠져버릴 우려가 있다.

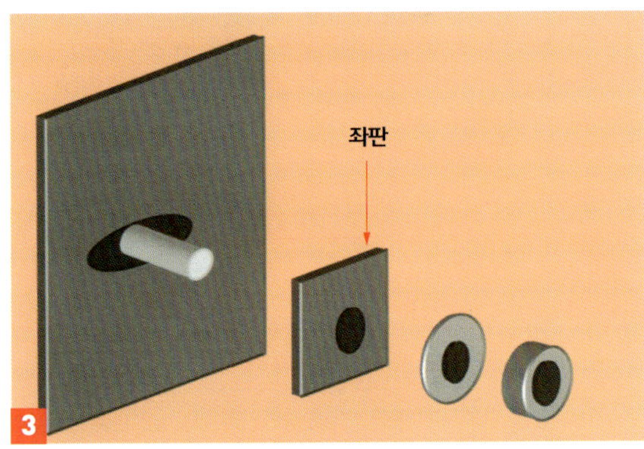

위의 그림과 같이 루즈홀을 커버 가능한 좌판이 필요하다. 좌판을 모살용접으로 베이스에 고정시키는 것이 바른 시공법이다.

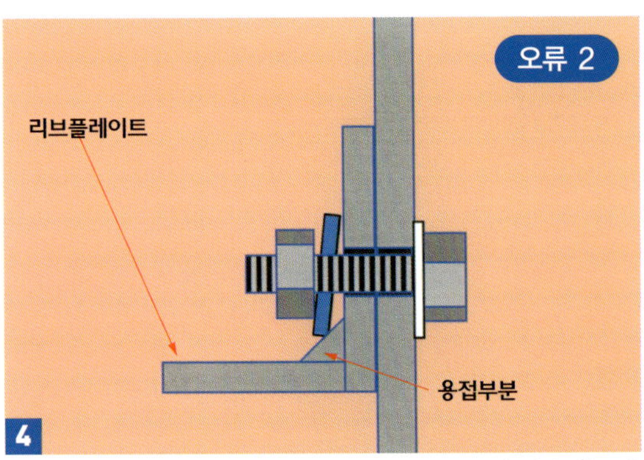

오류 2: 너트의 와셔가 리브플레이트의 용접부분에 닿아 볼트가 확실히 고정되어 있지 않다. 전단력이 작용하는 경우 볼트가 절단될 우려가 있다.

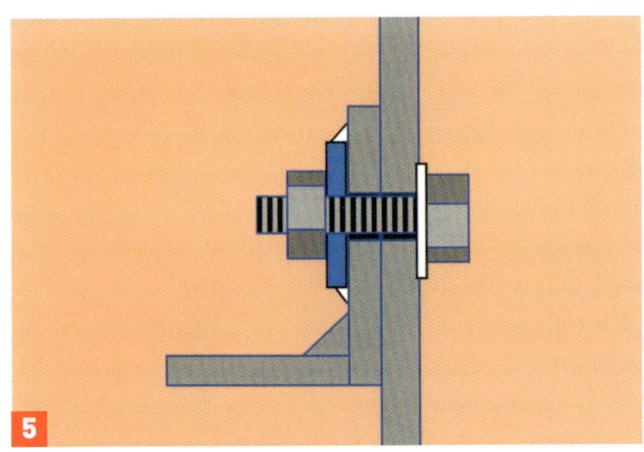

이렇게 용접부분을 고려하여 루즈홀을 커버하기 위한 좌판이 설치되도록 볼트 위치를 결정해야 한다.

62 철골계단 벽설치 부분의 실패

철골계단은 사진 1과 같이 가설이용을 겸해서 먼저 세워져 콘크리트 구조체에 고정하는 경우가 많다. 하지만 거푸집과의 연계를 고려하지 않고 시공하면 아래에 나타내는 바와 같은 실패를 범할 우려가 있다.

1 맨션 공사현장의 공사 중 상황. 외부 철골계단을 선행하여 설치하고 있다.

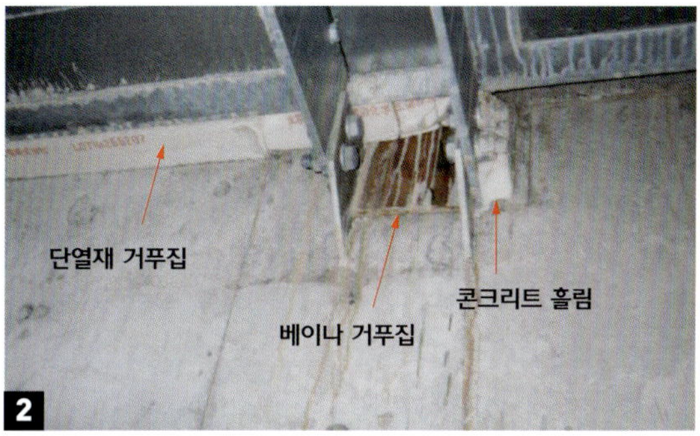

2 계단을 고정한 유닛을 벽에 고정하고 있으나 사이의 거푸집이 콘크리트에 끼어 빼내기 힘들게 되어 있다. 벽과 계단 사이에 단열재를 거푸집으로서 넣어 놓고 있으나 이것도 비슷한 상황이다.

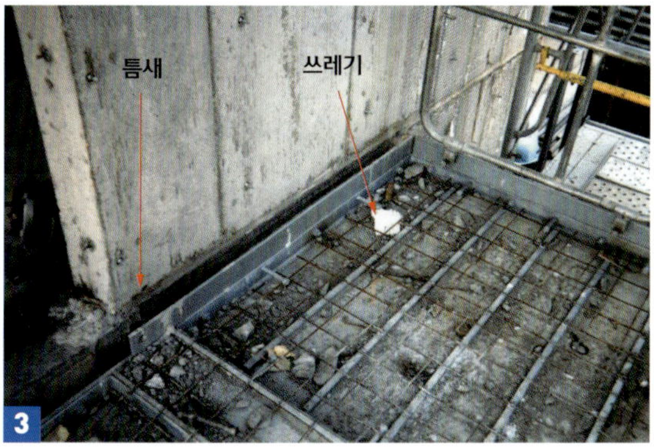

3 철골계단과 벽사이에 거푸집용 틈이 생겨, 이것을 처리하는데 노력이 소요된다. 또한 철골계단의 콘크리트 타설까지 시간이 있으면 매쉬 아래에 쓰레기가 들어가 청소에도 노력이 소요된다.

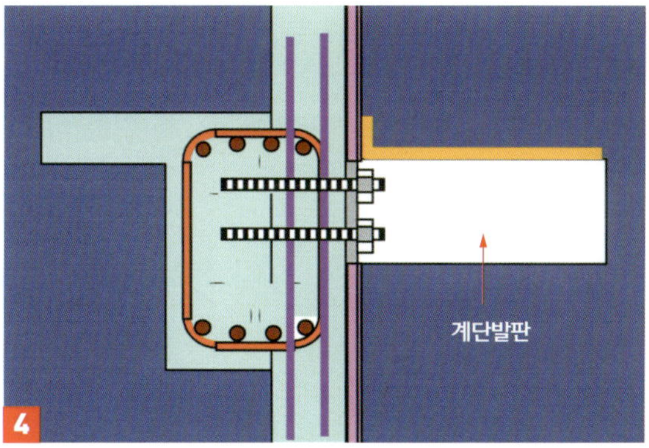

4 계단발판의 앵커가 구조체의 어느 위치를 잡는가를 제대로 작성해 놓으면 수고가 줄어 든다. 또한 그 층의 콘크리트 타설 시에 계단 바닥의 콘크리트를 타설하면 작업성이 좋다.

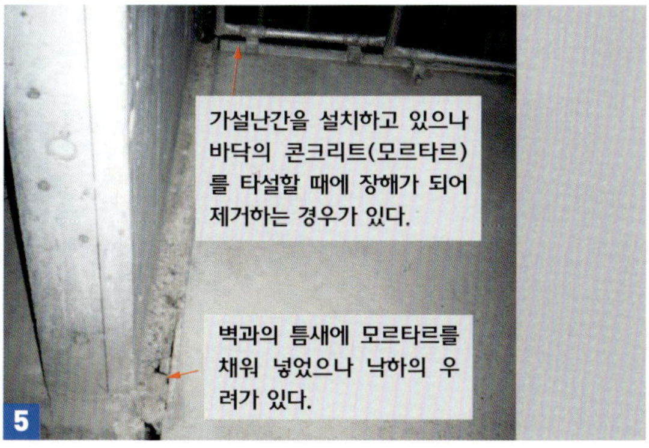

5 철골계단 바닥부분과 벽과의 조합이 깔끔한 구성이 되도록 충분한 계획을 해 놓을 필요가 있다.

실패방지 포인트 5

철골계단의 가설난간이 장해가 되어 무계획으로 제거하는 경우가 있으나, 사고는 그러할 때에 발생한다. 가설부재가 마감을 방해하지 않도록 계획하는 것은 매우 중요하다. 이러한 계단의 경우, 본 시설 난간을 철골계단과 동시에 선행하여 설치함으로서 사고를 미연에 예방할 수 있다. [시간이 없기 때문에 계단만 설치하고 난간은 나중에 생각하자]라는 도망가는 듯한 마음가짐이 계획과 업무의 낭비를 만들고 있다. 하나의 작업에도 관련 있는 것은 집중해서 계획을 진행하고 모든 결정을 하면 능률은 대폭 상승할 것이다.

63 철골계단의 시공에서 실패하기 쉬운 부분

계획단계에서의 배려부족에 의해 나중에 청소와 재시공에 많은 노력이 소요되는 경우가 있다. 또한 사진 5와 같은 실패는 매우 경험이 많은 기술자라도 놓쳐버리곤 하는 사례이다. 이러한 구성의 경우, 문 옆에 작은 벽을 설치하는 편이 도어첵크의 세부 등도 포함하여 전체적으로 깔끔한 세부구성이 된다.

1 아연도금마감 철골계단참의 콘크리트 타설 시에 오염물질이 삐져나와 후에 청소하는데 노력이 소요된다. 제대로 오염물질의 흐름을 막는 처리를 해 놓으면 이러한 불필요한 노력이 줄어든다.

2 철골계단의 물빠짐 구멍을 계단 중앙에 배치하였기 때문에 우천 시 물이 떨어져 통행에 불편을 끼쳤다. 대책으로서 위의 사진과 같은 관을 달았으나 물빠짐 구멍을 외측에 배치하면 이러한 노력을 들이지 않아도 되었다.

3 계단바닥과 계단출입구의 거푸집 위치을 맞추려하고 있으나 10㎜ 정도의 시공오차가 나 있다. 직전에 멈추어 별도 폭의 나무를 두르는 것이 깔끔한 마감이 된다.

4 좋은 사례이다. 계단 코너부분에 우수드레인 배관을 배치하기 위한 개구부이나 낙하방지를 위해 공장에서 개구부에 매쉬를 용접해 놓았다.

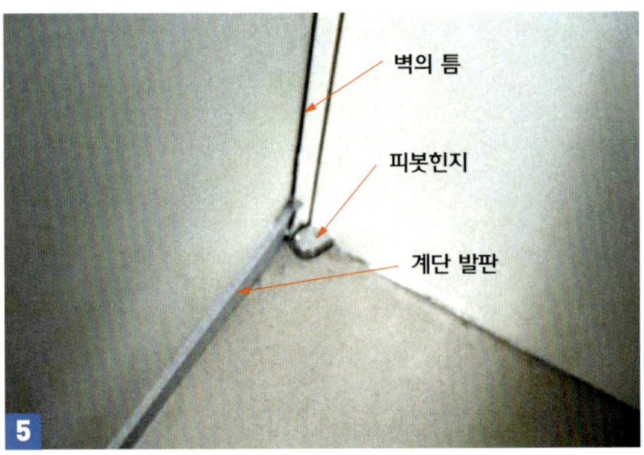

5 철제문의 피봇힌지와 철골계단의 발판나무가 끼어들어 벽과 문틀 사이에 틈새가 생겨버린 것

6 피봇힌지는 사진과 같이 나와있기 때문에 이 방향에 계단 바닥판이 위치하는 경우는 계단발판과 문틀에서 나와 있는 힌지 금속이 방해되어 버린다.

64 철골계단참의 보위치와 설비루트

철골계단에는 계단참을 받기 위한 철골이 필요하나 이 구성을 제대로 생각하지 않고 사진 1과 같이 거실의 면적을 적게 하는 사례가 있다. 거실의 면적을 조금이라도 많이 확보하도록 계획해야 한다. 그림 2보다도 그림 3과 같이 하면 거실을 넓게 사용할 수 있다. 또한 계단에 연기감지기나 조명 · 스프링클러 설비의 루트를 철골공작도의 단계에서 구축해 놓아야 한다.

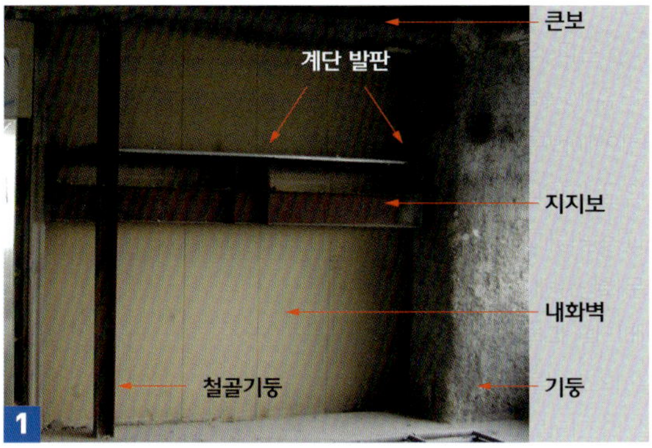

1 이 벽 안쪽에 철골계단이 있어 앞쪽의 거실측 기둥과 철골기둥 사이에 지지보를 걸어 그것에 계단참을 위한 발판이 올려있다.

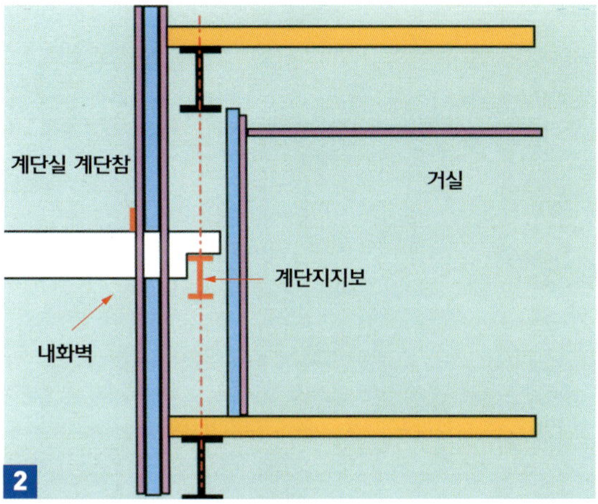

2

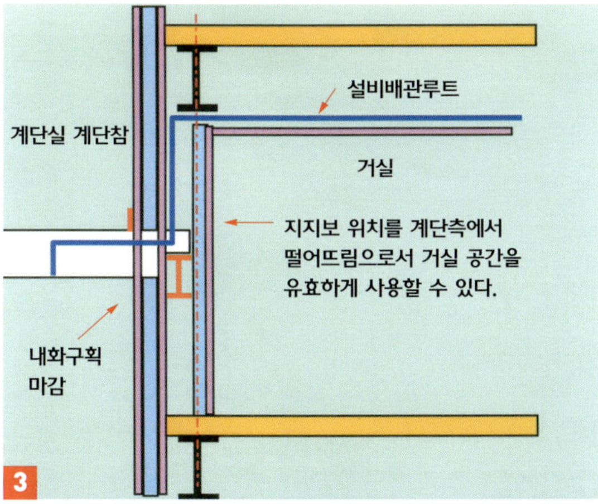

3

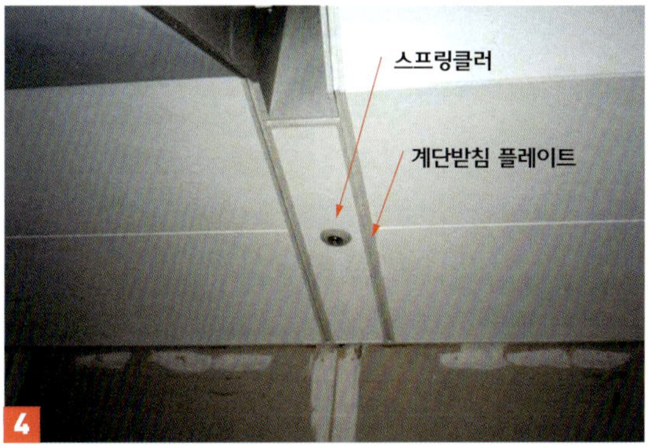

4 스플링클러의 배관루트는 매우 어려우므로 충분한 검토를 미리 해 놓는다. 또한 그림 3과 같이 올라간 부분에 천장보드를 붙이는 경우는 계단참의 구성이 중요해 진다.

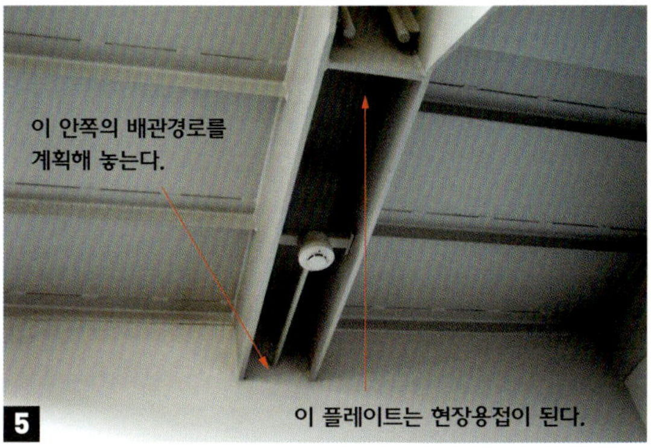

5 연기감지기가 계단참으로부터 나와 있다. 계단철골의 구성검토시에 이러한 배관루트를 확실히 구축해 놓는다.

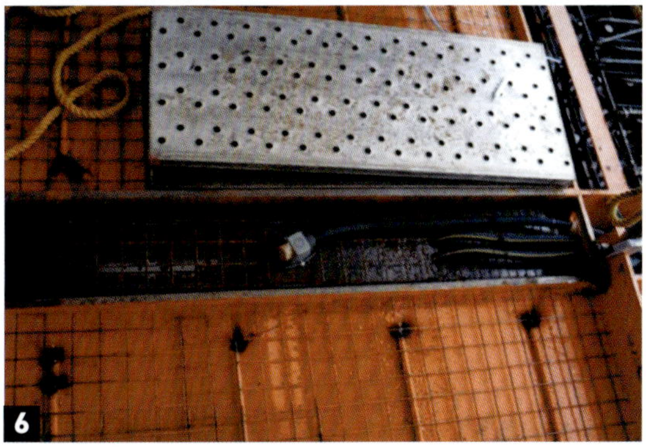

6 이렇게 필요한 배선을 콘크리트에 포함시킴으로서 작업발판 사용이 나쁜 단계에서의 작업이 적어진다.

65 철골계단의 단과 난간의 위치

계단참으로부터 상하의 단의 위치관계에 의해 난간과 발판의 형상이 변한다. 계단높이에 의해 정리되지 못하고 그림 1과 같이 되는 경우가 있으나 잘 이해한 후에 결정해야겠다. 피난 시에 위에서 연속으로 내려올 때에 사진 6과 같이 일부만 계단참에 단이 있다면 넘어지기 쉽다.

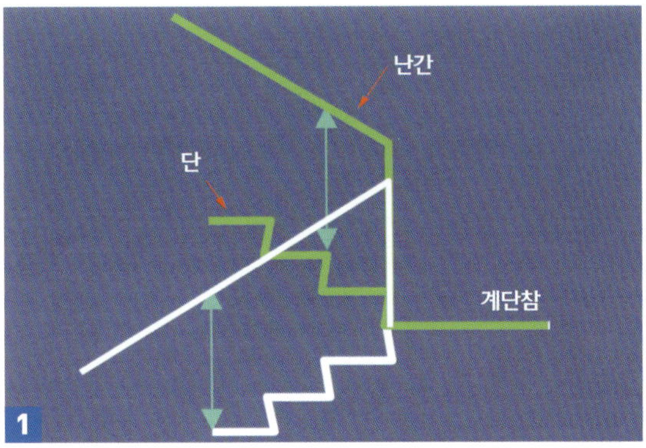

올라가는 단과 내려오는 단의 위치가 평면적으로 같은 경우 단에서 난간의 높이가 결정되므로 계단참에서는 난간에 단차가 생겨버린다.

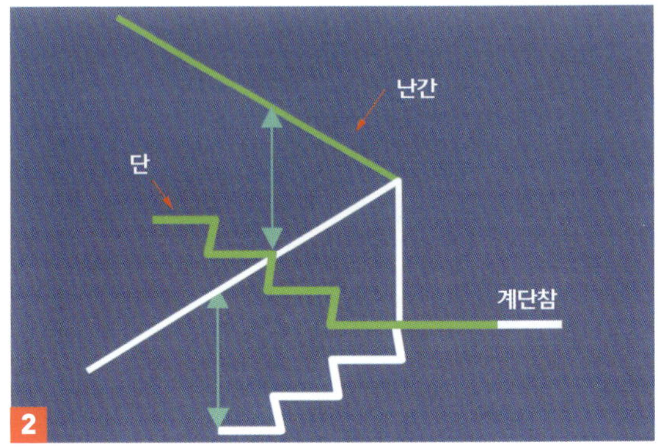

올라가는 단의 시작위치를 1개단만큼 줄인 경우. 상하에서 난간이 같은 위치에서 교차하므로 깔끔한 구성이 되었다.

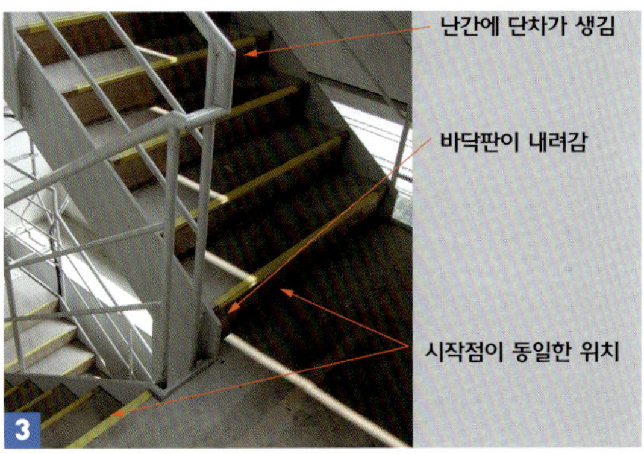

그림 1 패턴의 계단

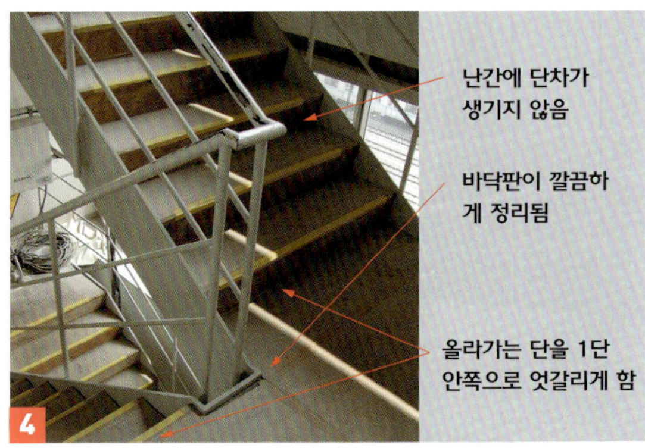

그림 2 패턴의 계단

그림 1 패턴의 계단

이것은 단 높이가 높아 어쩔 수 없이 계단참의 단을 설치한 것이나 그리 일반적이지 않으므로 패닉상태에서 전도사고가 발생하기 쉽다.

66 철골계단의 낙하방지 · 벽맞춤

계단에는 여러 가지 디자인이 있으나 주의하지 않으면 안 되는 것은 물건의 낙하이다. 작은 것이라도 높은 위치에서 낙하하면 커다란 사고가 된다. 특히 공공성이 높은 장소에서는 신경을 써야 한다. 아래 4~6에는 계단과 벽의 구성법을 서술한다.

1 챌판의 플레이트가 없는 계단. 밝고 개방감이 있으나 아래에서의 시선을 피하기 힘들기 때문에 후에 클레임이 발생하지 않도록 해야한다. 또한 강도부족이 되지 않도록 계획한다.

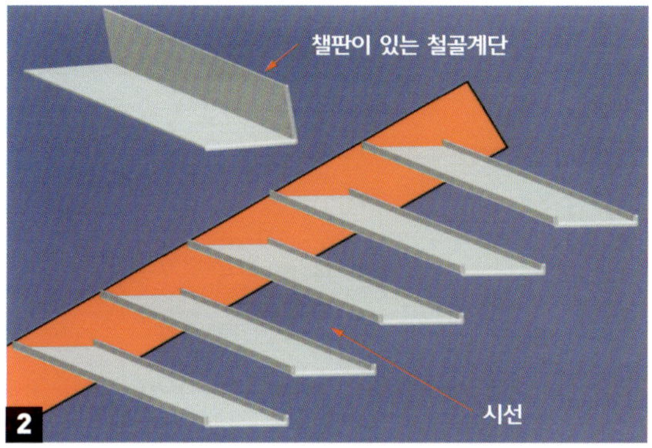

2 챌판면이 일체화된 철골계단은 챌판플레이트가 위에서의 하중에 대항하나 없는 경우는 그 만큼의 강도를 확보하지 않으면 안 된다.

3 특히 회전계단은 낙하사고에 주의해야 한다.

4 위의 사진과 같이 벽과 계단의 측판 사이에 틈새가 생겨 실을 한다든지 벽의 보드가 벗겨져 버리는 경우를 볼 수 있다.

5 벽의 정밀도를 높이기 위해 계단 측판에서 플레이트를 내어 측판과의 간격을 확보하여 하부런너를 통과시키면 깨끗한 마감이 된다.

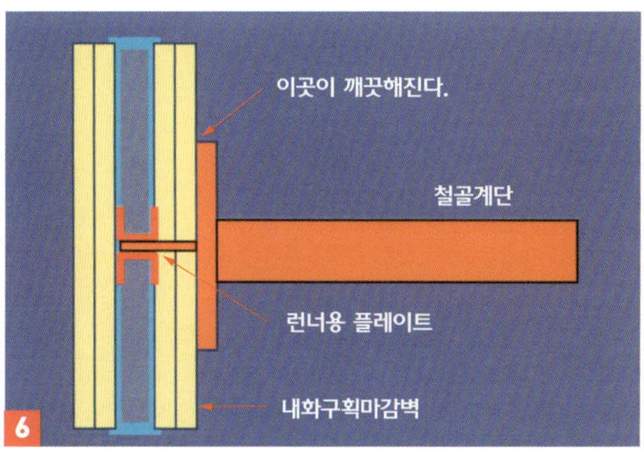

6 이렇게 보드의 두께를 고려하여 런너를 통과시키면 접합부가 깨끗하게 정리된다.

67 철골계단 설치 시 주의점

개수공사 등에서 뽑칠부분에 철골계단을 설치하는 작업은 매우 위험하다. 그림 2와 같이 계단을 기울이지 않으면 끌어당길 수 없다. 이 상태로 만일 와이어가 벗겨지는 경우 아래에 있는 사람은 피할 장소가 없어 커다란 재해가 될 우려가 있다.

1 철골계단을 위에서 내려 계단실에 설치하는 상황

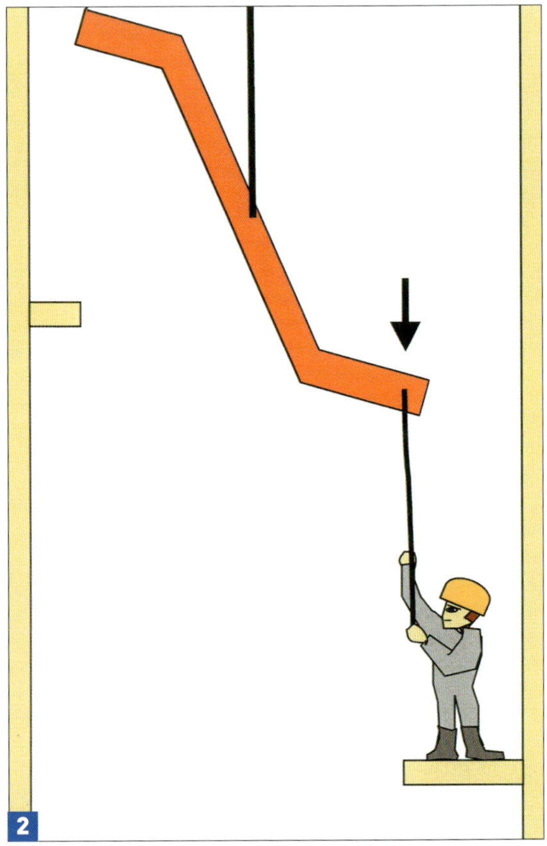

2 협소한 계단실에서 철골계단을 위로부터 끌어당길 때의 상황. 양중물의 아래에 들어가지 말아야 한다는 원칙이 무너지기 쉽다.

3 피할 곳이 없는 장소에서의 작업이 되므로 계단이 설치될 위치에 오기 전까지는 아래에 들어가지 않도록 개구부 밖에서 양중물을 기다려야겠다.

4 결속위치를 조금이라도 위로 엇갈려 놓으면 양중물을 결속하고 있을 때 아래에 작업원이 들어가지 않아도 된다.

[4] ALC·PC

68 ALC판으로부터의 누수

외부 ALC판은 조금이라도 균열이 생기면 동해와 녹의 진행에 의해 사진 1과 같은 처참한 모습이 되어 버린다. 변위의 흡수방법은 결정된 방법을 지키지 않으면 안 된다. 또한 그림 3 이후는 철골계단설치의 ALC판으로 누수된 부분에 대해 그 상황과 원인을 서술한다.

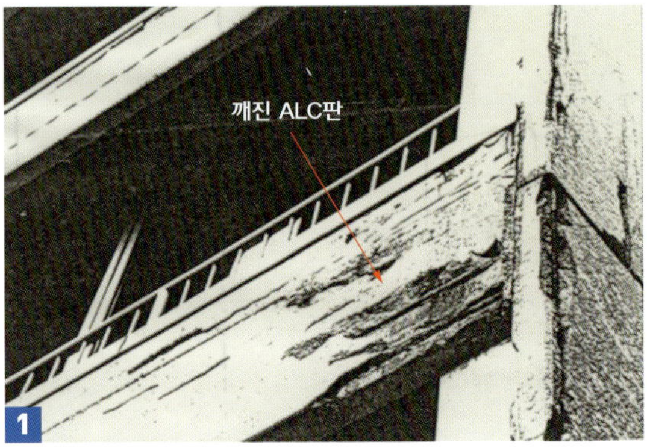

1 복잡한 ALC의 구성을 하고 있기 때문에 움직임에 견디지 못하고 표면이 깨져 내부의 철근이 녹슬어 팽창하여 균열이 진행된 경우

2 사진 1과 비교하여 코너부분이 심플한 디자인으로 되어 있다.

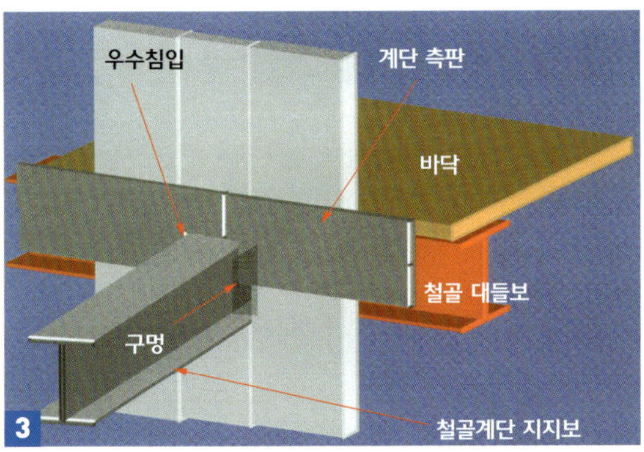

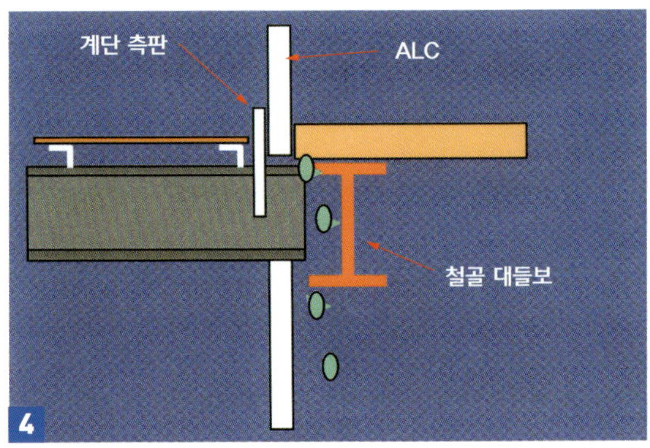

3, 4 외부 철골계단의 지지보와 ALC의 설치부분으로부터의 누수사고 사례. 철골계단을 먼저 설치한 후에 ALC을 붙였기 때문에 철골계단 측판이 장해가 되어 외부로부터 ALC의 실링이 불가능하다. 또한 내부측에는 철골대들보가 통과하고 있기 때문에 시공의 접근이 안 된다.

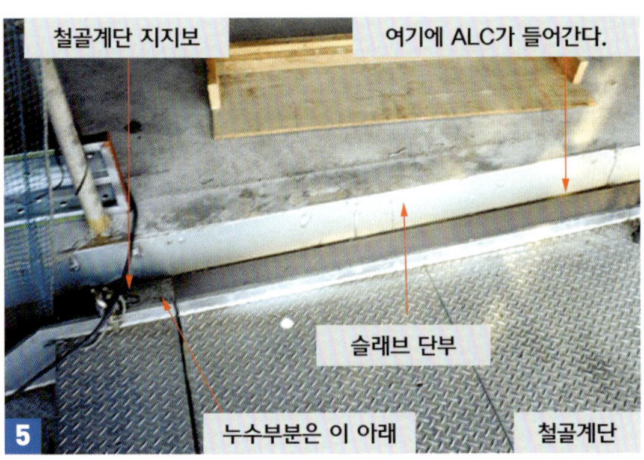

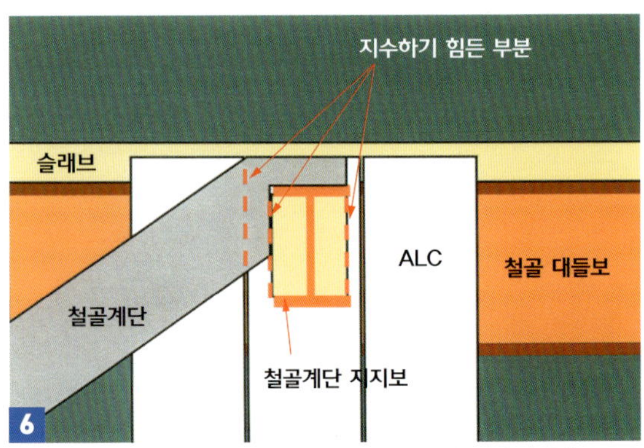

5, 6 문제는 철골계단의 측판과 ALC판 사이에 실을 시공할 틈이 없다는 것이다. 계단과 ALC의 사이를 벌리는 것이 하나의 해결책이다. 또한 철골계단의 지지보의 틈은 ALC판으로 시공하기 힘들기 때문에 지수와 내화를 겸한 재료로제대로 막아 놓아야 한다.

69 ALC접합부분의 실패

외벽에 ALC를 사용하는 경우 ALC는 층간변위를 흡수하지 않으면 안 되므로 완전히 고정시키기 어렵다. 사진 1과 같은 문이 ALC외벽의 바로 위에 위치하도록 하는 구성의 경우 슬래브와의 사이에 틈새가 만들어져 버려 그 처리가 불가능한 경우가 있다. 사진 5는 ALC벽과의 복합내화로 틈새가 만들어져 버린 사례이다.

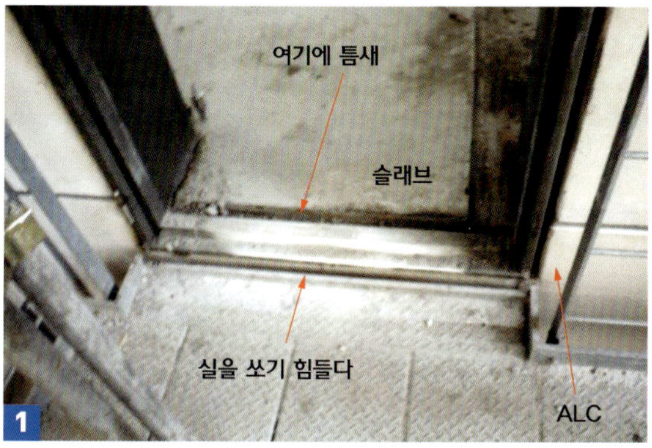

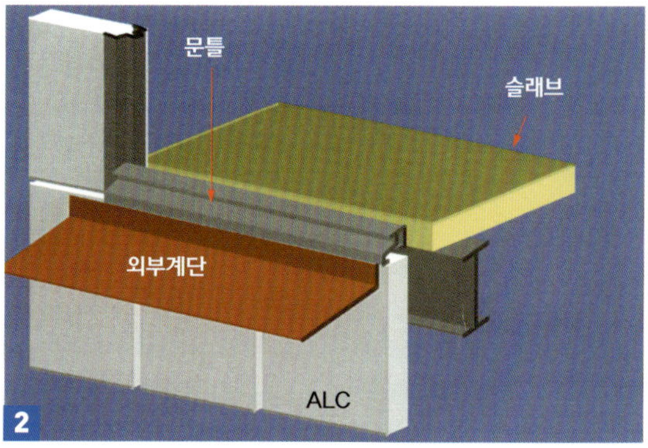

ALC판의 바로 위에 문틀이 구성되므로 콘크리트 슬래브와의 사이에 틈새가 생겨 모르타르를 채워도 바로 떨어진다.

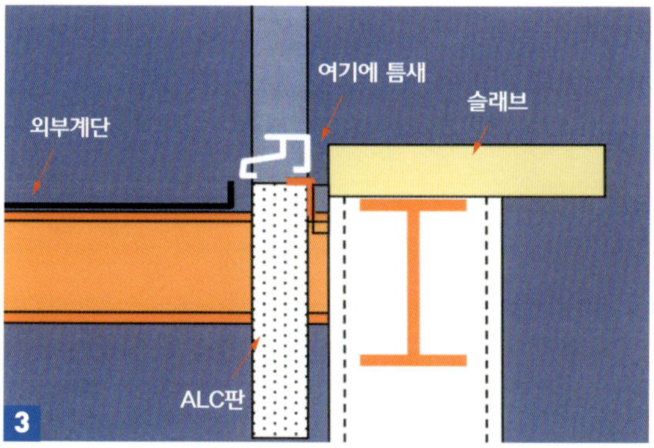

외벽 ALC와 슬래브와의 틈새가 크기 때문에 처리가 어렵다.

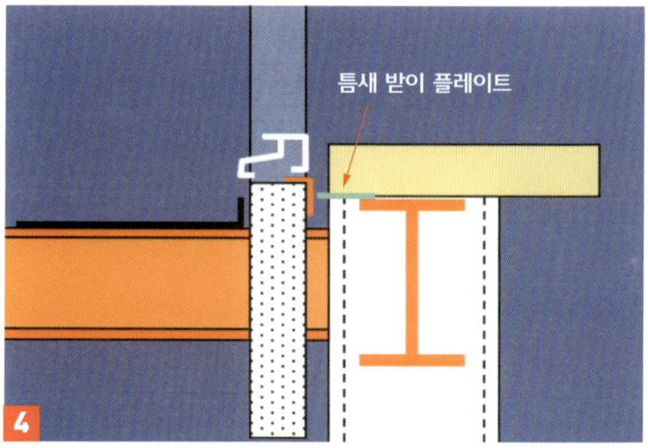

위의 그림과 같이 틈새받이용 플레이트를 철골에 따로 설치해 놓으면 깔끔하게 막을 수 있다. 단, ALC의 움직임을 구속해서는 안 된다.

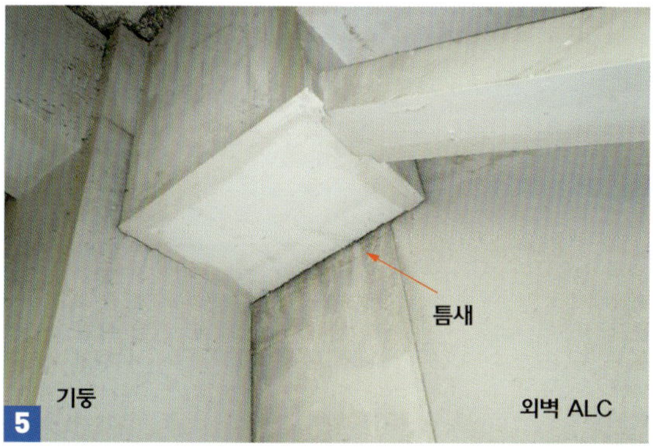

철골부분의 내화피복을 외벽 ALC와의 복합내화로 처리하고 있으나 ALC와의 사이에 틈새가 생겨 버렸다.

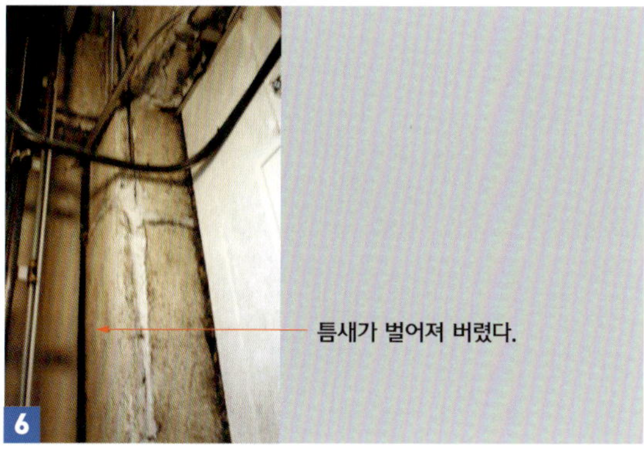

샤프트 속에 ALC판의 내화재가 벗겨져 떨어져 버린 예. 움직임에 대응할 수 있는 내화재를 설치하지 않으면 안 된다.

70 상부층 진동의 전달

완성한 맨션에서 상층의 새시의 개폐음이 아래층에 크게 울려버리는 문제가 발생하였다. 조사를 실시한 결과, 상하층에 걸쳐 설치된 ALC판에 원인이 있음을 알아냈다.

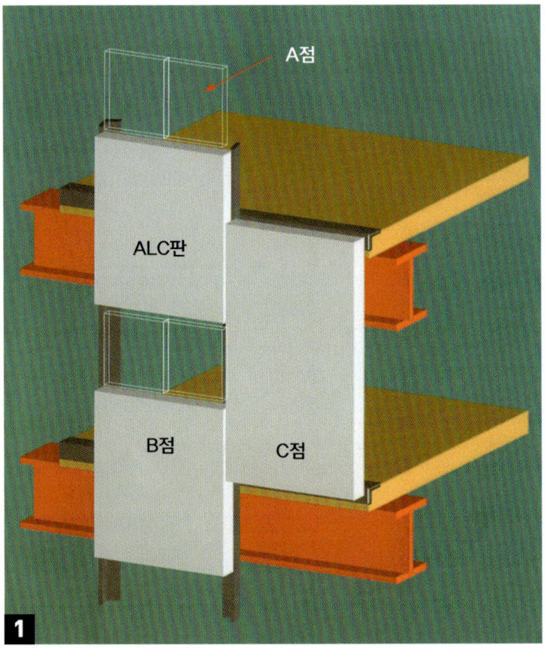

왼쪽 그림 A점에서의 새시 개폐음이 아래층의 실내에 크게 울렸다. A점의 새시 개폐음의 전달상황을 청진기를 사용하여 조사한 결과 A점에 크게 울리고 있었다. 슬래브 사이에 고정해 놓은 ALC판의 C점에는 울리지 않았다. 그림 2와 같이 ALC를 고정하기 위한 보강앵글을 상하의 슬래브 단부의 2개소에 고정하고 있기 때문에 앵클이 핀과 팽팽한 악기의 현과 같이 되어 새시의 개폐음을 보다 증폭시켜버린 것이 원인이다.

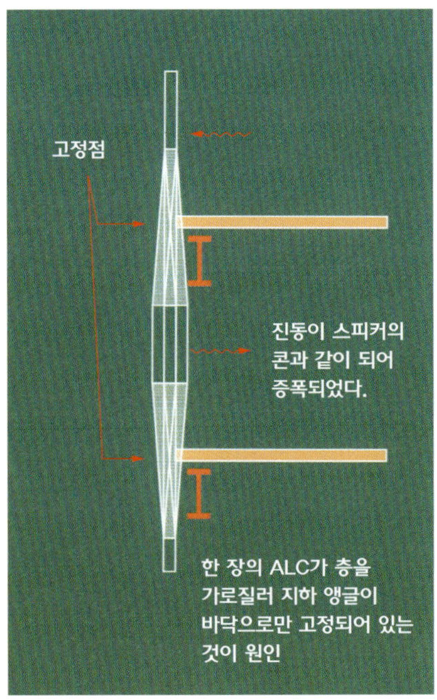

71 상부 PC 파스너 관리계획 부족

화스너는 지진 시에 커다란 힘에 의해 PC판이 파괴되지 않도록 구조체와 PC판과의 사이에서 변위를 받아주는 구성으로 되어 있다. 사진 1은 하나의 건물 속에서 스웨이와 록킹의 2개 타입이 혼재하여 그것을 하나의 형상의 플레이트로 방향을 바꾸는 것에 따라 사용하였으나 시공 후의 검사가 힘들었다. 보는 것만으로 시공확인이 가능한 계획을 세우는 것이 필요했다.

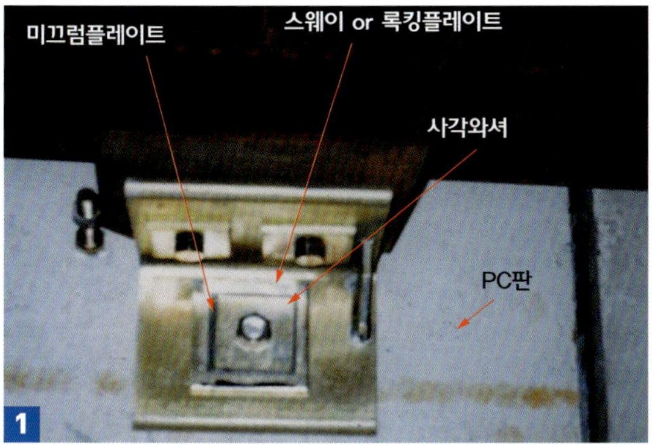

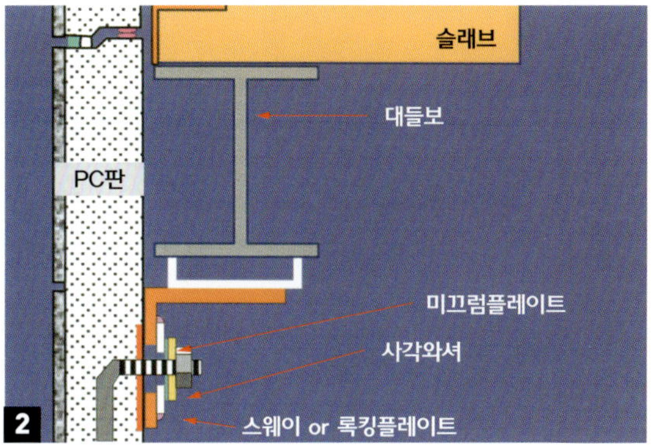

사진 1의 구조에는 2개의 문제가 있었다. 스웨이 or 록킹플레이트가 바른 방향으로 설치되어 있는지가 보이지 않는 것과 미끄럼플레이트가 들어있는지 여부의 확인이 어려운 것이다. 올바르게 시공하였는지를 눈으로 확인하는 것은 불가능하나 [전문가가 했기 때문에 믿을 수 있다.]로는 관리부재가 된다. 매우 많은 시공을 하는데 그중에 1개소가 잘못된 시공이 이루어지면 그것은 중대한 사고로 연결된다. 이것을 막기 위해서는 [관리를 실시하기 위한 전략적인 기술]이 필요하다.

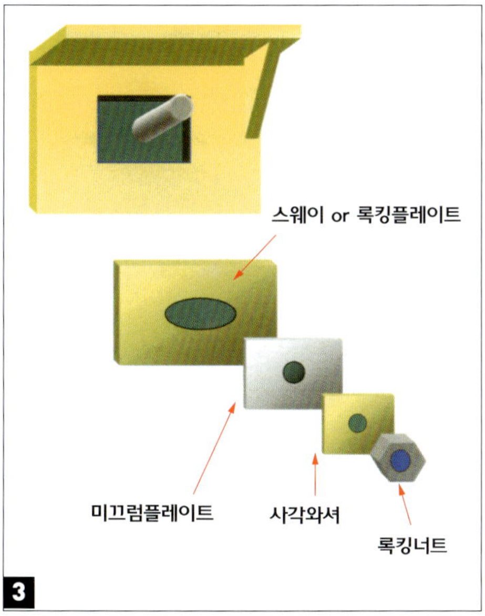

이 후 화스너의 시공은 왼쪽 위의 그림과 같은 표시를 작성 전에 내어 도면을 확인하도록 하였다. 최근의 현장은 시간에 쫓겨 도면을 자세히 확인할 여유가 없는 것으로 보인다. 대부분의 작업이 외주에 의존하게 되면 같은 패턴의 시공불량의 발생을 막을 수 없게 된다.

사진 1의 대책으로 스웨이 or 록킹플레이트 방향에 위의 사진과 같이 빨간 선을 넣어 시공이 바르게 되어 있는지를 확인하였다. 미끄럼판은 조금 각도를 변경시키는 것으로 그 존재를 확인하였다.

또 하나 중요한 것이 PC판의 정밀도 확보이다. 애써 미끄럼판을 넣어 스웨이나 록킹이 가능한 구조로 하여도 PC판의 크기를 맞추기 위해 PC판의 볼트에 커다란 드릴을 사용해 버려서는 지진 시의 움직임이 구속되어 버린다. 토크 관리의 중요성을 인식해야 한다.

72 하부 PC 파스너 계획 부족

PC 화스너를 철골보 위에 설치하기 위해 사진 1과 그림 2와 같이 슬래브에 구멍을 만드는 경우가 있다. 이것은 하수구 내의 작업이 되므로 우수가 흘러들어 작업성이 나쁘다. PC판의 설치는 공정상 크리티컬패스가 되는 경우가 많으므로 설치수를 늘리기 위해서라도 화스너의 형상을 충분히 검토해야 한다.

화스너의 위치에 먹줄을 그어 콘크리트 막는 철판을 보위에 설치한다. 수가 많으므로 비용과 시간이 소요된다.

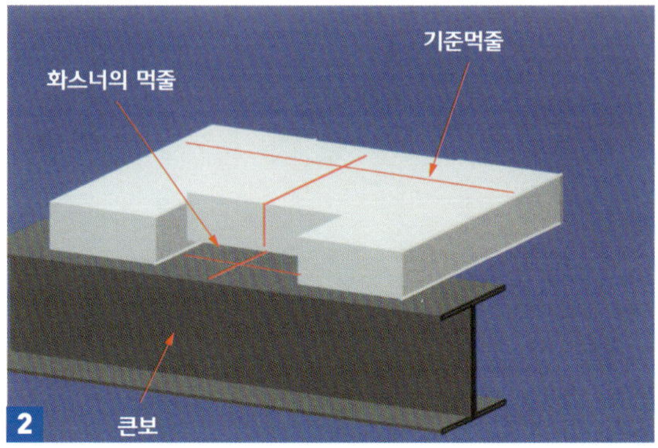

슬래브와 철골사이에 높이의 차가 있으므로 철골위에 화스너의 먹줄을 긋는 데에 많은 노력이 소요된다.

패널용 화스너부분이나 콘크리트가 흘러 쓰레기 더미가 되기 쉽다. 또한 먹줄치기 및 용접도 하기 어렵다.

화스너를 설치한 상황. 이 후 구멍뚫기작업이 필요하다.

볼트를 집어넣을 수 있도록 철골에 부속철물을 조립하여 슬래브에서 올려놓은 타입. 사진 3과 같은 문제는 해소되지만 먹줄을 긋기는 어렵다.

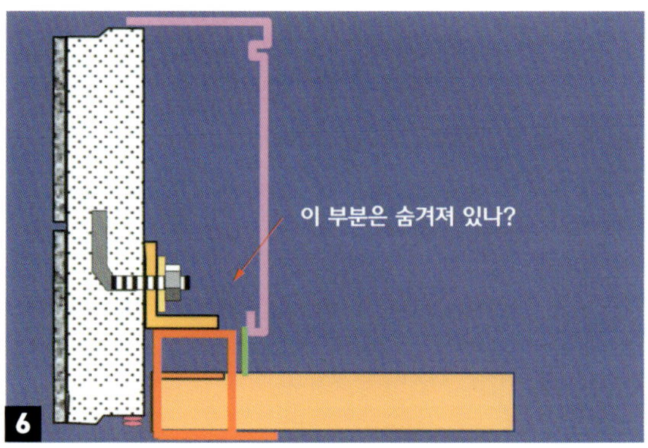

사진 5와 같은 계획을 한 경우, 그 앞의 팬코일과 배관이 위치되어 방해가 되지 않는지 검토가 필요하다.

73 하부 PC 파스너 계획

PC판의 정밀도를 확보하기 위해서는 누구라도 간단하게 위치를 계측할 수 있는 계획이 필요하다. 실제로 스스로 그 작업을 해 보면 보여 지는 것이 있다. 스스로 하지 않았던 것은 실제로 작업하는 작업원이라도 하기 힘든 것이다.

위의 사진과 같이 슬래브면과 화스너의 높이를 맞추어 철골보에 조립해 놓으면 먹줄을 긋기 좋은 위치로 결정하기 쉽다.

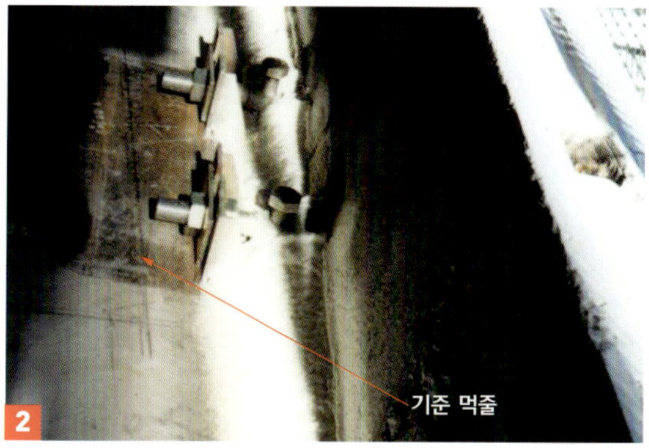

이것은 기둥에서부터 나와 있는 PC지지보의 윗 플랜지를 슬래브표면의 높이와 맞춘 것. 철골 위에 먹줄을 긋게 되므로 정밀도가 향상된다.

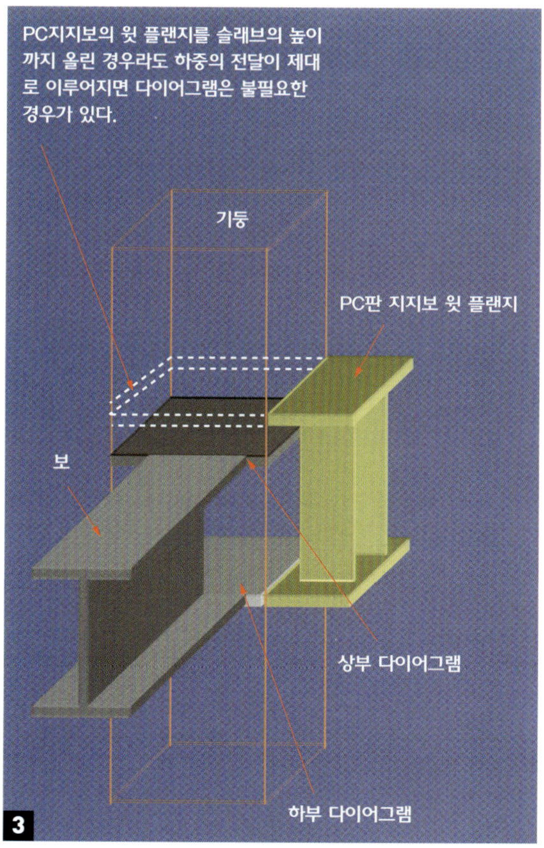

작업성이 높은 계획을 전략적으로 진행해야 한다.

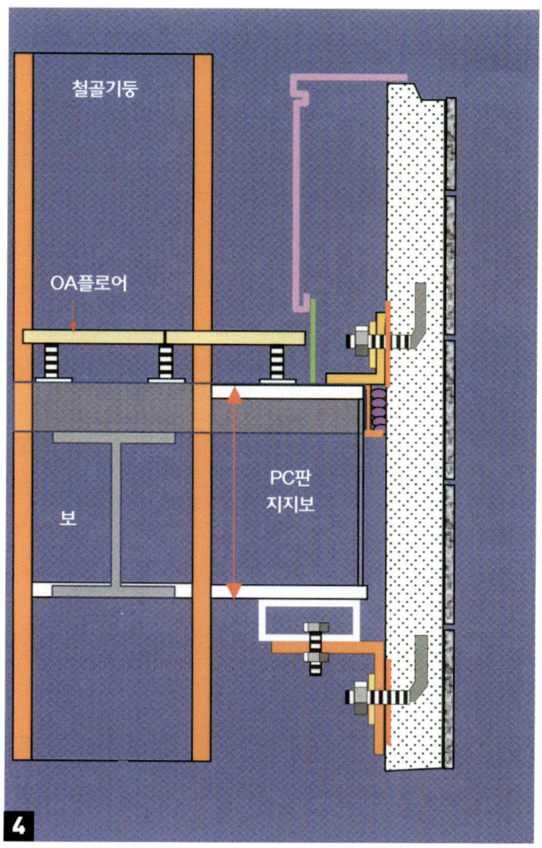

사진 2의 PC판 지지상세도

74 파라펫의 PC판 받침 실패 사례(1)

파라펫부분의 PC판 시공방법의 문제가 많다. PC판은 PC전문공사회사가 시공도를 작성하지만 방수에 대한 구성까지는 생각하지 않는 경우가 많다. 현장 책임자에게 그 능력이 없는 경우는 즉흥적인 공사가 되어버린다.

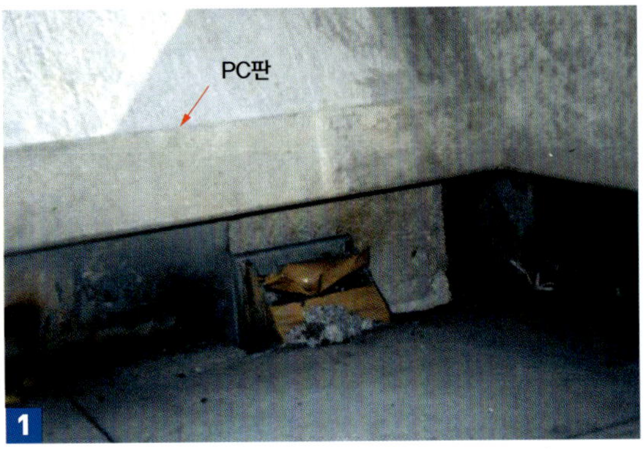

1 파라펫 PC판의 화스너 부분에 어떻게 방수를 할 것인가?

사진 1을 보고 놀라는 것은 이 부분의 구성이 그림 2와 같이 되어 있는 것이다. 화스너 설치 후에 모르타르로 추켜올림을 만들고, 그곳에 아스팔트 방수를 시공하려고 하는 것이다. 어째서 이렇게 위험한 시공을 하게 되었는지는 모르겠으나 방수공사의 기본을 잊고 있다. 지진이나 진동에 의해 아스팔트 방수층의 하부인 모르타르가 깨지는 경우, 누수의 위험성은 매우 높은 것을 인식해야 한다.

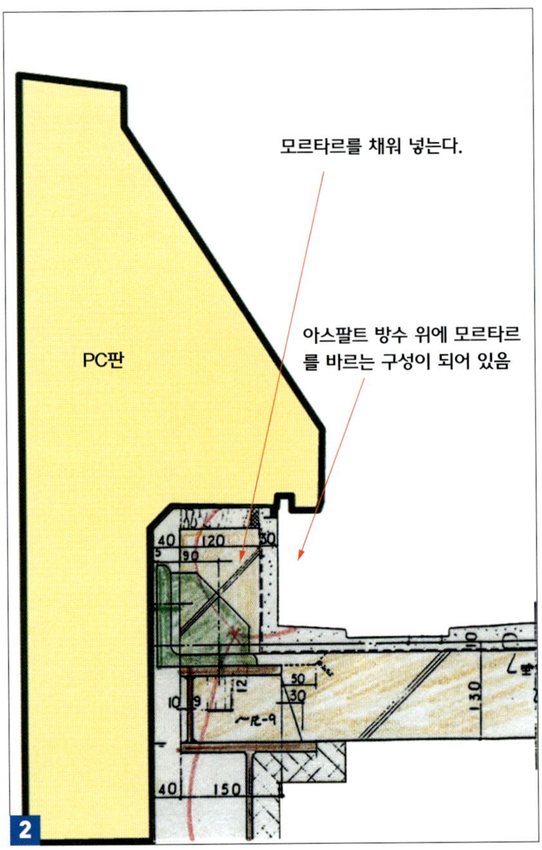

2 모르타르의 추켜올림에 아스팔트 방수를 시공하는 것은 위험하다. 또한 방수층 위에 모르타르를 바르면 단부에서의 누수가 발생할 우려가 있다.

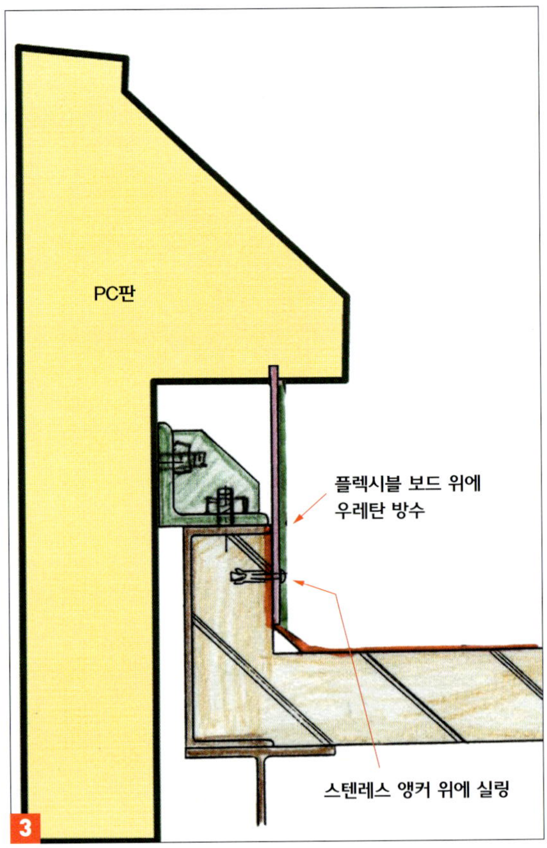

3 이러한 콘크리트의 추켜올림이 필요하다.

75 파라펫의 PC판 받침 실패 사례(2)

이것도 PC판 최상부의 화스너 구성이다. 화스너부분에 구멍을 뚫고 나서 방수한다는 방법은 동일하다.

1 PC판의 최상부에 있어서 화스너 고정을 위한 파라펫 추켜올림의 구조체 구멍뚫기 부분을 외부에서 본 것이다.

2 이것은 사진 1과는 다른 현장이나 동일하게 파라펫구조체의 추켜올림부분에 개구부를 만들고 있다.

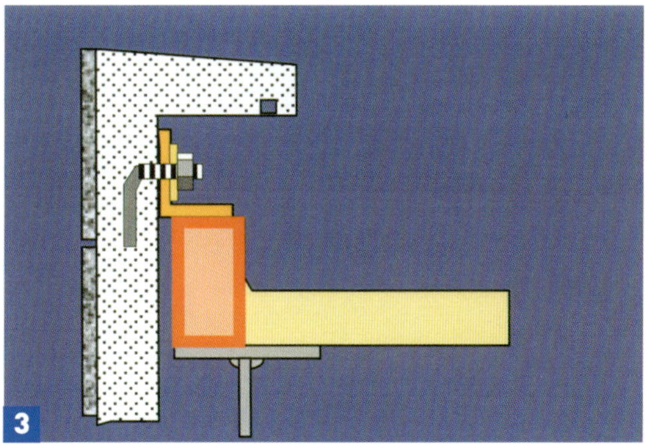

3 사진 2의 T컷트 위에 화스너를 설치한 단면도

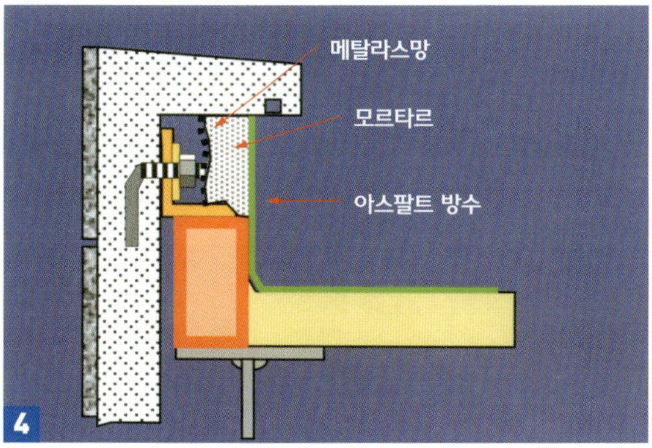

4 이 부분의 지수처리가 문제이다. 위의 그림과 같이 메탈라스망을 설치하여 그것에 모르타르를 발라 위에 방수를 하고 있다. 이전 장과 동일한 문제가 있다.

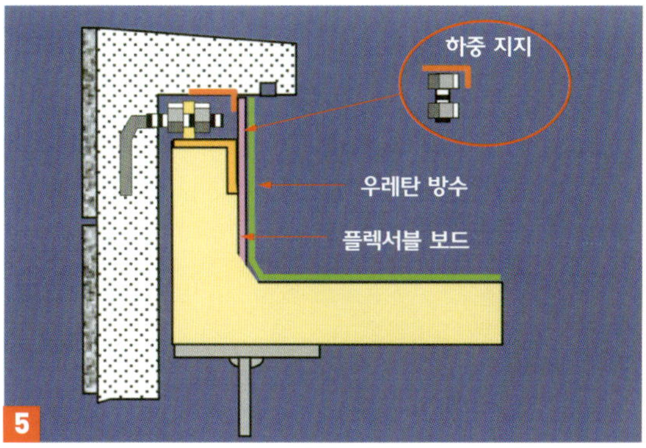

5 실제 증명되지는 않았으나 이러한 시공방법이 안전성은 높다고 생각된다.

76 PC판의 실패 사례

PC판의 공사는 공정 중에 크리티컬패스가 되므로 한 가지를 실패하면 바로 전체 공사의 지연으로 이어진다. 신중히 계획하여 관계하는 여러 직종의 사람들과 충분한 협의를 한 후에 진행해야 한다.

1
PC판의 모서리 부분에 보수한 타일이 벗겨졌다. 운반 및 설치 시 모서리 부분의 양생에는 충분히 주의하지 않으면 안 된다.

2
PC판의 정밀도가 나쁘면 코너측이 이렇게 보기 흉해진다.

3

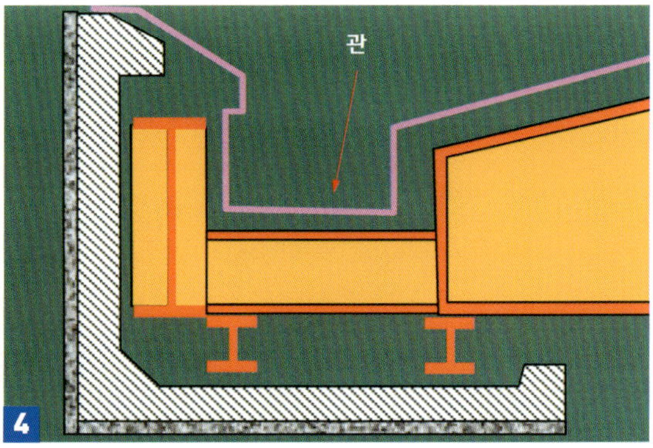

4
한 장의 덮개 PC판을 설치한 후에 인근의 PC판을 설치하려는 때에 철골이 휘어 PC판의 레벨을 고정하는 데에 매우 많은 노력이 소요되었다. 관부분이기 때문에 철골의 보를 작게한 것이 문제였다.

5
이 부분은 손이 들어가므로 볼트를 위에서부터 넣고 있으나 손이 들어가지 않는 곳은 너트를 공장에서 먼저 철골에 설치해 놓는 경우가 있다. 그 때에는 그림 6과 같은 실패가 있었다.

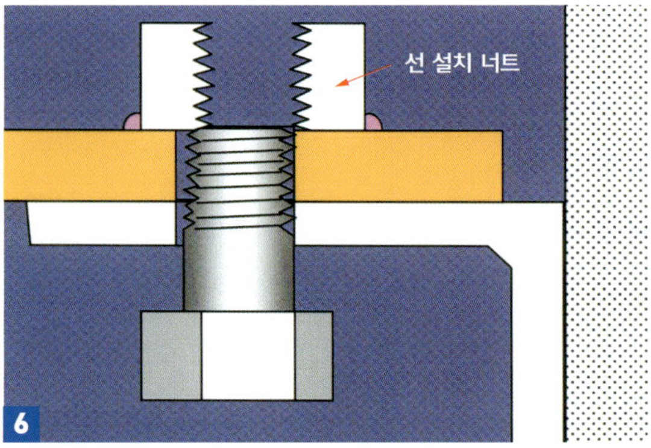

6
그림과 같이 너트의 위치가 어긋나게 설치되어 있어 재시공에 매우 많은 노력이 소요되었다. 볼트·너트를 결속한 후에 스폿 용접을 해야 했다.

77 PC 발코니

사진 1·3은 하프 PC의 발코니, 아래 2·4·5는 풀 PC 발코니이다. 발코니를 PC화하는 것에 의해 건물의 외부비계 생략할 수 있는 이점이 있다. 하지만 PC 발코니라도 그 마감이나 구성에 의해 비계가 필요한 경우가 있으므로 전략적으로 계획을 진행시키지 않으면 안 된다.

발코니를 하프 PC로하여 품질의 향상과 공기 단축을 시도한 경우. 설치를 위한 크레인이 닿도록 배치하지 않으면 안 된다.

지붕부분 등 무비계시공이 불가능한 부위의 검토를 하여 미리 그것에 대응한 가설의 계획을 수립해 놓는다.

발코니 슬래브 위의 철근을 슬래브 윗 철근에 용접하여 고정한다. 또한 콘크리트 타설 시의 얼룩이 발코니 아래에 새어나오면 제거에 노력이 소요되므로 주의가 필요하다.

풀 PC 발코니를 인양하고 있는 상황이나, 이렇게 인양한 상태에서 올라타서는 안 된다.

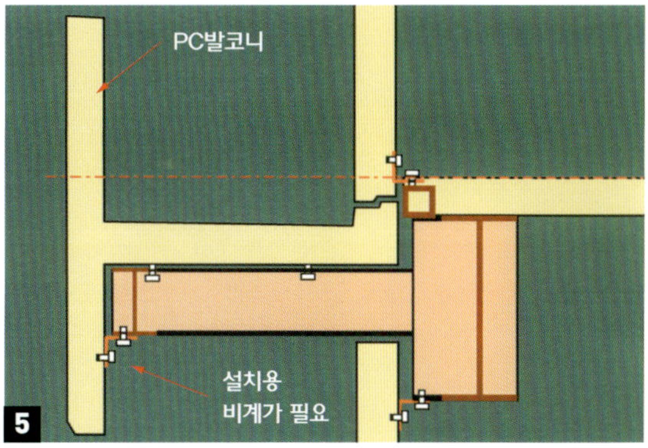

위의 그림과 같이 레벨 조정과 돌출부 조정·고정용 볼트가 설치되므로 하부에 비계발판(이동식이어도 됨)이 필요해 진다.

78 PC 작은 보의 설치

PC 작은 보를 채용하면 공기나 노동력 부족의 경우에 매우 좋은 노동력 절감효과가 있다. PC 작은 보 설치용 양중설비가 필요해지나 계획을 제대로 세운다면 커다란 이점이 된다.

PC 작은 보를 소정의 위치에 설치하는 상황. 결속 앵커의 강도 부족으로 탈락하는 경우가 있으므로 강도의 확인이 필요하다.

보 상부 스터럽이 완성되어 있으므로 보철근은 이 속을 통과시키지 않으면 안 된다.

PC 작은 보를 지지하기 위한 받침. 레벨의 조정이 가능하도록 잭을 설치해 놓는다.

보주근은 집어넣기 쉬우나 스터럽 상부근의 정착과 슬래브 두께가 맞지 않는 경우가 있으므로 주의가 필요하다.

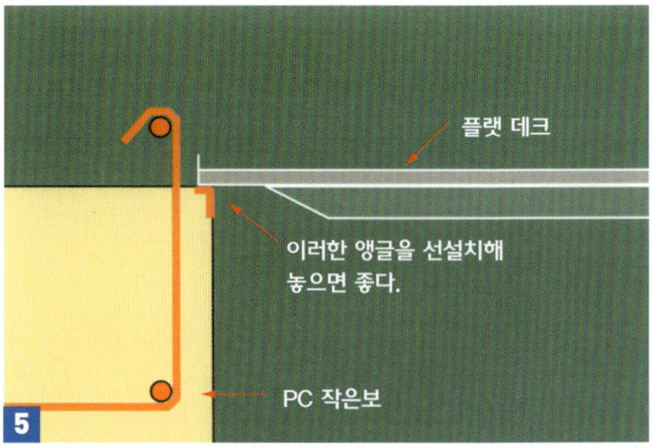

PC 작은 보에 플랫 데크를 올려놓는 경우 플랫 데크를 고정하기 위한 설비가 없다. 앵글 등의 설치가 필요하였다.

[5] 창 호

유리

79 강화유리의 파손

유리의 약점은 단면이다. 특히 강화유리는 단면에 충격을 가하면 사진 1, 2와 같이 된다. 깨질때에 심하게 비산하므로 눈에 상처를 입는 경우가 있다. 또한 유리문으로 면적이 커다란 것은 풍압의 영향을 받기 쉬워 표면의 상처가 크게 되어 그곳으로부터 격렬하게 깨져버리는 경우가 있으므로 사용장소에서 주의를 해야 한다.

1 무언가의 충격으로 깨져버린 강화유리 문

2 깨져버린 유리파편. 이것이 격렬하게 비산하여 눈에 들어가면 상처를 입는다.

3 이렇게 유리의 단면을 보이는 디자인의 경우는 유리단면에 충격이 가해지지 않도록 하는 대책이 필요하다

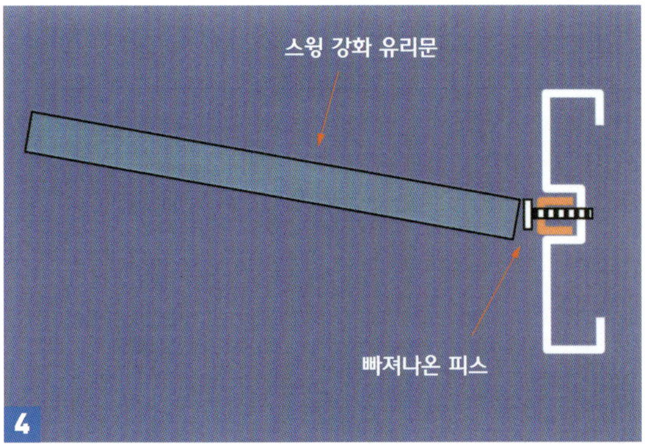

4 휨 강화문틀 고정금속의 고정피스가 빠져나온 곳에 강풍으로 인해 유리가 닫히면서 유리단면이 접촉되어 깨져버린 사례가 있다.

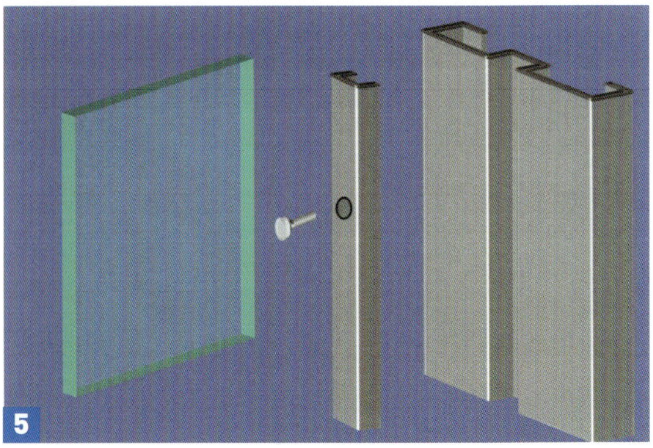

5 강화유리 부분의 피스는 빠져나오지 않도록 고정할 필요가 있다.

유리

80 유리의 파손

보통의 유리라도 역시 단면은 약점이다. 유리가 깨지면 위험할 뿐 아니라 그 교환에 노력과 비용이 소요되고 만다. 다소 난폭하게 사용하는 사람이 있더라도 깨지지 않도록 하는 배려를 계획에 포함시키는 것이 필요하다.

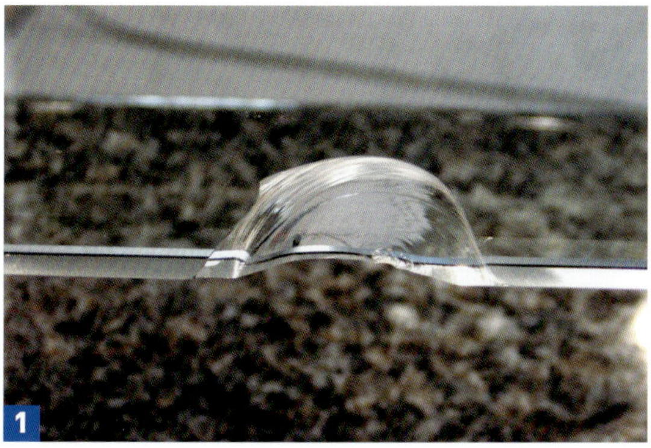

1 카운터의 마감에 유리를 사용하여 하부를 조금 열었으나 유리 단부에 물건을 부딪혀 깨지고 말았다.

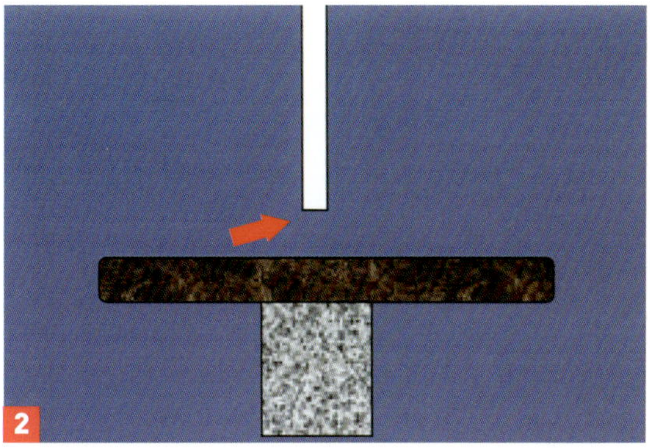

2 유리의 단면에는 충격력을 분산할 수 있도록 보호 금속 등을 설치하면 사진 1과 같은 사고는 막을 수 있다.

3 모서리부분의 코너를 예각으로 하고 있다. 이러한 상태라면 조금의 충격으로 깨져버린다.

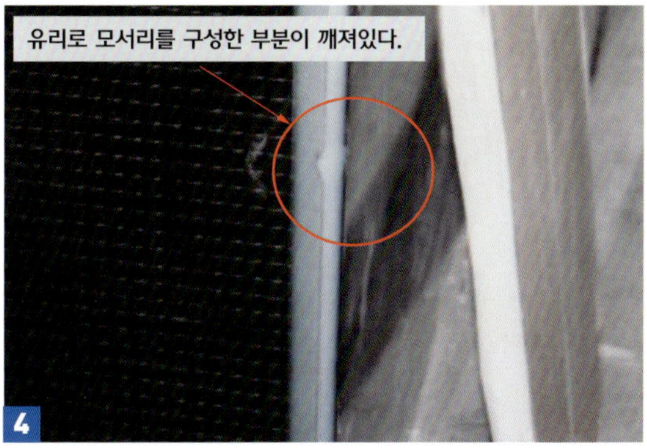

4 모서리의 유리가 깨져 있다.

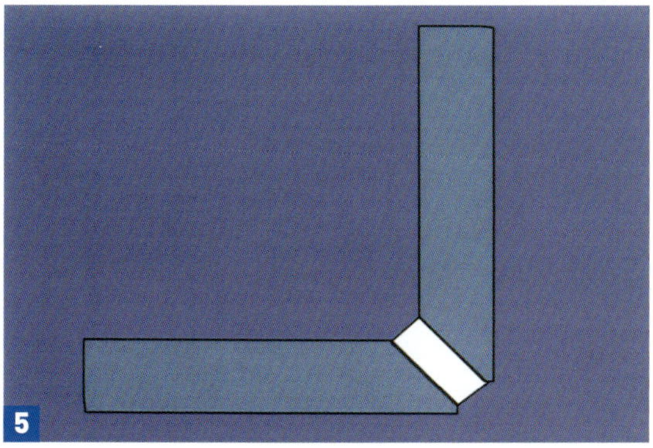

5 이러한 구성으로 해도 실의 폭이 커져 그 정도 외관이 좋은 것은 아니다.

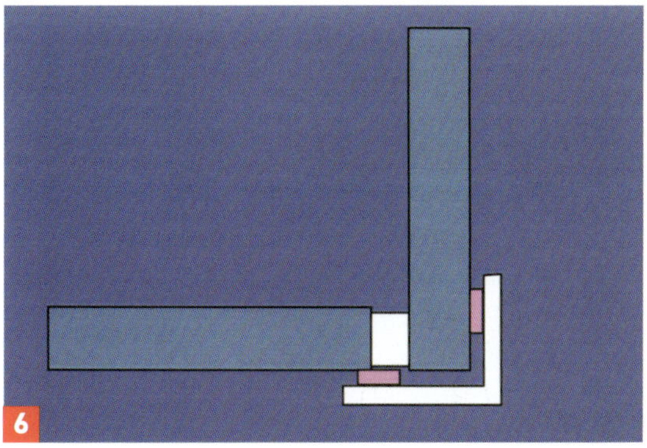

6 유리를 보호하기 위해서는 위의 그림과 같은 앵글의 코너가드를 설치하는 것이 좋다.

유리

81 용접불꽃이 유리를 파손하여 교체

건물 인도 직전에 최종 크리닝을 실시하였을 때, 큰 면적의 유리에 많은 불꽃으로 인한 상처가 나 있는 것을 알고 다시 발판을 설치하여 유리의 교체를 실시한 일이 있었다.

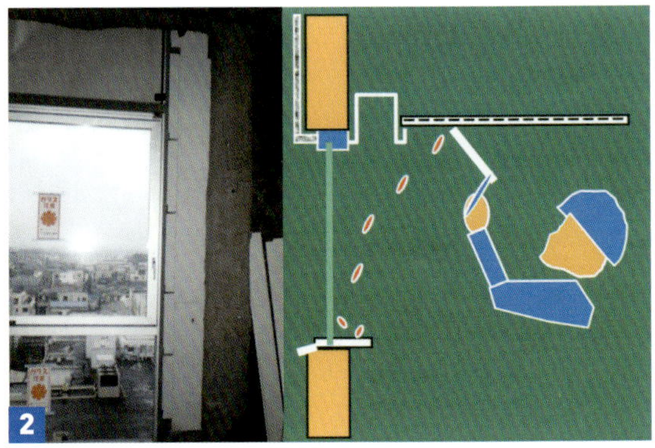

천장하부 공사 중의 상황. 창문 유리를 보호하면 내부가 두워지기 때문에 유리 보호가 매우 어렵다. 그 대안으로 안이하게 베니아 판을 세워서 용접을 시작하는 일이 있다. 그러나 합판에 떨어진 불꽃이 베니아의 하부틈새로부터 튀어 유리를 손상시키는 일이 있다.

사진 3과 같이 바닥에 낙하한 용접 불꽃은 예상을 초월한 기세로 튀어 올라 유리면에 닿고 있다. 사진 4는 흠집이 나 버린 유리면이다. 그다지 눈에 띄지 않기 때문에 녹은 유리가 크리닝시 사용하는 나이프의 날에 부딪혀 발견되는 일이 많다. 발견이 늦어지면 피해는 커진다.

유리의 단면처리 실폐사례이다. 발코니 부분의 지붕에 유리를 사용하고 있으나 망이 들어있는 유리의 단면이 보이고 있다. 단면에서 망이 녹슬어 팽창하여 유리의 단부가 깨져버리는 경우가 있다. 망이 들어 있는 유리의 단면은 틀로 보호해야 한다.

유리

82 SSG구법에 의한 유리고정 시 문제점과 대책

새시의 세움(커튼월에서는 멀리온)과 창호틀이 보이지 않고 유리와 실만이 외부에서 보이도록 한것이 이 구법이다. 하지만 실링에는 수명이 있다. 그때 유리를 교체하는 것이 가능한가? [10년은 유지되므로 괜찮다.]라는 안이한 생각은 허락될 수 없다. 아래는 외부에서 본 모습을 검증하여 실천한 대책을 나타낸다.

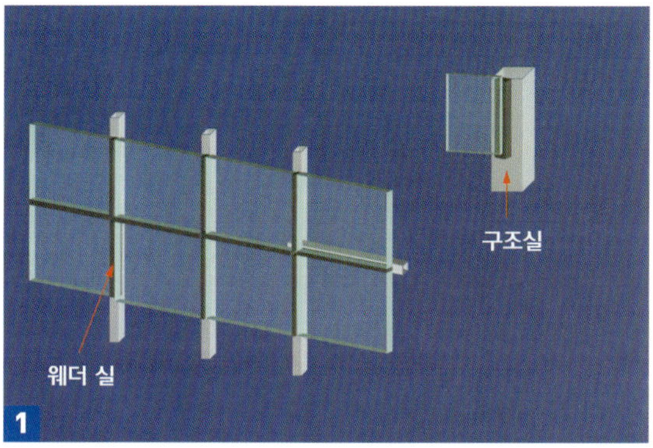

1 구조 실에 의해 유리를 지지하기 때문에 실의 수명이 다한 경우 낙하의 위험은 부정할 수 없다. 또한 유리의 교체를 어떠한 방식으로 할지의 검증도 필요하다.

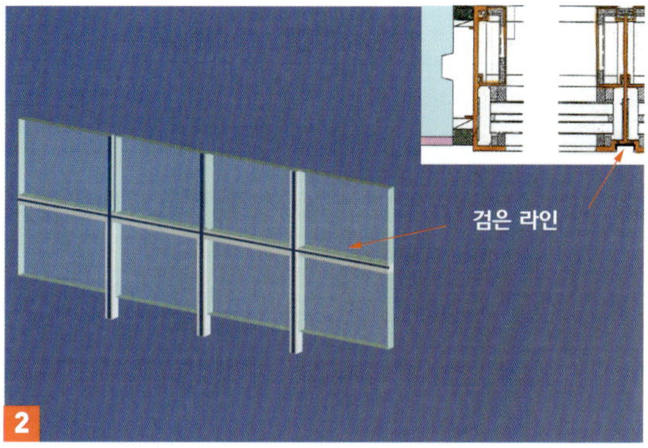

2 일반적인 새시에 검은 라인을 넣어 깔끔하게 보이도록 고안한 새시

3 일반 새시의 70㎜로 세우면 이렇게 보인다.

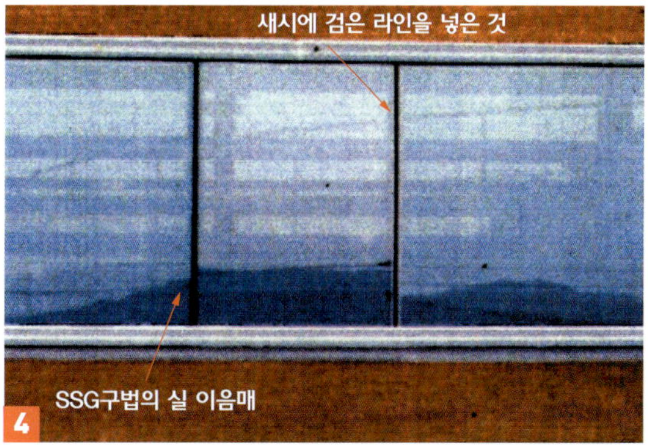

4 외쪽이 SSG구법의 이음매가 보이는 모습. 세움에 검은 라인을 넣은 오른쪽이 보다 깔끔해 보인다.

5 커튼월로 시공한 것. 이것에 의해 SSG구법 [구조 실이 열화된 경우의 유리 낙하 우려]의 걱정 없이 깔끔하게 보이는 것이 가능하였다.

6 연창 새시로 실시한 것.

스틸도어

83 피난방향과 문의 개방방향의 오류

사진 1은 유도등이 바로 앞에 달려있어서 안쪽의 방향에 피난하는 것을 알 수 있으나 문을 여는 방향이 앞쪽으로 되어 있다. 이러한 상황으로는 화재 등의 재해시에 피난하려고 해도 원활한 피난이 어렵다. 설계당초는 스윙문이었던 것이 전기정의 구성이 변화되어 열리는 방향이 틀렸으나 변경이 생긴 경우, 그것이 확인신청도면의 방화면에서 모순이 없는가를 차분히 생각하지 않으면 안 된다.

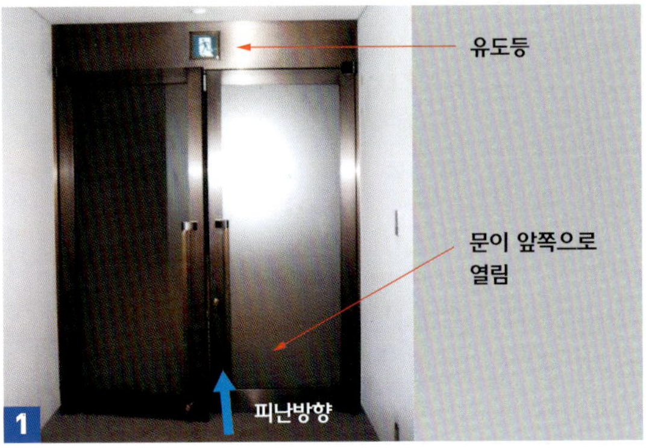

복도 문의 개방방향이 피난방향과 반대로 되어 있기 때문에 소방검사에서 지적을 받아 방향을 바꿨다.

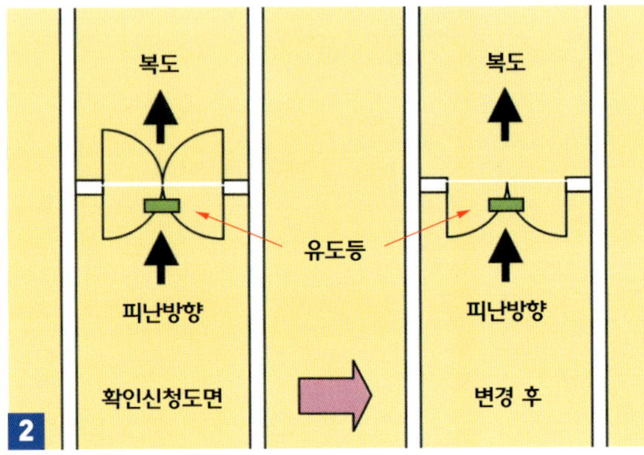

당초의 확인신청도면에서는 왼쪽과 같은 스윙으로 되어 있었으나 나중에 전기정으로 변경하였다. 그 때 피난과 관련한 사항을 간과하여 열리는 방향을 반대로 설치해 버렸다.

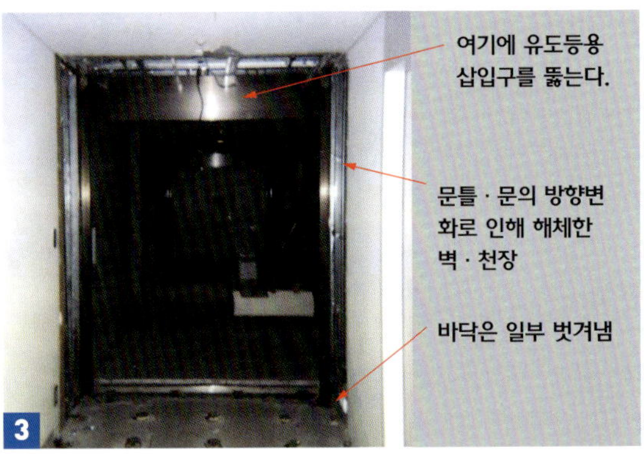

문방향을 재시공한 상황이나 유도등의 개구부쪽으로 재시공 · 메움 · 벽천장해체 · 복구, 전원의 교체 등 불필요한 비용이 소요되었다.

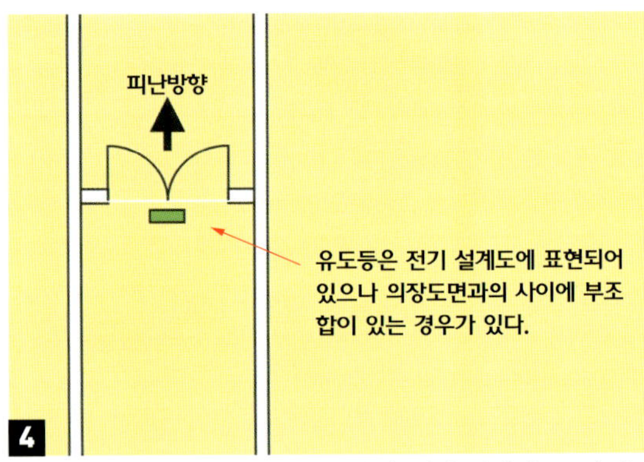

이러한 실패를 일으키지 않도록 하기 위해 마감시공도면 속에 유도등이나 그 외의 주요한 방재설비를 플로트해 확인을 하는 것이 필요하다.

이 사진은 피난계단으로 연결되는 문이 방해가 되는 사례이다.

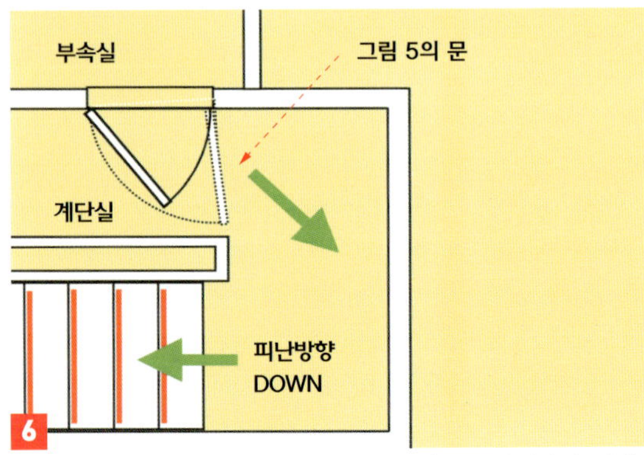

위 그림의 실선한 문처럼 문의 부착을 역으로 하였다면 피난하기 쉬운 문이 되었다.

스틸도어

84 문의 개방방향과 조명스위치의 위치

문의 부착측에 작은 방의 조명스위치가 부착되는 경우가 있다. 의장도면과 전기설비도면의 불일치를 그 원인으로 들 수 있으나, 어떠한 사정에 의해 문의 부착 방향을 변경하고 전기공사 담당자에게 그 정보를 전하지 않은 것이지에 대한 경우가 많다. 평면상세도면을 작성한 때에 관련 설비를 플로트 하는 것으로 이러한 오류를 막을 수 있다.

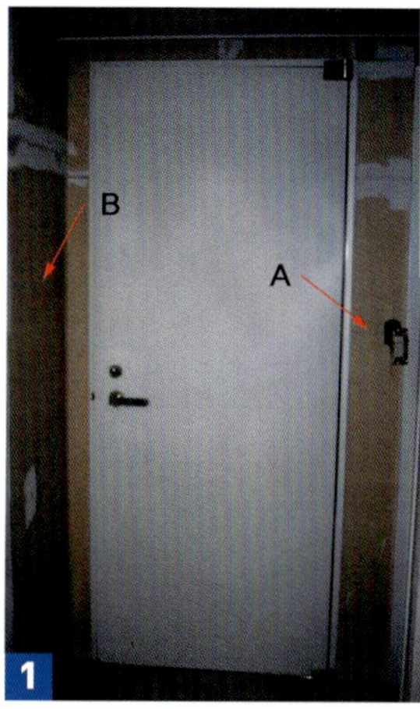

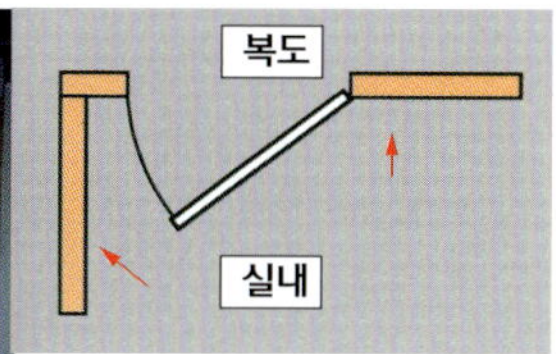

1

실내의 조명스위치가 A의 위치에 달려있으나 이러한 상태로는 사용하는 사람을 혼란시켜 버리므로 B의 위치로 바꿔 달아야 한다.

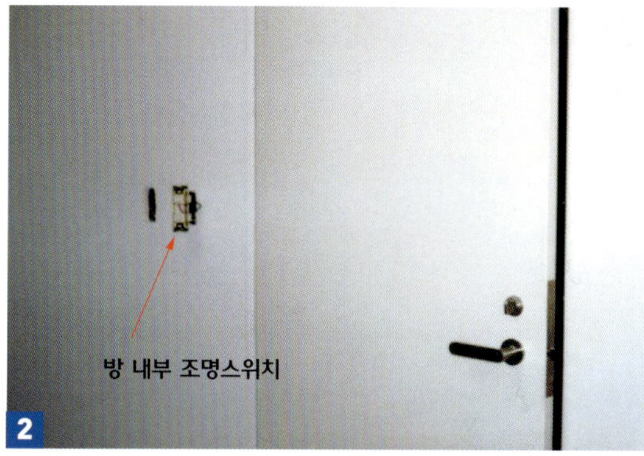

2

이러한 실패를 마지막까지 알아채지 못하고 마감을 해 버렸다. 실패는 빨리 고치지 않으면 피해가 커질 뿐이다.

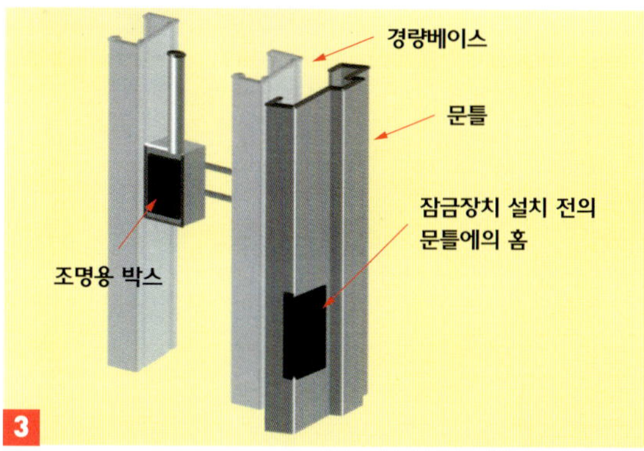

3

경량베이스 다음에 바로 문틀을 설치하고 있는 형장에서는 그 문틀의 홈 위치를 확인한 후에 조명용 박스를 설치하면 오류를 발견하기 쉽다.

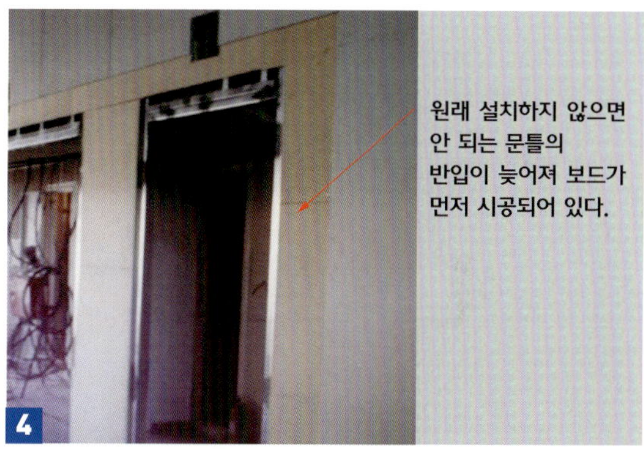

4

그러나 이러한 실패가 발생하는 현장은 위와 같이 보드 설치를 끝내도 문틀이 들어오지 않는 일이 많다.

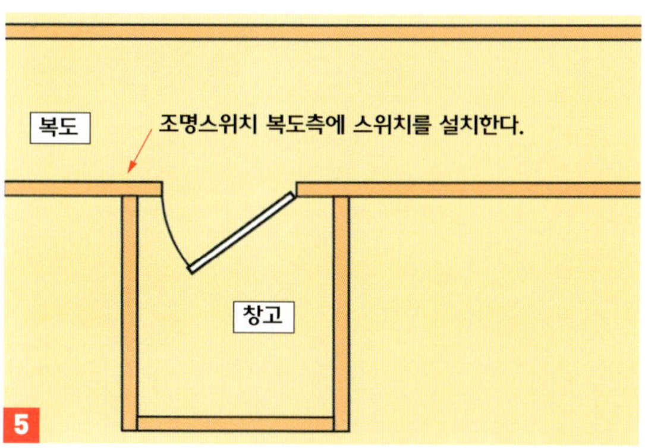

5

창고 등의 경우 실내의 조명 설치를 잊는 것을 방지하기 위해 복도측에 파일럿램프가 포함된 스위치를 배치하는 것이 좋다.

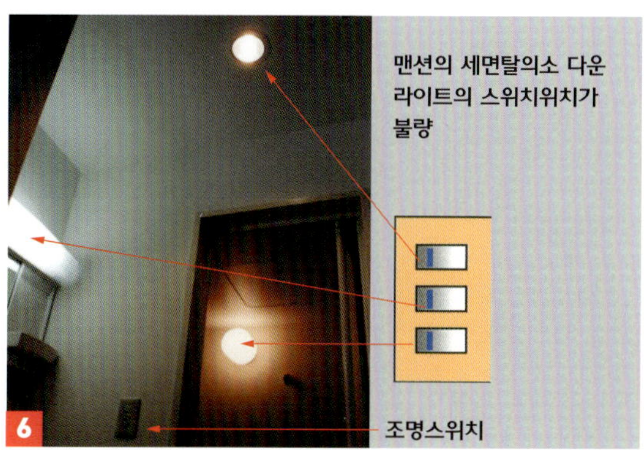

6

유닛베스(UBR)의 문옆에 3개소의 조명스위치를 합쳐놓았으나 다운라이트의 스위치는 세면 탈의소의 앞방에 배치해야 한다.

스틸도어

85 상시개방 방화문과 화재

피난계단 내에 1과 같이 반원을 그리면서 패쇄되는 타입의 상시개방 방화문앞에 쓰레기나 물건들이 놓여져 화재발생시 문의 폐쇄가 불가능했던 것으로 인해 다수의 사상자를 낸 일이 있다.

1

이렇게 여러 종류의 유저가 있는 건물의 경우 평상시에는 엘리베이터를 사용하므로 피난계단에 물건을 놓는 경우가 있다.

2

화재발생시 연기에 의해 연기감지기가 작동하여 문을 폐쇄하려 하였으나 문의 작동경로에 장해물이 있어 문이 닫히지 않아 연기가 흘러들었다.

3

4

여러 종류의 유저가 사용하는 건물에서는 건물소유자나 테넌트가 자주 바뀌어 건물의 관리가 제대로 되기 어려운 상황이 있다. 재발방지를 위해서는 엄격한 지휘 · 벌칙도 필요하나 설계단계에서 풀세이프를 생각하는 방식이 필요하다. 이러한 경우는 문의 작동 경로를 최소로 하는 미닫이 식의 폐쇄장치가 유효하지 않을까?

5

화재시에 발생하는 유독가스에 대해 계단실 문의 상부벽은 계단실로 유해가스유입을 막는 효과가 있다.

6

피난실에 발포스티로폼의 내려온 간판이나 가연물이 있다면 위의 그림과 같이 유독가스가 상승하여 피난이 불가능하게 된다.

86 방연벽과 엘리베이터 앞 방화문

방화구획에 설치하는 문은 30㎝ 이상의 수직벽이 있어 모두 자동폐쇄식이어야 한다. 방화구획 이외의 문에도 피난에 이용되는 통로에 면하는 부분은 같은 형태로 이루어져야 한다는 지도를 받는 경우가 많다. 또한, 그림 5와 같은 엘리베이터의 문은 2002년 6월의 건축기준법개정(일본)에 의해 방화개소로서 인정받지 못하게 되었던 것에 따라 엘리베이터의 승강로는 난연성능을 갖는 방화문 등으로 구획해야 했다.

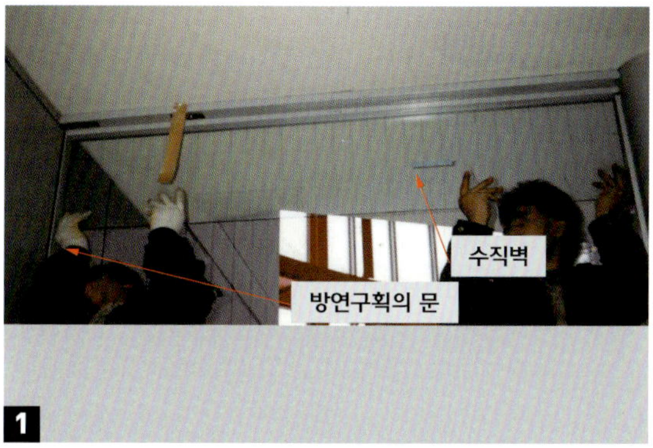

1 검사에서 지적을 받아 방연구획의 상시개방식방화문의 상부에 방연수직벽을 설치하고 있는 상황

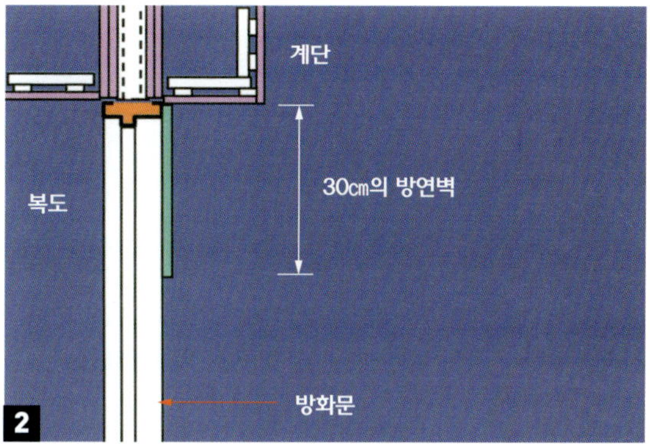

2 위의 단면도와 같이 수직벽을 설치하였다.

3 복도부분에 문 상부의 방연벽의 높이가 부족하였기 때문에 검사에서 지적을 받아 유리로된 방연벽을 나중에 설치한 것.

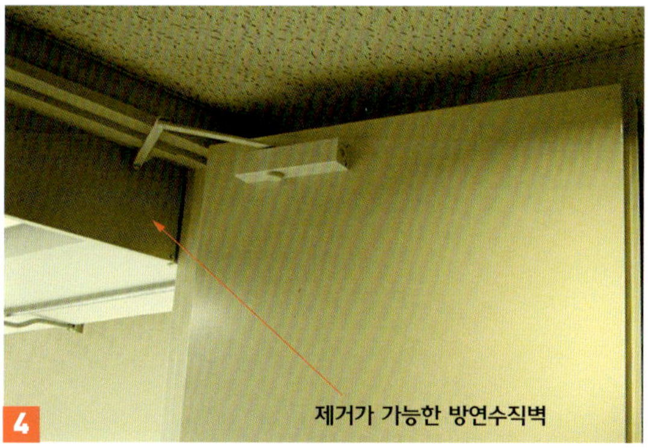

4 이것은 실내로 높은 기계의 반출입이 있기 때문에 제거가 가능한 방식의 방연수직벽을 설치한 사례.

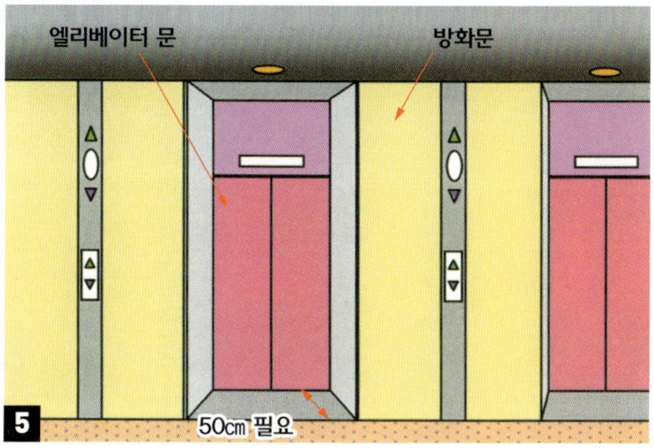

5 방연구획의 엘리베이터 앞 방화문. 스위치나 인디케이터의 위치가 제한되어 있다.

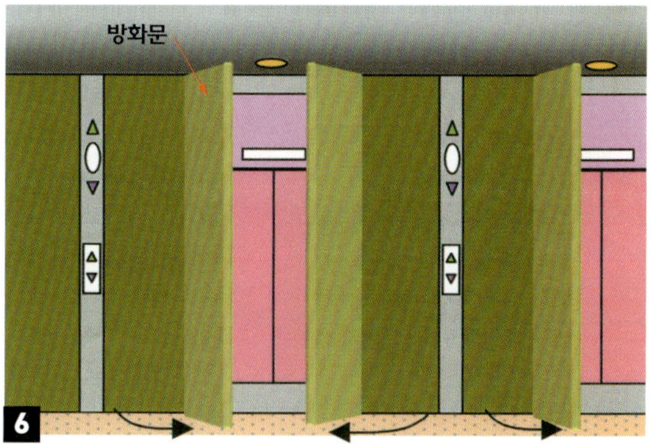

6 연기 감지기가 작동하여 엘리베이터 문의 전면에 방화벽이 반원을 그리며 폐쇄된다. 작동범위에는 장해물을 놓지 않도록 해야 한다.

스틸도어

87 도어 릴리즈의 실패(1)

건축공사와 전기설비공사의 검토 부족에 의해 문제가 발생하는 경우가 있다. 사진 1에 나타내는 실패가 그 일례이다. 이러한 경우는 건축측이 주도적으로 계획하여 진행해 나감으로서 실패를 막을 수 있다.

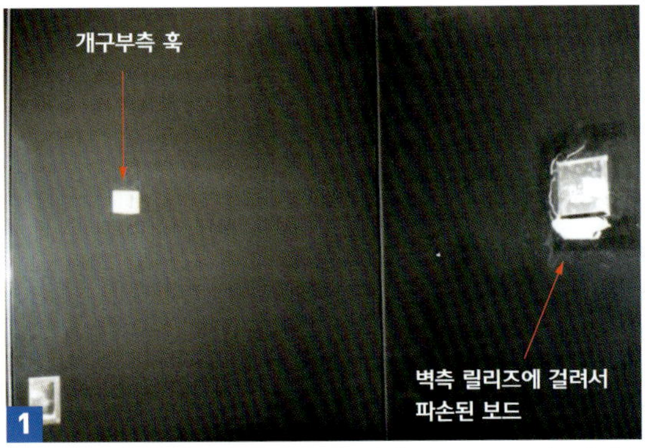

1 상시개방 방화문의 릴리즈 설치가 나빠 수동으로 문을 열었을 때 릴리즈주변의 벽이 릴리즈와 함께 당겨져 보드가 파손되어 버렸다.

2 릴리즈 본체와 바닥 박스의 사진. 이것은 ALC판에 묻혀 있다.

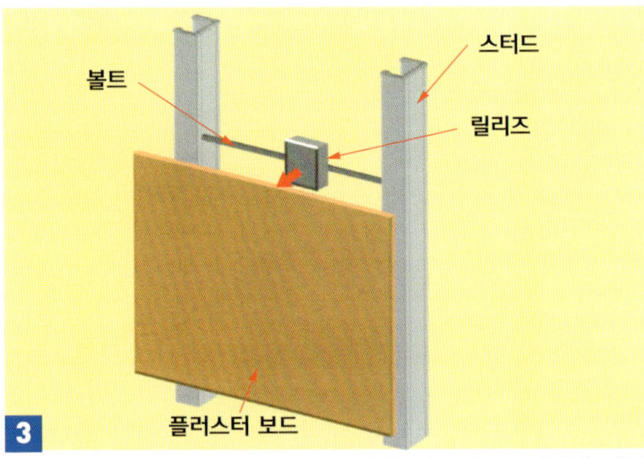

3 원인은 경량철골스터드의 간격이 컸기 때문에 그 사이에 나와 있던 1개의 볼트에 릴리즈를 고정하였기 때문이었다. 특히 플라스터 보드는 1장뿐이었다.

4 볼트는 콘센트나 스위치 류의 설치에도 자주 사용된다. 하지만 힘이 작용하는 부분은 보강이 필요하다.

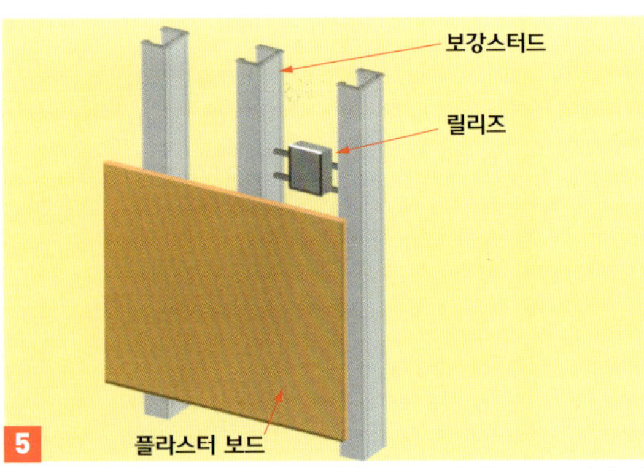

5 릴리즈의 부분에 보강스터드를 넣음으로 해서 확실한 고정이 가능하다. 문제는 확실히 릴리즈의 위치를 고려한 스터드의 시공이 가능한지 여부이다.

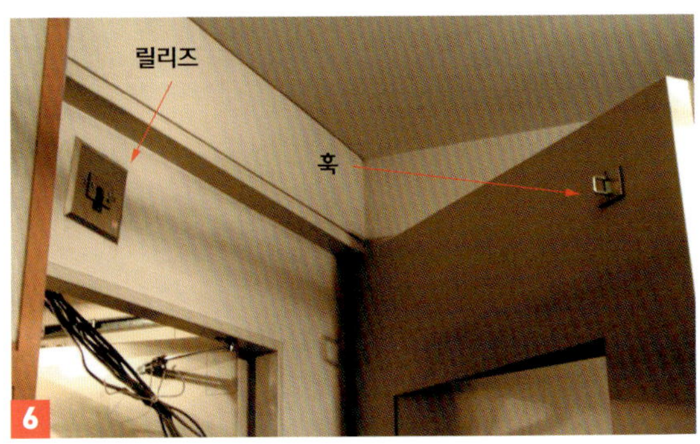

6 문의 훅 위치에는 안쪽 보강이 필요하므로 릴리즈측도 스터드보강이 필요하므로 확실히 시공도면상에서 위치를 결정해 놓으면 좋다. 또한 릴리즈가 포함되는 곳이 적은 경우는 문의 상부틀 설치식 릴리즈가 있다.

스틸도어

88 도어 릴리즈의 실패(2)

돌 붙임 상시개방식 문과 문틀을 그림 1과 같이 제작하여 마지막에 릴리즈를 설치하여 닫으려고 하였을 때 문이 닫히지 않는다는 문제가 발생하였다. 이러한 오류를 각 확인단계에서 간과해버리는 일이 있으므로 주의해야 한다.

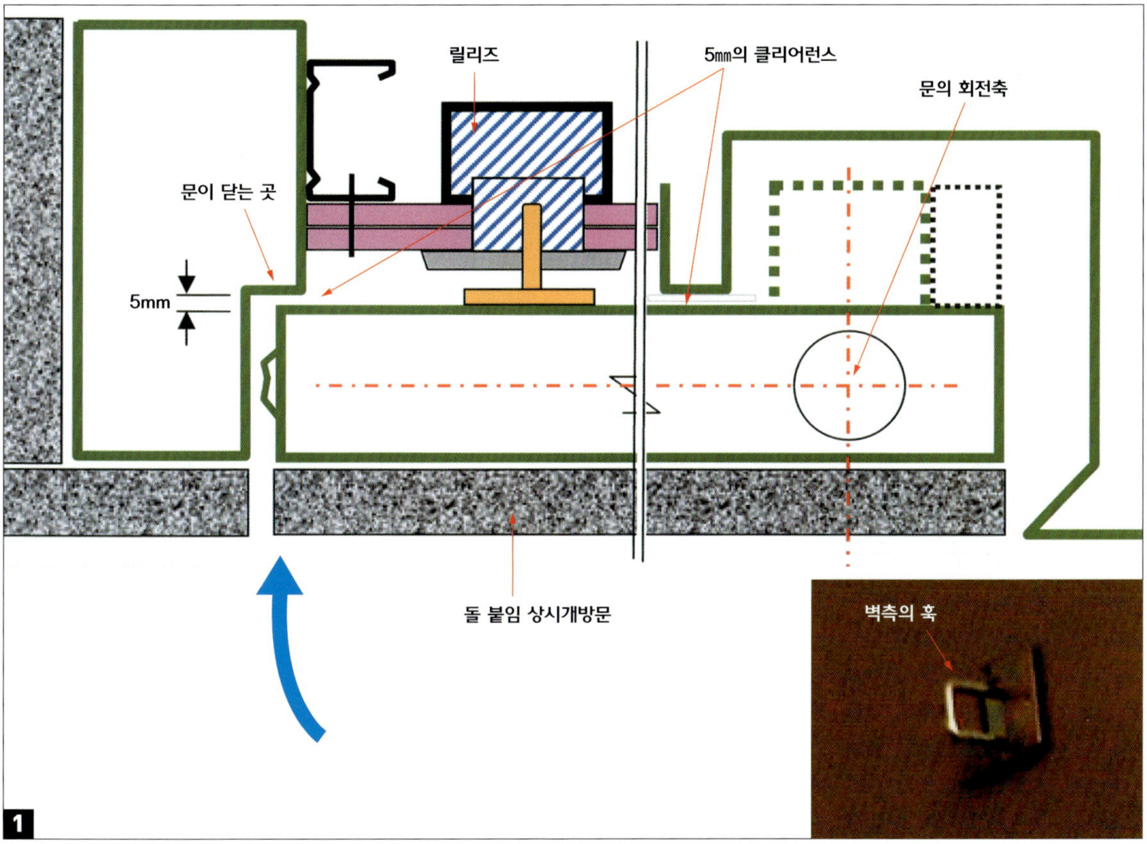

1
벽을 아무리 눌러도 릴리즈가 걸리지 않는 상태가 되어 버렸다.

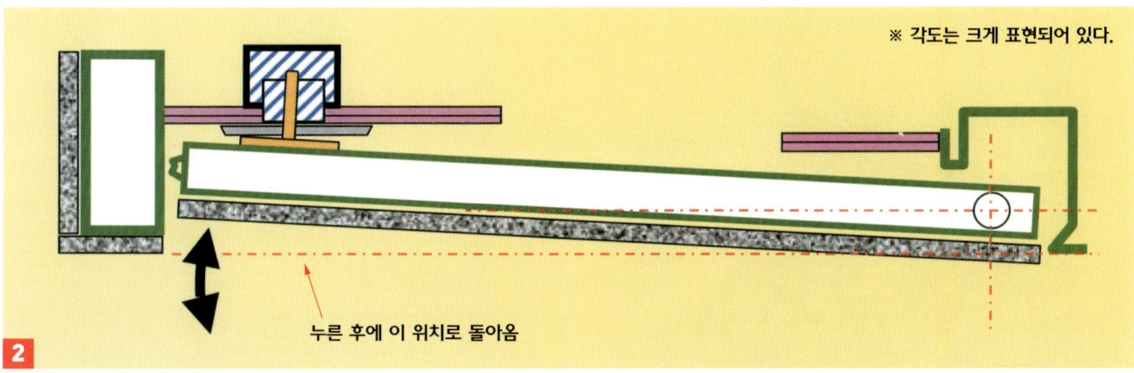

2
이 타입의 릴리즈는 문을 밀은 후에 약간 돌아온 상황에서 잠금 금속이 걸려 소정의 위치에 고정되도록 하는 메카니즘이 되어 있다. 그 메카니즘을 파악하지 않고 형틀과 문이 닿는 곳에 클리어런스 5㎜로 해 버린 것이 실패의 원인이었다. 위의 그림과 같은 구성을 해 놓으면 문제는 없었다.

스틸도어

89 도어 클로저의 실패

도어첵크는 외관이 나빠서 문의 자동폐쇄장치로 오토힌지를 사용하는 경우가 있으나 몇 년을 사용하면 스프링이 약해져 조정이 어려워지는 일이 있다. 또한 암식의 도어 클러져와 비교하여 교체에 노력이 소요되는 것은 확인해 놓아야 한다.

1 오토힌지를 사용한 계단실의 방화문

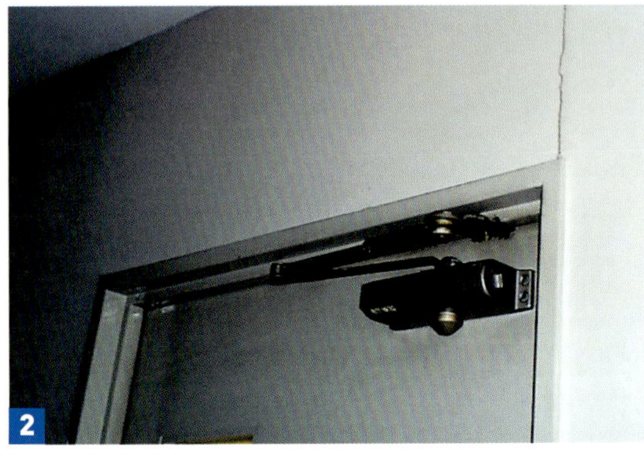

2 일반적인 암식 도어 클로져(패러렐형). 복도의 디자인을 신경 쓰는 경우는 실내에 정규설치로 한다.

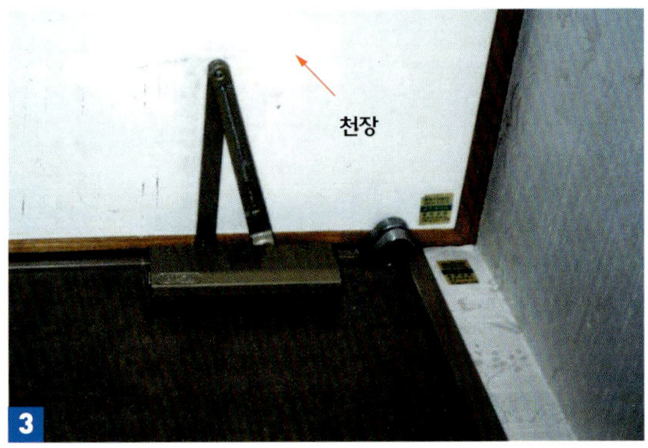

3 문의 도어첵크가 느슨해져 천장에 암이 닿아버리게 되었다. 문틀과 천장과의 틈새가 없으면 이러한 문제를 불러 일으킨다.

4 소방대전용 소화전의 소화호스가 통과하기 위한 작은 문이나, 여기에도 자동닫힘 장치를 하지 않으면 안 된다.

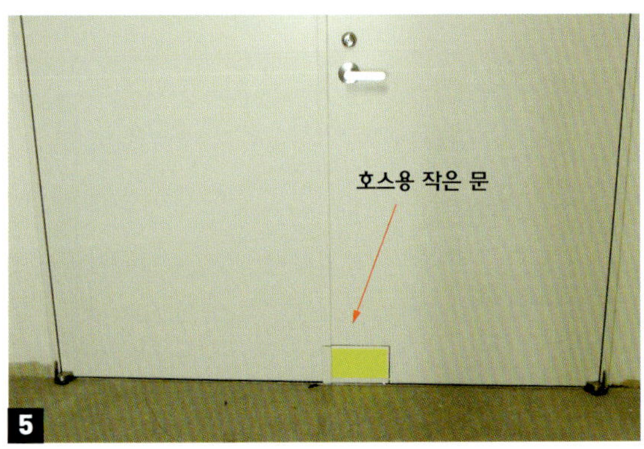

5 한눈에 인식가능하도록 색을 달리하라는 지도를 받는 경우가 많다.

스틸도어

90 플로어힌지의 실패

그림 1과 같은 플로어힌지 표면의 플레이트가 손상되거나 휘어버려 교체하는 일이 발생하면 손실이 크게 된다. 또한 사진 3과 같이 슬래브를 뚫은 장소의 검토가 필요하다. 그림 4는 창호설치 전반에 걸쳐 이야기 할 수 있는 것이나 주변의 높이확인을 잊어서는 안 된다. 이 이외에도 플로어힌지의 스톱이 포함된 경우와 그렇지 않은 경우를 혼동하여 재시공하는 경우도 있으므로 주의가 필요하다.

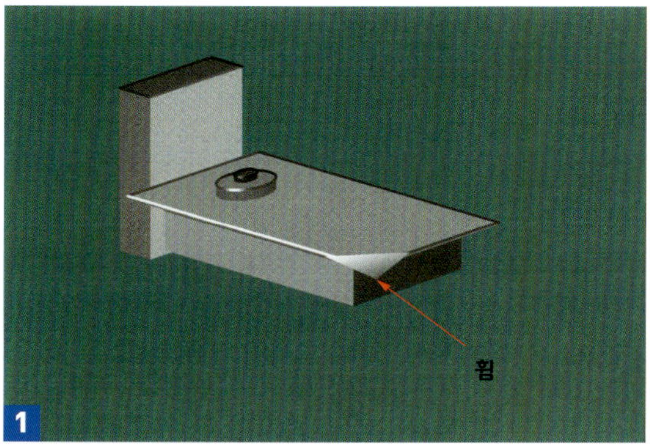

1

플로어힌지의 스테인리스 플레이트가 공사 중에 휘거나 손상되어 교체해야만 하는 경우가 있다. 예비 플레이트를 준비해 놓아야 한다.

2

바닥마감재의 두께를 플로어힌지의 표면에 맞추지 않으면 이러한 단차가 되어 발을 헛디디기 쉽게 되므로 주의해야 한다.

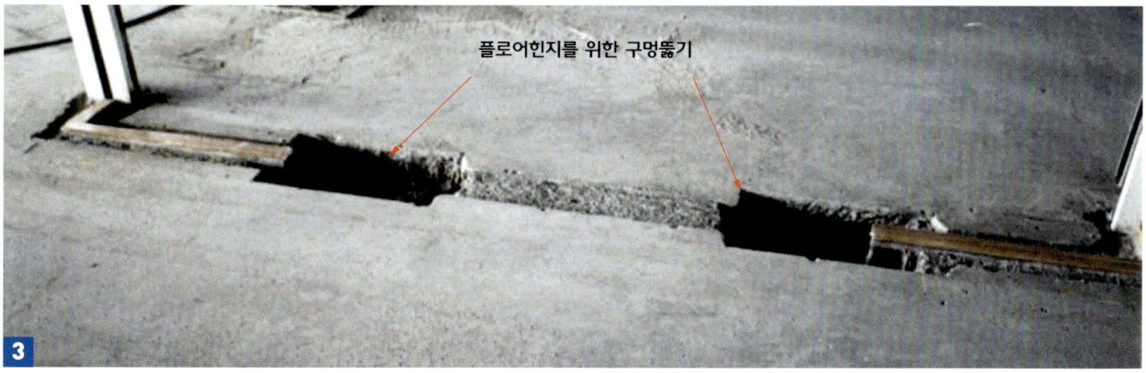

3

바닥이 석재 마감인 경우, 석재 붙임 중에 플로어힌지를 매설하나, 이렇게 바닥의 점유비율이 적은 경우는 슬래브의 구멍뚫기가 필요해진다. 플로어힌지가 보 위에 배치되는 경우, 철근을 절단하는 일이 없도록 충분히 검토하지 않으면 안 된다.

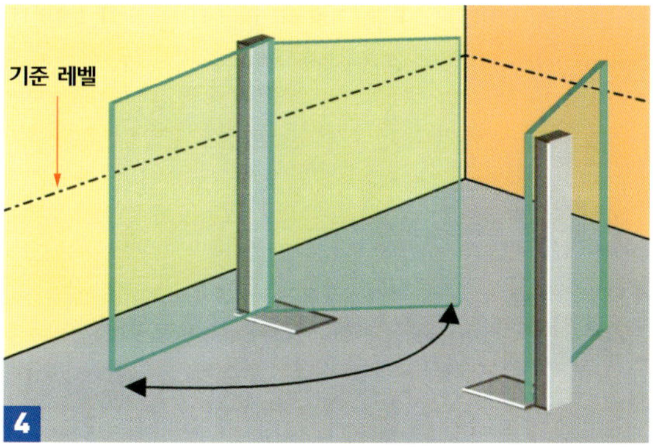

4

기준레벨을 통과하는 플로어힌지를 설치하여 그 후에 문을 들여와 마감재를 처리한 경우, 문이 바닥에 닿는 경우가 있다.

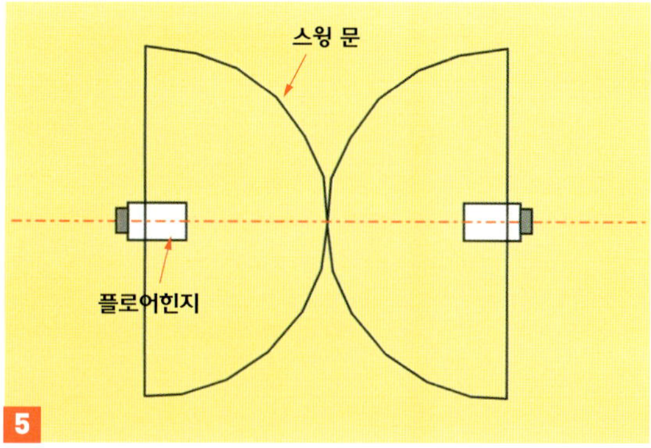

5

플로어힌지를 설치하기 전에 문의 이동경로부분의 바닥높이를 확인하고 후에 문제가 발생하지 않는지를 확인하지 않으면 안 된다.

스틸도어

91 문이 닫히지 않게 되는 원인

건물을 사용하면서부터 문이 문틀에 닿아서 닫히지 않는 경우가 발생한다든지, 잠기지 않는 경우에 대한 클레임이 많다. 문을 고정하고 있는 힌지의 휨에 의해 기인하나 그 휨이 발생하는 원인이 사진 1과 2에 나타내는 경우가 많다. 시공도중의 관리상황의 불량이 품질저하를 발생시킨다.

1 도어첵크가 먼저 달려있으므로 문을 개방상태로 해 놓기 위해 문틀과 문 사이에 나무를 끼워 놓았다.

2 이 상태에서 닫으려고 하는 힘이 작용하면 문의 변형이 발생한다.

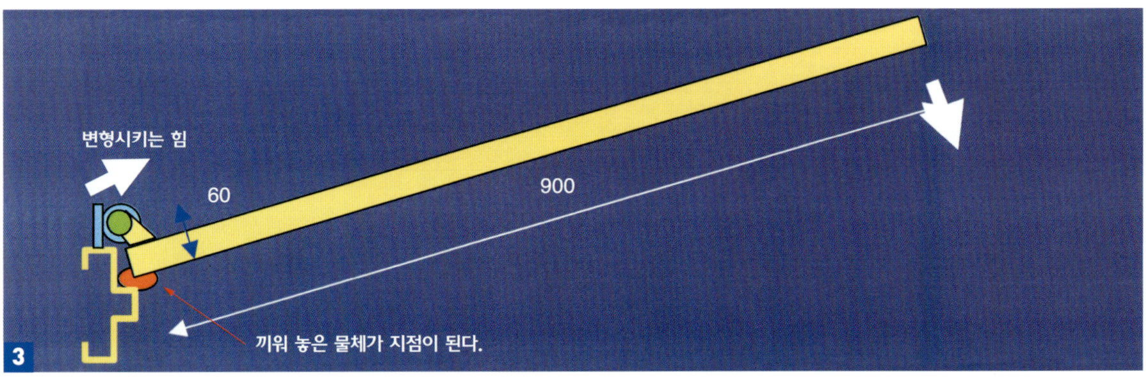

3 위 그림의 예에서 문의 외측에서 닫히는 방향으로 70kgf의 힘을 작용한 경우, 힌지의 금속에는 1t을 넘는 힘이 작용하여 변형되고 만다. 금속의 변형으로 문이 닫히지 않기 때문에 역방향의 힘을 작용시켜 금속의 휨을 바로잡으려 한다. 이러한 휨에 대한 힘의 연속으로 힌지 금속이 약해진다.

4 위의 부분에 커다란 힘이 작용하여 문이 닫히지 않게 한다.

5 위의 사진과 같은 고정방법이나 로프에 의한 고정을 하면 문에 가해지는 스트레스는 적어진다.

스틸도어

92 문의 휨과 도어스톱

사진 1과 같이 한번 휘어진 문은 다시 돌리기가 매우 힘들기 때문에 반입이나 보관 시에는 무리한 힘이 들어가지 않도록 충분히 주의하지 않으면 안 된다. 문이 커질수록 휘어지기 쉽기 때문에 커다란 문이 정말로 필요한가를 계획 시에 잘 생각해야겠다. 또한 사진 4와 같이 도어스톱의 위치가 벽에서 떨어져있으면 발에 걸리기 쉬우므로 문주변의 벽 형상에 주의가 필요하다.

1 쌍여닫이문의 오른쪽 문이 휘어서 보기 흉한 상황이 되어 버렸다.

2 문에 커다란 힘이 작용하여 이렇게 휘어 버렸다.

3 여는 방향쪽의 문이 보 높이보다 높아 사진과 같이 문을 열면 보에 닿고 만다. 검토가 부족한 예이다. 커다란 힘을 가하면 문의 휨으로 이어진다.

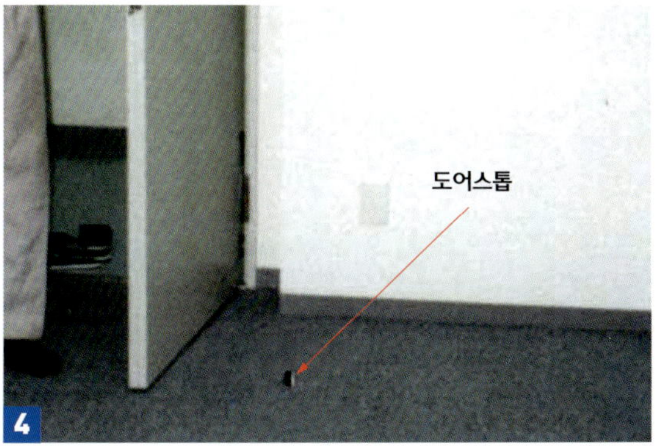

4 도어스톱이 벽의 위치에서 떨어져 있으므로 발에 걸리기 쉽게 되어 있다.

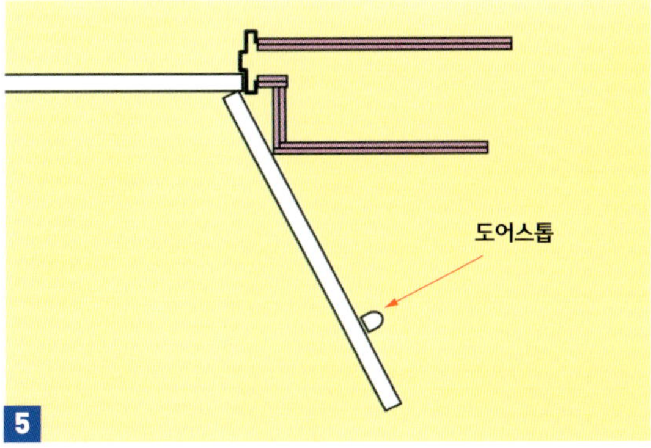

5 벽이 위의 그림과 같은 배치로 되어 있으므로 도어스톱이 벽에서 떨어져 버렸다.

스틸도어

93 에어 타이드 문의 선택과 잠금장치

사진 1은 지하전기실의 에어 타이드 문이다. 에어 타이드 문은 틈새를 고무로 밀실하게 막아 방음효과를 기대할 수 있으나 일반문보다 고가이다. 그러나 음이 발생하지 않는 기계실이나 전기실에도 모두 에어 타이드 문을 사용하도록 하는 설계가 있다. 친절히 검토를 실시하여 건설비용을 조금이라도 내리려는 배려가 필요하다. 또한 사진 3은 천장과 클리어 런스가 없기 때문에 일어나는 실패이다.

1

소음이 발생하지 않는 기계실이나 전기실에도 에어 타이드 문이 설치되는 경우가 있다.

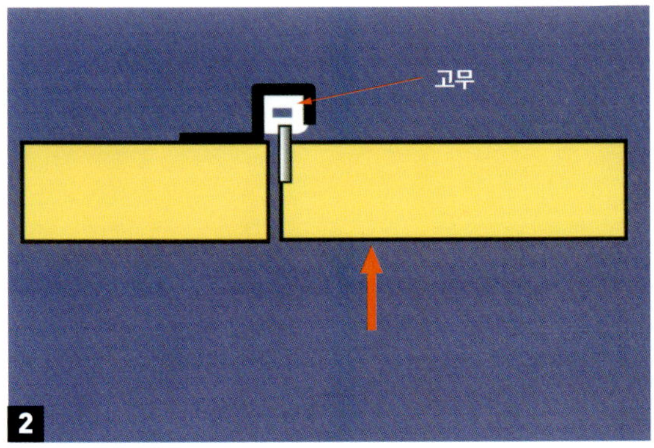

2

위의 그림과 같이 틈새부분의 고무를 한쪽 문에 설치하는 것으로 틈새를 없애 방음효과를 높이고 있다.

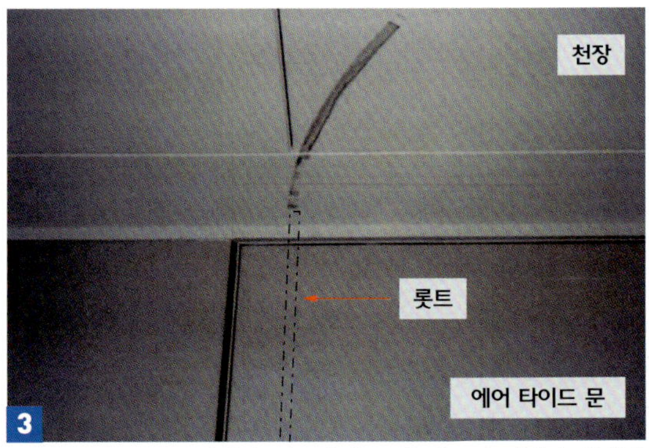

3

에어 타이드 문을 설치할 때, 신경 쓰지 않으면 이러한 실패가 생긴다. 그레몬 정의 상부의 롯트가 천장에 닿아 천장을 손상시키고 있다.

4

그레몬 정은 문을 잠근 후에 레버를 눌러서 여는 방식이 되어 있으나 일반의 레버핸들 정과 같이 열어버리므로 안정장치가 벗겨져 롯트가 올라간다.

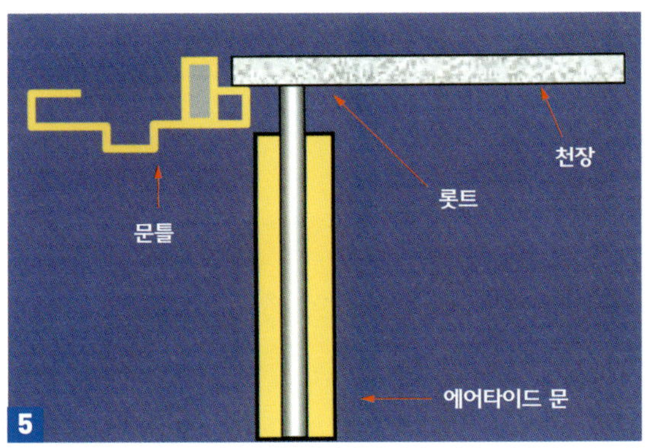

5

문틀과 천장의 이격이 적어 에어타이드의 내부 부속인 롯트가 천장에 닿아버린다. 롯트가 닿지 않을 정도의 이격을 두어야 한다.

스틸도어

94 자동문의 실패

현관 자동문의 스위치로 바닥 석재 아래에 묻어 놓는 식의 것이 있다. 어느 건물에서 시공 후 6년간에 12개소 중 4개소의 스위치가 부서져 버려 그때마다 바닥 석재를 교체하는 일이 발생하였다. 문 상부에 설치하는 타입이었다면 수리가 용이하였을 것이다.

1 바닥 매설식 스위치. 이 배선은 창호 속을 통과하여 문의 구동부에 결속된다.

2 바닥의 돌을 벗겨내면 재활용이 불가능하므로 그 부분의 색이 달라진다.

3 상부설치 자동문스위치로 매우 작은 것이 나와있다. 유지보수도 간편하다.

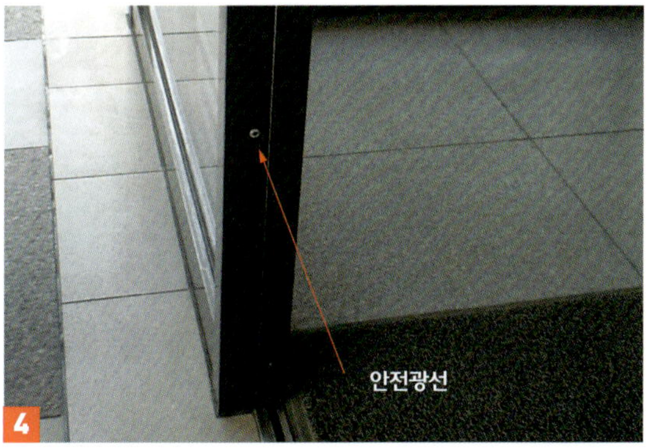

4 안전광선의 높이는 건물의 용도에 따라서 충분히 검토해야 한다.

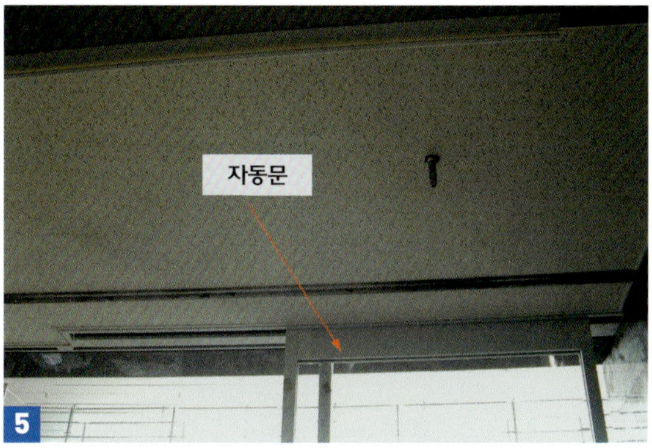

5 의장우선의 설계 탓에 자동문이 천장에 묻혀 있다. 더욱이 점검구가 없다. 후에 천장에 점검구를 만들었으나 개구부가 작아 유지보수면에서 매우 힘이 들었다.

6 자동문은 조정이 필요하다. 이렇게 열 수 있는 방식이라면 유지보수가 쉬워진다.

스틸도어

95 스틸도어의 녹과 그 대책

스틸도어는 물이 닿는 부분이 녹슬기 쉽다. 녹이 스는 것은 유지보수가 어렵다는 고정관념이 있으나 원래는 유지보수하기 어렵게 구성이 되어 있는 것이 원인이다. 특히 문의 아래부분은 유지보수 시에 문을 문틀에서 빼어 내어 확실한 방청처리를 하면 좋으나 노력이 소요되므로 잘 되지 않고 있다. 유지보수를 생각한 설계가 되지 않는다면 건물의 유지비용은 전혀 줄일 수 없다.

1 비바람의 영향을 받는 외부로의 출입구 스틸도어의 하부가 부식되어 있다. 이러한 상태가 되면 교체가 필요하다.

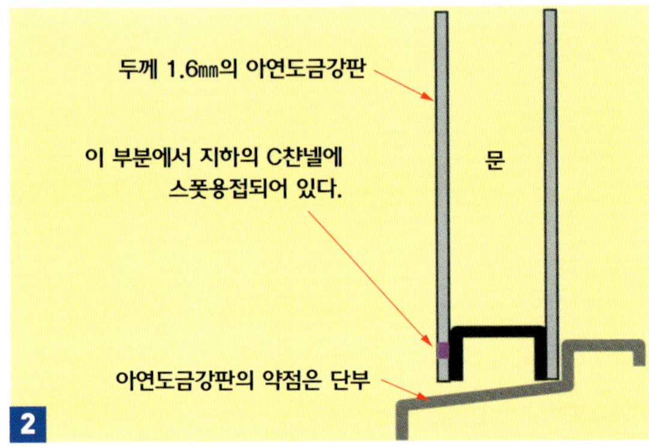

2 스틸도어에는 아연도금강판을 사용하나, 절단한 단부에는 도금이 없고 용접부분도 도금이 약해져 있다. 또한 문 하부의 방청도장은 시공성이 매우 안 좋다.

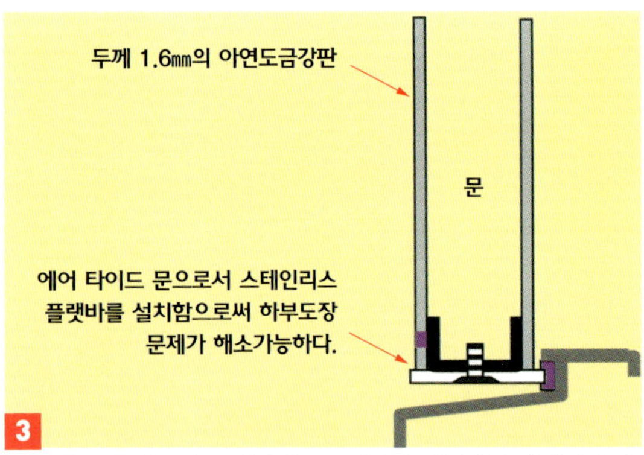

3 그림과 같이 하부에 스테인리스 플랫바를 설치하여 용접부의 유지보수를 확실히 하는 것에 의해 수명은 연장된다. 또한 문 위의 처마는 꼭 계획에 반영하여야 한다.

4 물이 닿기 쉬운 주방의 출입구에 녹이 발생하지 않는 알루미늄 문을 채용한 것. 하지만 알루미늄은 표면이 약해 수레로 문 표면에 상처를 내고 말았다.

5 위와 같은 스테인리스 플레이트를 알루미늄 문의 양측에 붙여 놓음으로서 손상 방지를 꾀하였다.

6 스테인리스 문은 녹에는 강하나 손때가 묻으면 보기 흉해지는 것이 단점이다. 위와 같이 손이 닿는 장소에 시트를 붙이는 것으로 인해 그 문제를 해결할 수 있다.

스틸도어

96 스틸도어 문지방의 처짐

OA플로어와 같이 설치하는 스틸도어의 문지방은 모르타르채움이 불가능하므로 처지기 쉽다. 바로 밑에서 고정을 하는 것이 어려우므로 사진 2나 3과 같이 경사지게 용접할 수밖에 없다. 이러한 시공을 하면 하중이 스프링과 같이 용접부를 압박하므로 떨어져 버린다. 그림 4는 문틀의 고정 실패 사례이다. 또한 사진 6에 나타내는 바와 같이 문틀의 제작을 할 때에는 작업성을 고려한 계획이 필요하다.

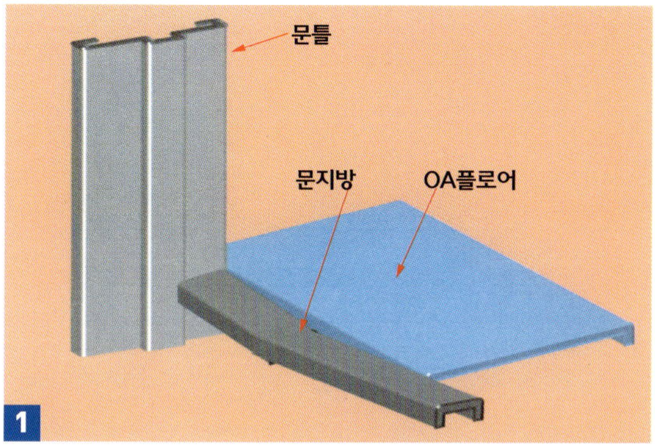

OA플로어부분의 문지방이 사용을 시작하면서 쳐지고 휘어져 버렸다.

원인 : 문지방의 용접을 경사지게 하였기 때문에 밟힐 때마다 용접부에 휨력이 작용하여 용접철근이 부러져 버렸다.

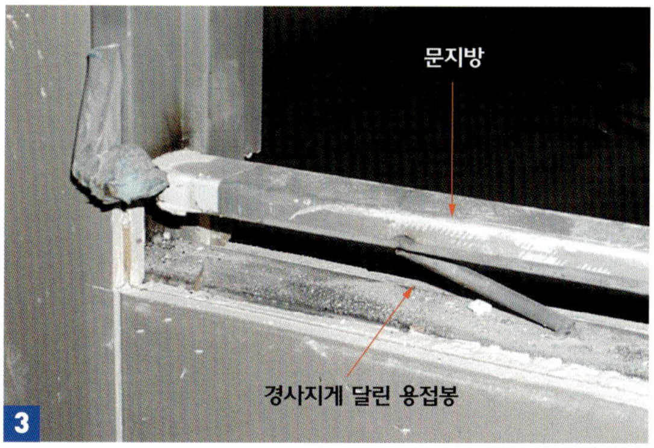

위의 사진과 같이 경사지게 용접을 하였기 때문에 위로부터의 하중에 견딜 수 없다. 좀 더 들어올려 용접하지 않으면 용접이 떨어져 버린다.

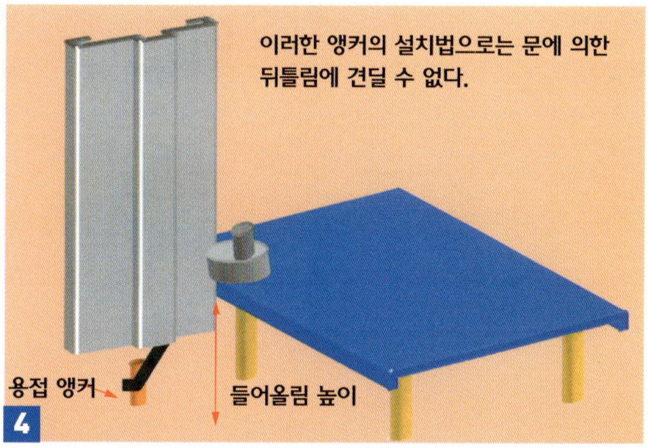

문틀의 용접이 떨어진 예. 위의 그림과 같이 문틀을 1개만으로 용접을 하면 문의 개폐로 인해 문틀이 뒤틀려 용접부가 곧잘 떨어진다.

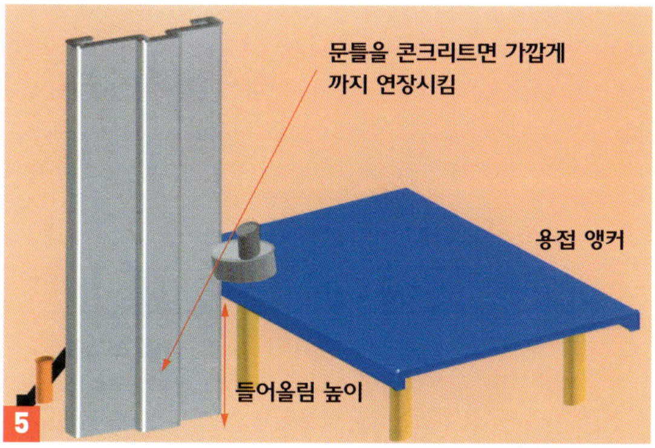

문틀을 콘크리트면까지 내려 그곳에 문틀의 2개소에 용접고정을 함으로서 비틀림방지가 가능하다. 높이가 있는 경우에는 힌지 부분에 진동방지 장치를 설치한다.

OA플로어 부분의 문지방을 문틀과 일체화하여 만들어버렸기 때문에 통로에 슬로프가 필요해졌다. 문지방을 나중에 설치하는 것이 좋았다.

스틸도어

97 문지방의 세부계획 실패

바닥콘크리트를 한 번에 마감할 수 있게 된 후부터 문틀과 문지방을 바닥에 넣기 위해 바닥을 파내는 경우가 많다. 이 방법은 노력도 처분비용도 소요되고 최종적으로는 사진 3과 같이 깨끗하게 마감되지 않는다. 사진 5와 같은 설치법을 사용하면 깨끗하게 무리 없이 설치할 수 있다.

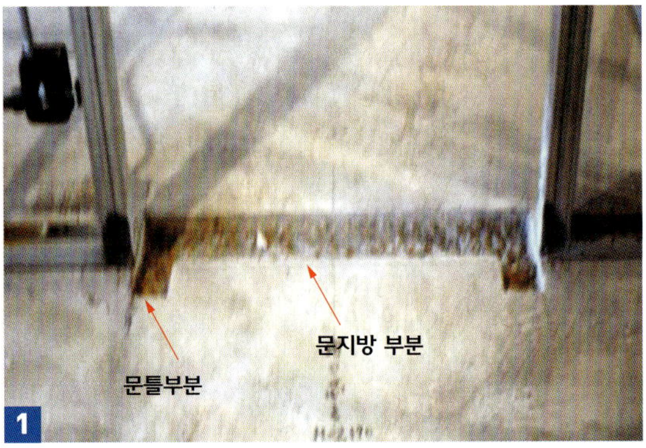

1 벽의 경량하부를 조립한 후에 위치를 내어 문틀과 문지방을 매설하기 위해 커터를 사용해 바닥을 까내고 있다.

2 1개소를 까내기 위해 이만큼의 콘크리트조각이 발생한다.

3 설치한 후에 문지방에 모르타르로 채우고 있으나 사진과 같이 그다지 깨끗하게 마감되지 않는다.

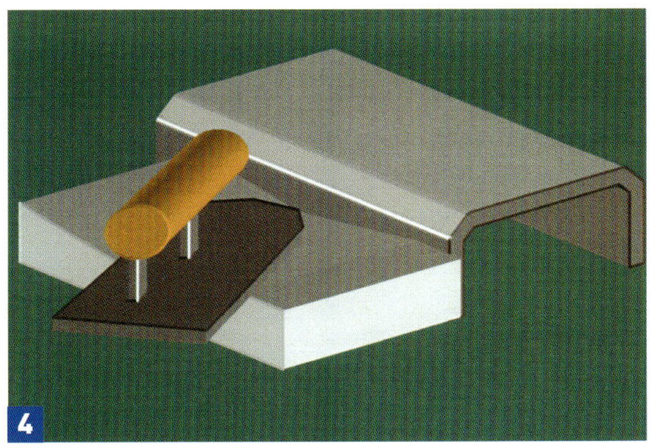

4 문지방과 바닥재의 높이가 균일하지 않아 후에 재시공하는 일이 있다.

5

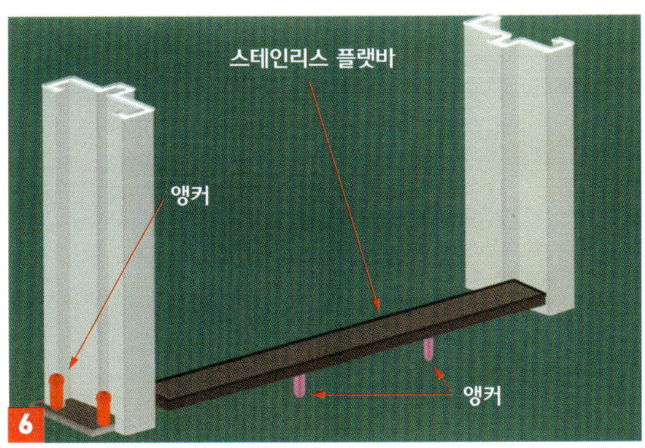

6

사진 5와 같이 하면 비용이 들지 않고 깨끗하게 마감된다. 바닥 안에 문틀을 설치하고 문지방은 스테인리스 앵커가 달린 플랫바를 드릴로 구멍을 내어 에폭시로 접착한다. 마감재와의 높이도 깨끗하게 정리된다. 카펫타일마감의 경우, 문지방의 구성으로서 단차를 없애, 비용을 낮추는 일은 발주자에게도 이점이 있다.

스틸도어

98 문틀의 간격 불량

문틀의 간격이 말끔히 정리된 건물은 딱 떨어지는 느낌의 기분 좋은 건물이 되지만, 불행히도 그렇지 않은 건물을 보게 되는 경우가 있다. 사진 1과 같이 랫치(latch)가 벽에 닿는 것을 보면 준공시의 검사가 어떻게 이루어졌는지 의문을 갖게 된다.

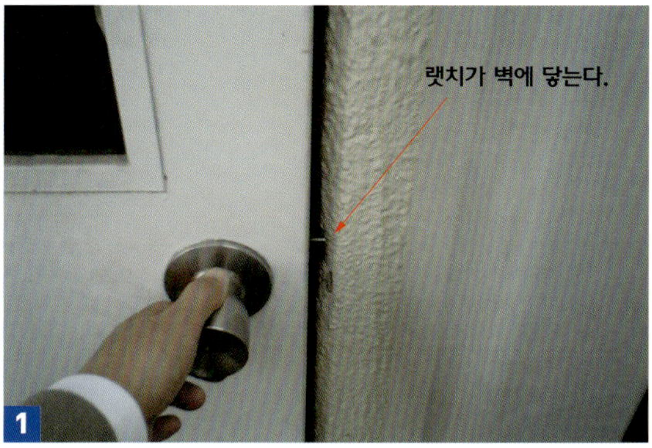

외부출입구의 랫치가 벽에 닿아 외벽의 도장을 상처내고 있다.

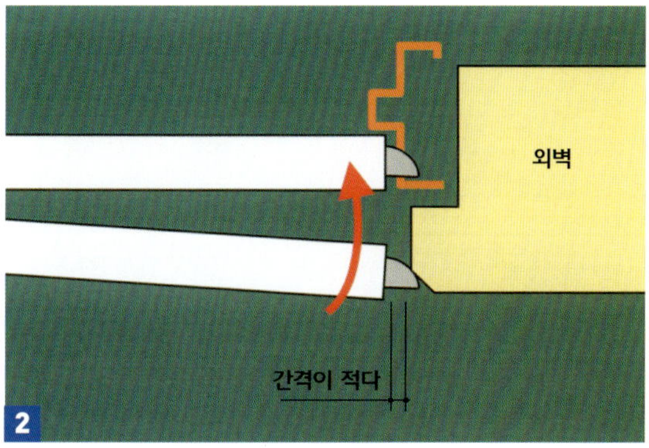

위의 그림과 같이 문틀과 외벽과의 간격이 적은 것이 원인이다.

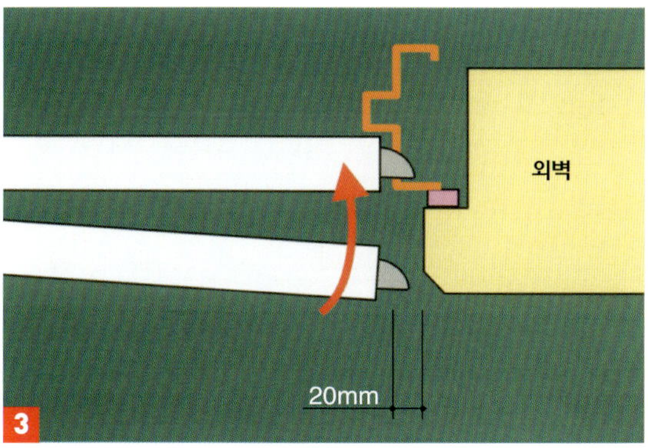

시공오차 이외에 외벽뿜칠재의 하부패턴의 깊이도 고려하여 위의 그림과 같이 처음부터 20㎜의 간격을 취하도록 계획하는 것이 좋다.

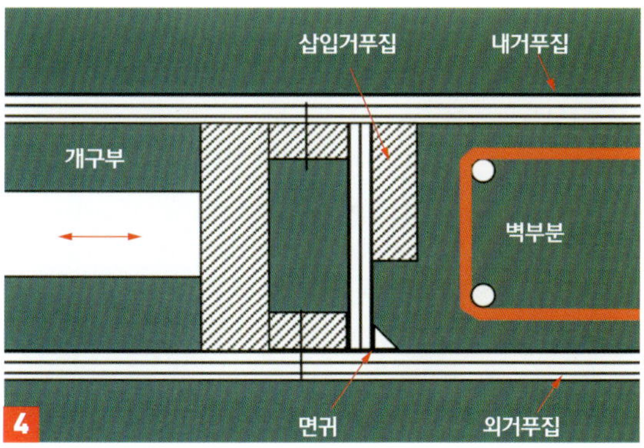

벽을 타설할 때에 콘크리트의 압력에 견딜 수 있는 거푸집이 필요하다. 또한 개구부의 양측에 균등하게 흘려보내는 것도 필요하다.

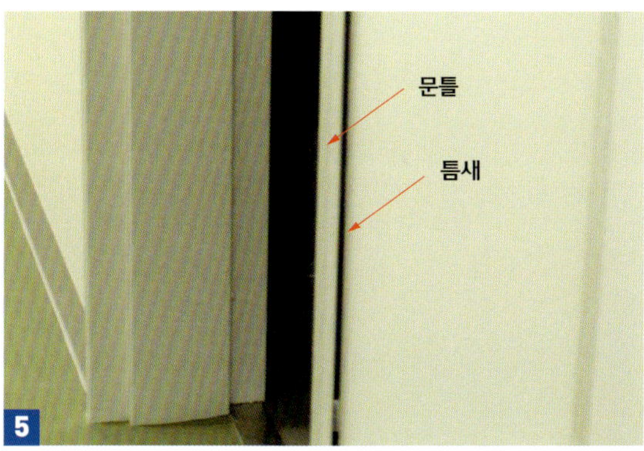

보드를 붙여 도장을 끝낸 후의 상태이다. 보드 붙임 시에 신경썼더라면 대응이 가능하였을 것이다. 실링으로 [도피]가 되어버렸다.

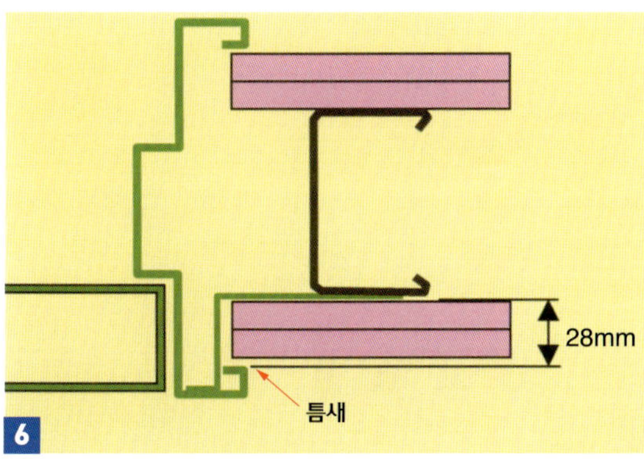

12.5㎜의 석고보드 2장 붙임 장소를 28㎜로 시공하였기 때문에 커다란 틈새가 생긴 것이 원인이다.

스틸도어

99 문 제작 실패

문제작도면의 승인을 할 때 설치 후에 어떻게 될 것인가에 대한 예측이 부족하면 커다란 실패를 불러일으키게 된다. 여기에 드는 것은 그 일례이다.

유리의 압연의 정밀도가 나빠 이음매에 틈새가 생겨 보기 흉하다.

위의 그림이 사진 1의 유리압연의 구성이나 오른쪽 그림과 같이 면을 내리면 이러한 틈새는 없앨 수 있었다.

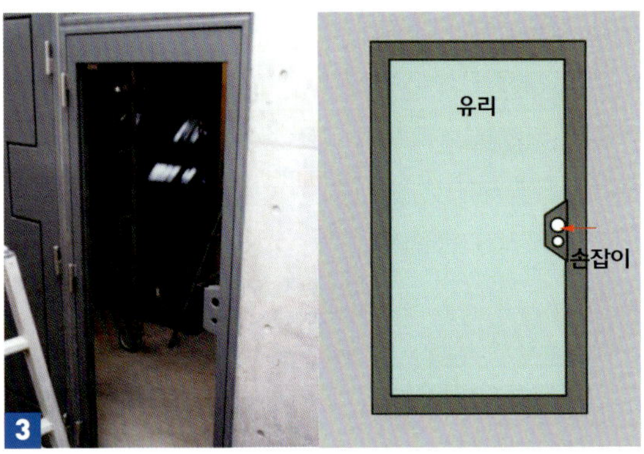

이러한 디자인으로 하면 손잡이 부분에 유리 결손부가 생기므로 유리가 깨지기 쉽다. 끼워넣기 방법의 검토가 필요하다.

바닥 단차부분의 구성을 검토하지 않고 제작해 버려 그것을 무리하게 설치한 것. 창호제작도면에는 문의 양측의 마감을 반드시 기입한다.

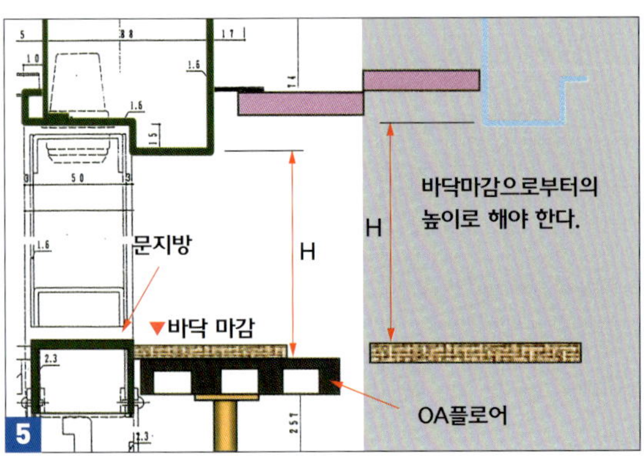

문의 높이 H를 바닥 마감이 아닌 OA플로어 위면으로 하여 문을 제작하였기 때문에 옆의 엘리베이터와 천장이 서로 맞지 않게 되었다.

방범 센서의 조합이 나쁘고, 문틀을 뚫고 설치하지 않아 배선이 문틀으로부터 나오게 되었다.

스틸도어

100 위험한 문

증축용이나 기기의 반출입용으로 외벽에 문을 설치하는 일이 있으나 장래 그 부분으로부터 누군가가 부주의하게 추락할 우려가 있다. 최악의 경우를 생각해 문의 설계가 필요하다. 또한, 그림 4와 같은 문의 강풍대책은 준공 후에 곧잘 크레임이 생기는 문제이므로 어느 정도 예측을 해놔야 한다.

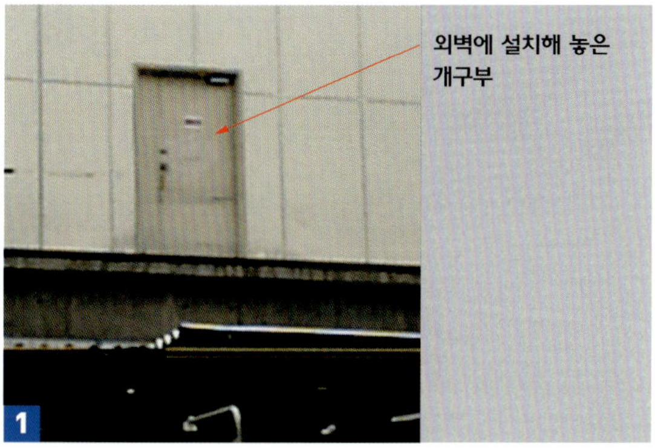

1 내부의 바닥이 이어져 있다고 생각해 부주의하게 문을 여는 경우 추락해 버린다.

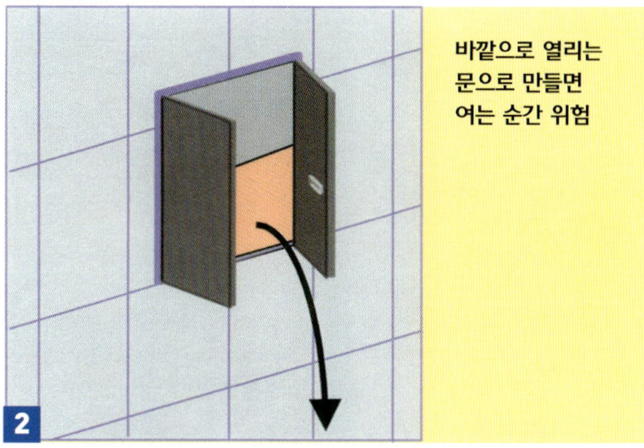

2 위의 그림과 같이 바깥으로 열리는 경우에 그 위험성은 더욱 높아진다.

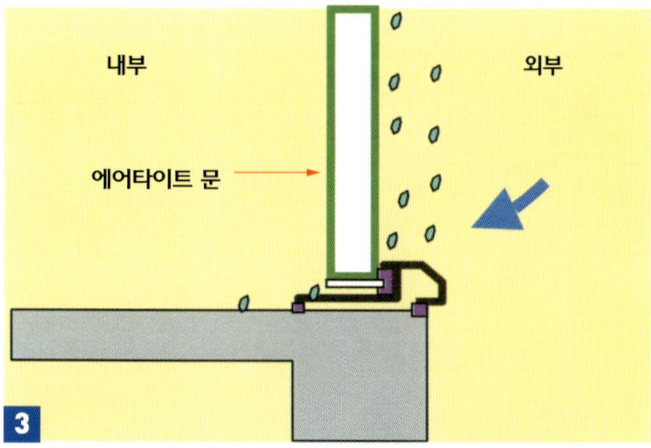

3 안쪽으로 여는 문으로 할 경우의 문제는 우수의 침입이다. 에어 타이트 문으로 하여도 위의 그림과 같이 막아 낼 수 없다. 내부에 배수를 설치하거나 바깥으로 발코니를 만드는 방법도 있다.

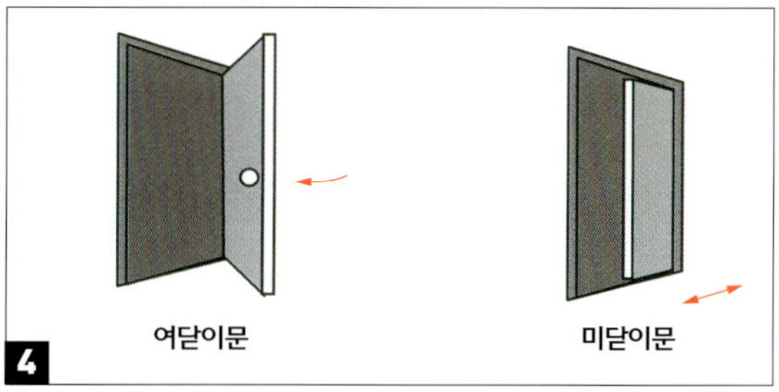

4 건물풍이 있는 부분에 통용구가 있는 경우 풍압으로 문의 개폐가 되지 않는 경우가 있다. 또한, 닫으려고 하였을 때 도어첵크의 힘으로는 막을 수 없을 정도의 힘으로 닫혀 손가락을 끼는 경우가 있다. 이러한 경우는 문을 미닫이문으로 바꿈으로서 강풍의 영향이 완화가능하다. 또한, 이러한 경우 문의 면적을 작게 하지 않으면 안 된다.

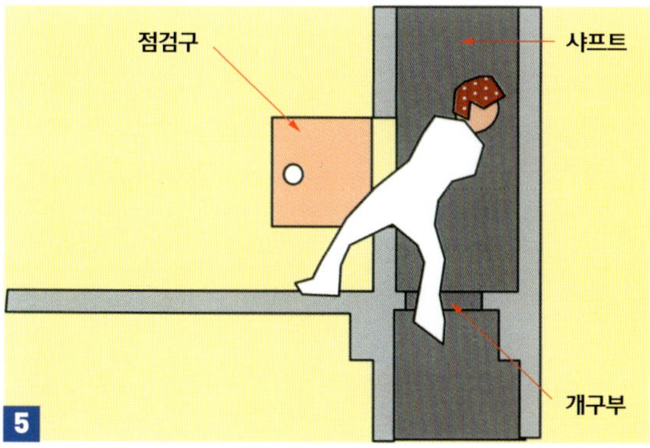

5 샤프트 속에 바닥개구부가 있는 점검구는 위험하다. 속이 어둡기 때문에 유지보수시 전문가도 떨어지는 경우가 있다.

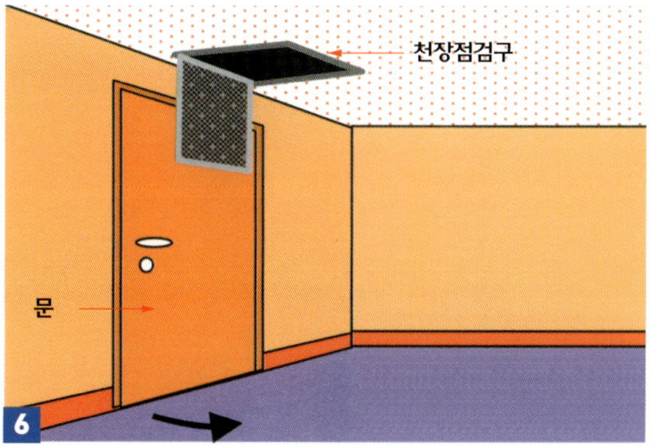

6 위의 그림과 같은 문과 천장점검구의 배치라면 문을 열었을 때에 사다리를 세우고 작업하고 있는 경우 부딪쳐 넘어질 우려가 있다.

스틸도어

101 문틀의 새시앵커 위치 불량

문틀의 용접용 앵커의 위치가 나빠 문틀본체에 용접을 해버려 금속부에 불량이 발생한다든지, 방청도장이 벗겨져 말끔한 마감이 되지 않는 경우가 있다. 문의 발주가 늦어져 구조체공사가 먼저 실시된 경우 새시 앵커위치의 결정을 제대로 하는 것이 필요하다.

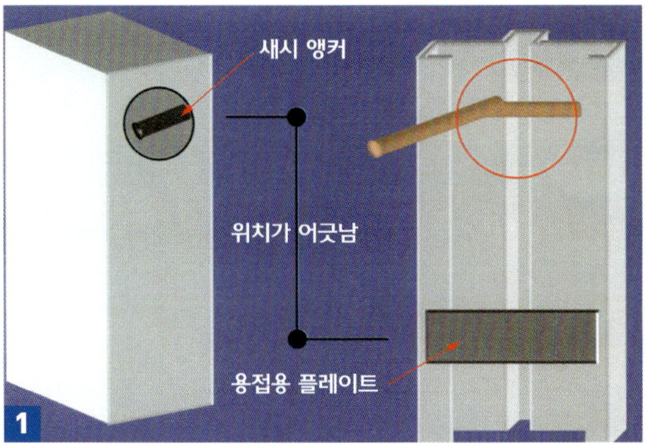

1 구조체 벽에 설치한 새시 앵커와 문틀의 용접용 플레이트의 위치가 맞지 않아 문틀 본체에 용접하는 일이 있다.

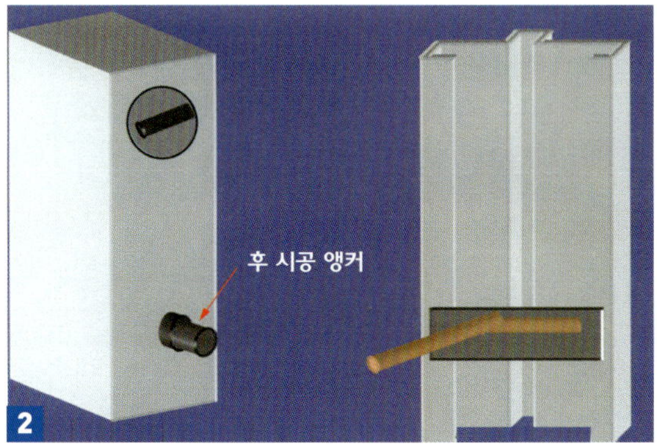

2 문틀의 용접용 플레이트 위치에 후시공 용접 앵커를 설치하고 있다. 추가적인 비용의 낭비이다.

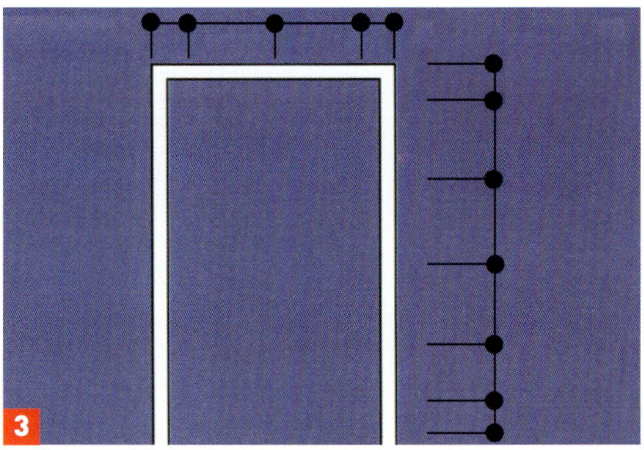

3 콘크리트 구조체의 경우, 문의 도면이 없어도 시공이 가능하도록 확실히 새시 앵커의 설치 방침을 결정해 놓으면 좋다.

4 틀 하부는 피봇힌지가 있기 때문에 휨을 방지하기 위한 틀의 양측을 충분히 고정한다. 이것을 태만히 하면 사용하면서 바로 클레임이 발생한다.

5 문틀 본체에 용접하고 있다. 용접열의 영향이 마감재 본체에 미쳐서는 안 된다.

스틸도어

102 키플랜의 전략 부족에 의한 실패

전기실이나 엘리베이터 기계실 등의 공간은 운영 개시 후에 바로 잠그지 않으면 안 되나 그 시점에서 잠금장치가 현장에 있지 않아 다른 잠금장치를 사야 하는 불필요한 비용을 들이는 경우가 많다. 또한 잠금장치의 마스터그룹의 발주오류나 설치오류에 의해 준공 직전의 바쁠 때에 잠금장치 교체로 시간을 소비하는 경우도 있다. 많은 현장에서 아직도 발생하고 있는 이러한 실패는 제대로 된 전략을 세우는 것으로 해결이 가능하므로 그 노력을 대폭 줄일 수 있다.

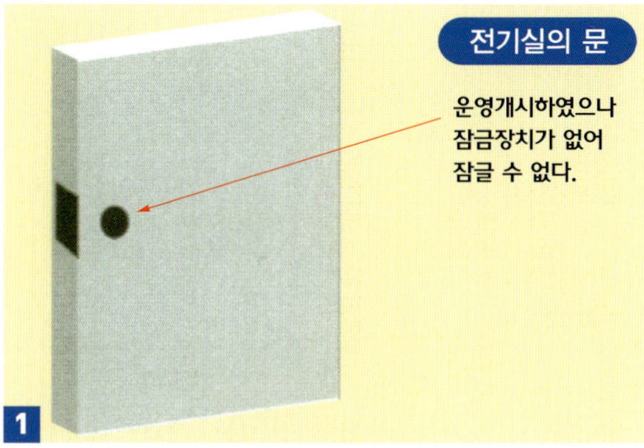

운영 개시 시에 잠금장치를 설치한다는 인식이 없기 때문에 불필요한 비용이 소요되었다. 미리 수배를 해놓아야 한다.

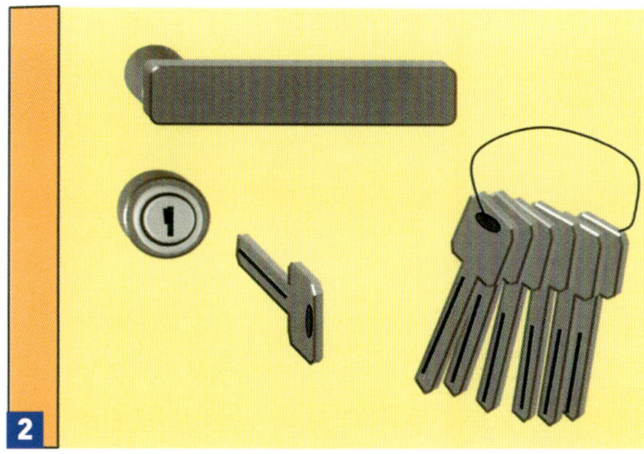

모든 잠금장치에 대해 마스터키 및 그 마스터 그룹으로 열어보고 틀림이 없는지 확인하는 작업은 많은 노력을 필요로 한다. 그 중에 맞지 않는 열쇠가 나오면 혼란이 가중된다.

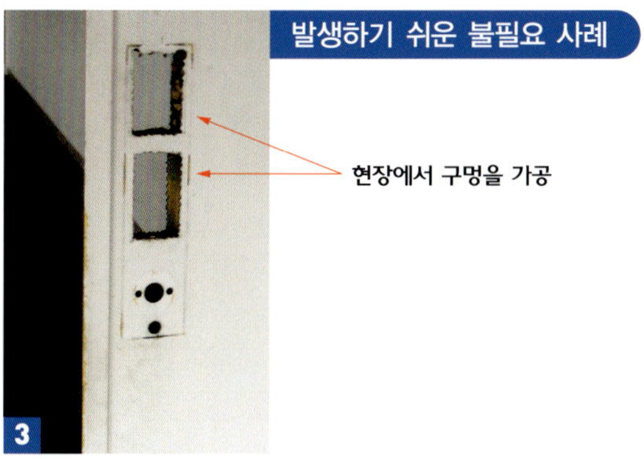

시트훅으로 2장의 메쉬시트의 구멍을 통해 와이어에 매달아 고정한 곳. 2장의 시트를 쌓아놓은 부분이 유효하게 작용됨을 알 수 있다.

잠금장치를 발주하는 측이 강력한 리더십을 취할 필요가 있다. 먼저 이른 단계에서 그 건물의 보안을 어떻게 할 것인지에 대한 방침을 결정하지 않으면 안 된다. 이것은 발주자의 일이므로 필요하지 않다면 자료를 제공하고 후에 변경이 없도록 바른 판단을 이끌어 내야 한다. 다음으로 그 보안방침에 따른 키플랜을 작성하여 승인을 받는다. 열쇠 메이커 선정을 실시하고 키플랜의 작성에 회사의 도움을 받으면 일이 쉬워진다. 창호 발주시에 창호채로 열쇠 번호를 지정하는 것이 재치이다. 예를 들어 SD1이 MK1그룹(QH12685~12696)이라면 그 중의 QH12685로 결정하여 그 키가 반입되었다면 틀림없이 SD1에 QH12685의 열쇠를 설치하는 방법이다.

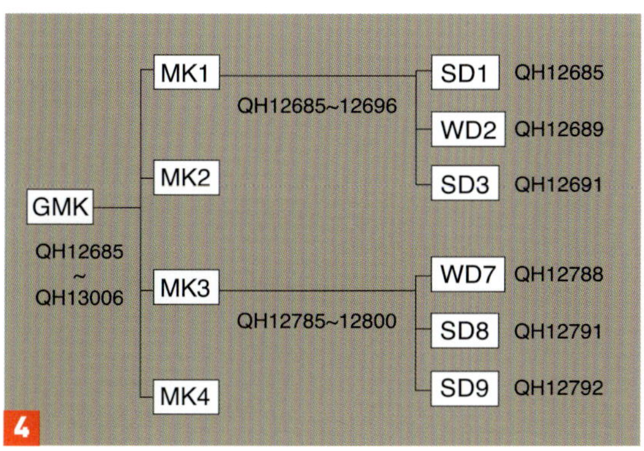

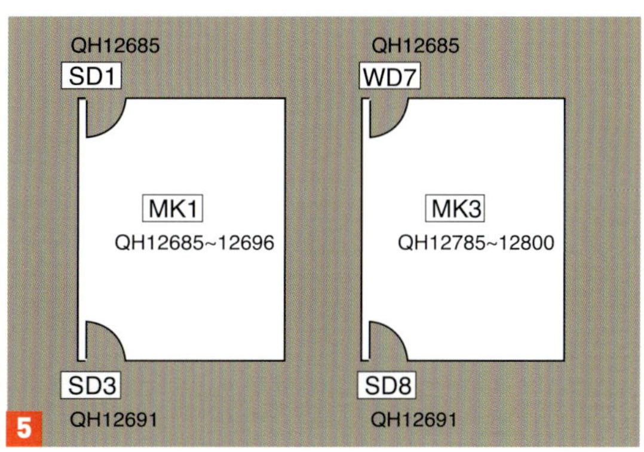

이른 단계에서 마스터키의 그룹번호(위 그림에서는 MK1이라면 QH12685~12696)을 입수하여 각 창호에 대해 그룹별로 나누어 놓는다. 이 단계에서 준공 인도시에 필요한 키 리스트와 키 박스가 작성되므로 여유를 가지고 일을 할 수 있다. 이 마스터키의 그룹번호는 매우 신뢰성이 높아 창호에 올바른 번호만 써져 있다면 그랜드마스터키나 마스터키가 맞지 않는 예는 없다.

새시

103 욕실 새시 선택의 실패 외

욕실의 새시는 세세한 배려가 필요하다. 사진 1과 같은 미닫이 새시를 설치하였기 때문에 [외부에서의 시선이 신경 쓰인다. 환기도 안 된다.]라는 불만이 발생하였다. 설계 시 또는 시공도면을 그릴 때 그것을 사용하는 사람의 입장에서 생각하는 배려가 누락된 사례이다.

1

욕실은 미끄럼방지를 위해 환기가 중요하다. 하지만 이 미닫이 창으로는 환기를 하면서 문을 잠글 수 없다. 또한 이렇게 새시의 면적이 크면 외부로부터의 시선이 신경 쓰이게 된다.

2

유리 루바식 새시를 설치한 것. 유리 루바의 각도를 바꿈에 따라 외기로의 개방량을 조정 가능하므로 욕실의 새시로서는 적합하다.

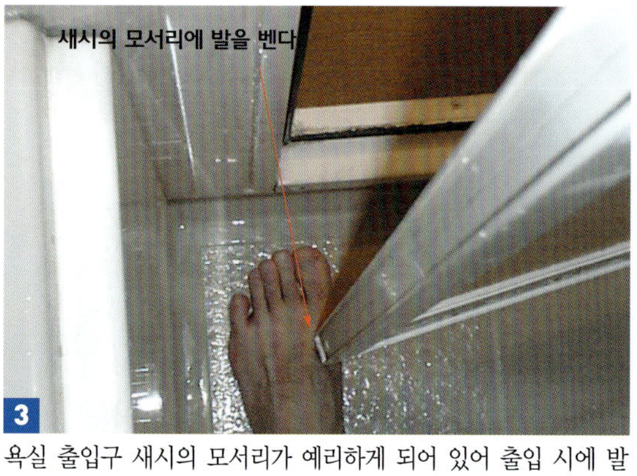

3

욕실 출입구 새시의 모서리가 예리하게 되어 있어 출입 시에 발을 베게 되는 경우가 발생하였다. 최근의 조립식 욕실은 그 점이 고려되도록 되어 있으나 욕실을 독자적으로 설계하는 경우에는 간과하기 쉬우므로 주의해야 한다.

4

고층맨션의 싱크대의 전면에 미닫이창을 설치하고 있다. 이 선반 위는 세제 등을 놓는 장소가 되어 창문이 열려있을 때 떨어질 우려가 있다. 낙하방지의 배려가 필요하다.

104 준공 후 건물에서 한겨울에 커다란 소음 발생

4월에 준공한 건물이 12월 중순에 남측 방에서 [쾅!]하는 커다란 소음이 발생하여 클레임이 발생하였다. 조사를 개시한 결과 맑은 날 정오에서 오후 4시 반경에 소음 발생이 가장 심하고 소음이 발생하는 장소는 사진 1과 같이 내측에 장자(障子: 일본식 창)를 설치한 방이었다. 소음은 천장방향에서 울리고 있었다.

1

천장에서 바닥까지 유리로 된 커튼월 내부에 장자가 설치되어 있다. 날씨가 좋은 날에만 소음이 발생하기 때문에 음의 발생은 온도차에 의한 것으로 추정되었다.

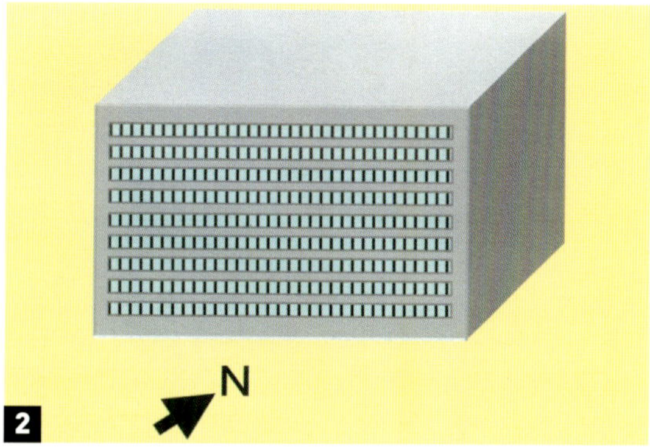

2

건물이 남향이므로 받아들이는 열량이 크다. 천장 안쪽에 들어가 음의 발생위치를 찾았다. [쾅!]하는 음향이 천장전체에 울렸으나 위치를 찾을 수는 없었다.

3

각부재의 시간당 온도를 측정한 결과 세로틀이 최고 45℃, 최저5℃로 가장 온도차가 컸다. 이것에 의해 세로틀 상부의 화스너가 원인이라 추정되었다. 2.7m의 세로틀이 40℃의 온도차로 2.9㎜ 신축한다.

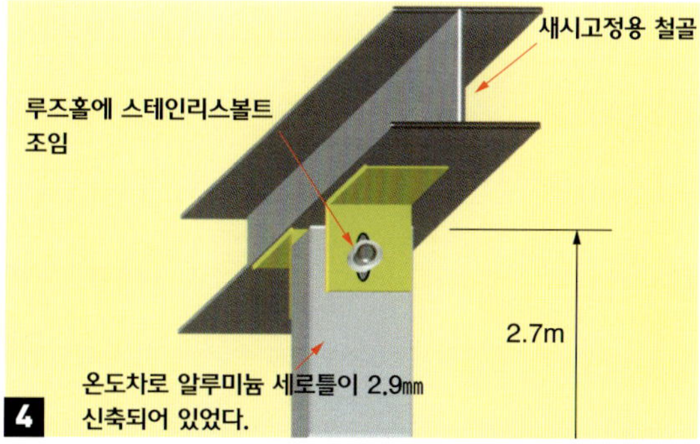

4

세로틀은 상부 철골에 스테인리스볼트로 고정되어 있으나 신축력이 볼트의 조임력을 넘어설 때 한 번에 에너지가 방출되기 때문에 새시고정용 철골이 진동하여 커다란 소음이 발생하였다.

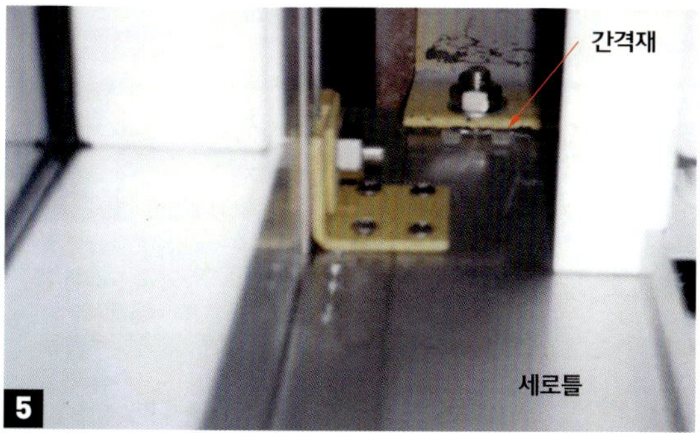

5

사진과 같이 볼트체결 부위에 간격재를 넣음으로서 열에 의한 신축을 막아 소음이 발생하는 것을 막을 수 있었다. 루즈홀은 열팽창을 생각한 계획이었으나 볼트는 이를 수용할 수 없었다. 간격재는 처음부터 넣었어야 했다.

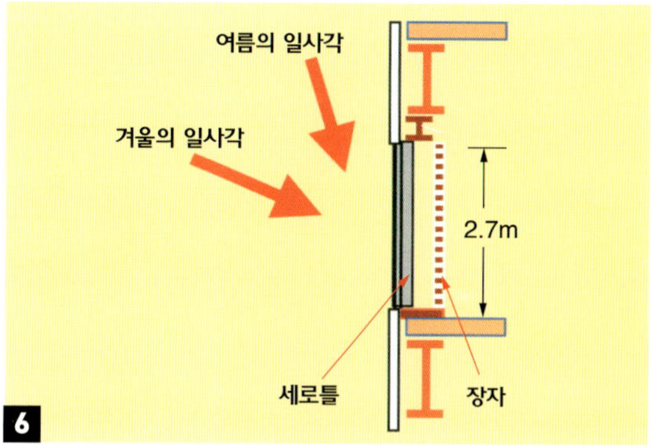

6

남향 건물의 벽면에 닿는 햇빛은 위의 그림과 같이 겨울이 강하다. 또한 일몰시의 기온저하 속도는 매우 빠르다.

새시

105 미닫이 새시의 낙하

위험방지를 위해 설치한 멈침장치가 오히려 위험을 유발시키는 경우가 있다. 새시는 잠겨있으면 강풍에도 견딜 수 있으나 개폐 시에 사고가 발생하는 경우가 있다. 새시의 안정된 형상을 먼저 생각하지 않으면 안 된다. 또한, 배연창으로서 사용되는 경우는 개방제한이 불가능하므로 주의가 필요하다.

사진 1과 같은 미닫이 새시에 추락방지를 위해 20㎝ 이상 열리지 않도록 하부에 멈춤장치를 설치하였다. 이 새시를 힘껏 당긴 상황에서 2와 같이 새시가 기울어져 반 정도 위의 레일에서 벗어나 그것을 되돌리려한 순간 떨어져버렸다. 가늘고 긴 형상의 새시이기 때문에 평행사변형으로 변형되어 의외의 휨이 발생하여 상부레일로부터 벗어나는 것이 원인이었다. 보는 것만으로는 새시의 끼워 넣기가 편한 것이 이러한 경우에는 주의가 필요하다. 이것은 위아래에 멈침장치를 설치하는 것이 회전을 막을 수 있다.

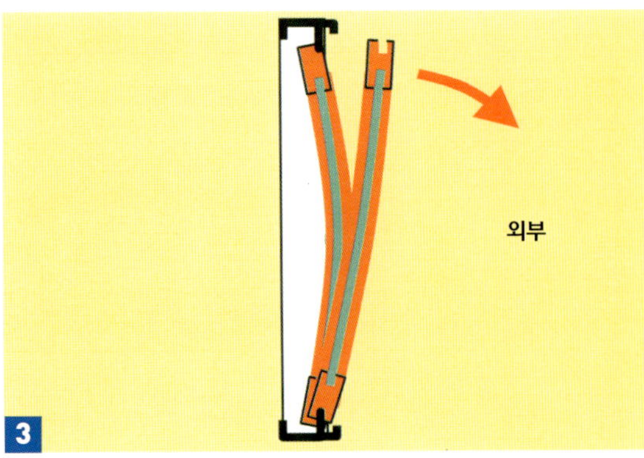

바깥쪽으로 휨이 발생하여 떨어지게 되는 모습

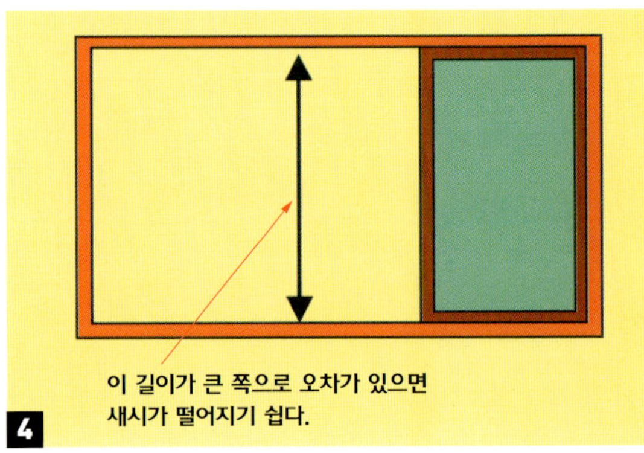

낙하방지를 위해 또 하나 중요한 것이 있다. 그것은 새시틀의 설치 정밀도의 관리이다.

새시

106 강풍에 의한 외부 새시의 낙하

유리를 청소하려고 틸팅창을 열었을 때, 돌풍에 의한 풍압이 창문에 작용하여 격렬한 위세로 회전하였다. 그런 움직임으로 인해 창문의 축이 부서져 창문이 떨어졌다. 창문을 열 때 까지 바람의 세기를 실감하지 못했던 것과 열었을 때에 정지시킬 만한 것이 없었던 데에서 이러한 사고가 발생하였다.

틸팅창을 열 때에는 창의 양단의 핸들에 힘을 주어 회전시키듯이 연다.

여는 상황에서 돌풍이 불면, 그대로 가속도가 붙어 회전하여 그림과 같이 떨어져 버린다.

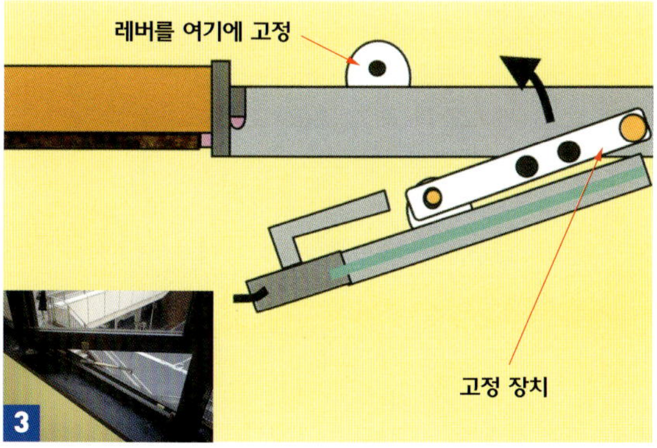

고정 장치는 창문을 열어서 손으로 45°와 90° 고정하는 구조였다.

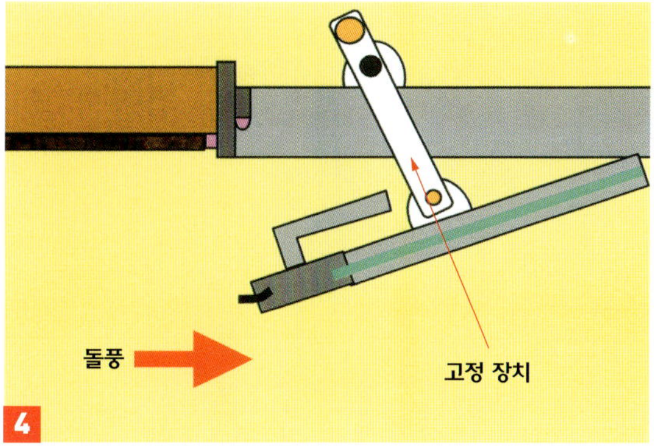

창문을 열었을 때, 15° 정도에서 브레이크가 걸리는 구조로 해야 겠다.

이것은 와이어 개폐식 시스템창을 환기용으로 열어놓고 있다. 불어 올라오는 돌풍의 경우를 생각하면 열리는 정도에 있어서 불안정해 보인다.

바람에 대해서 이러한 형태가 안정성이 있다. 외부에 설치하는 새시는 강풍의 경우를 고려한 형상으로 하지 않으면 안 된다.

새시

107 태풍에 의해 돔지붕이 떨어짐

그다지 일반적이지 않은 새시 구성의 경우는 대형태풍 등에 대비하고 있지 않는 경우가 있다. 강약이 있는 반복적인 형태의 태풍의 힘은 커다란 반동을 발생시키는 것을 인식하지 않으면 안 된다.

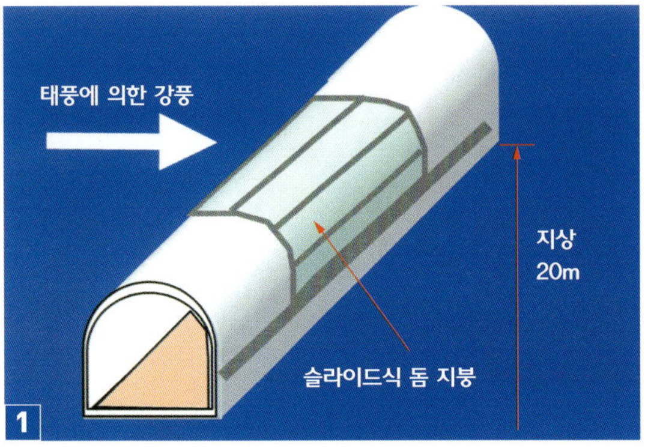

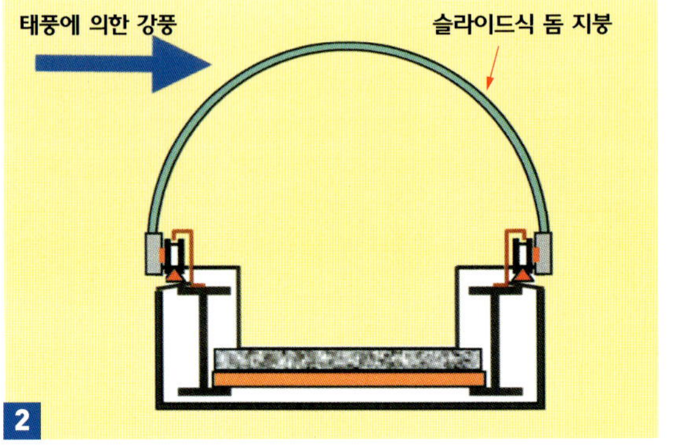

위의 그림과 같은 지상 20m 높이에 있는 구름다리 복도 중간부분에 있는 슬라이드식 배연창이 풍속 50m 정도의 태풍 시 강풍에 의해 떨어질 지경에 이르렀다.

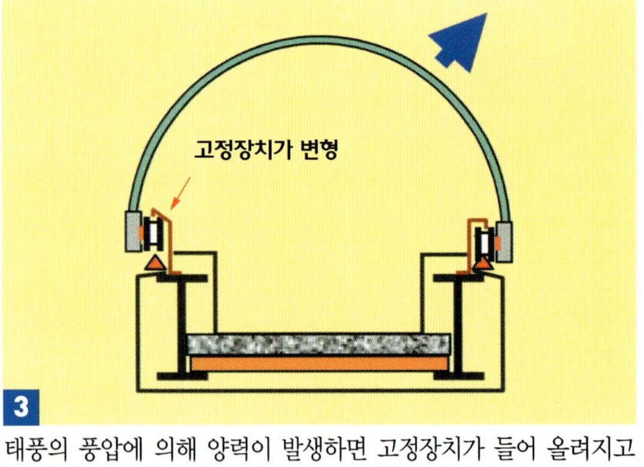

태풍의 풍압에 의해 양력이 발생하면 고정장치가 들어 올려지고 돔이 떨어져, 양력이 적어졌을 때는 레일로부터 벗겨져 버릴 지경에 이르렀다.

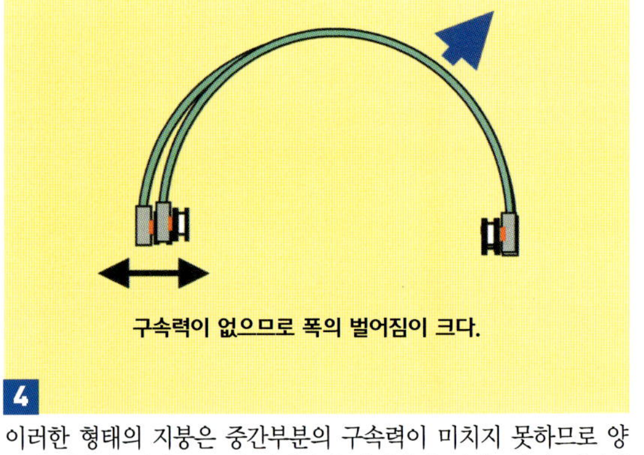

이러한 형태의 지붕은 중간부분의 구속력이 미치지 못하므로 양력이 작용할 때에는 폭의 벌어짐이 발생하여 레일로부터 벗겨지기 쉬워진다.

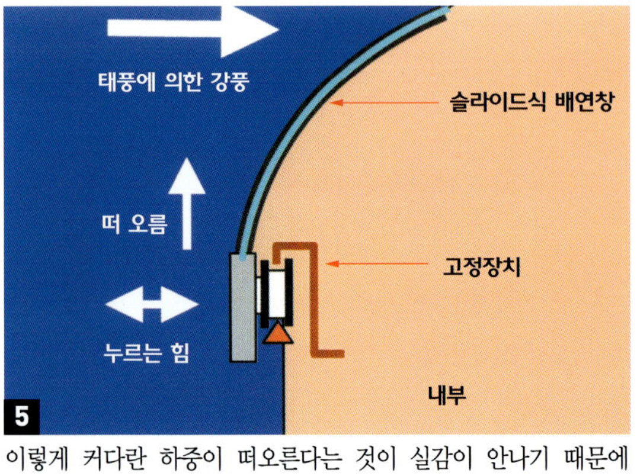

이렇게 커다란 하중이 떠오른다는 것이 실감이 안나기 때문에 간단한 고정장치를 계획할 우려가 있다. 충분히 주의해야겠다.

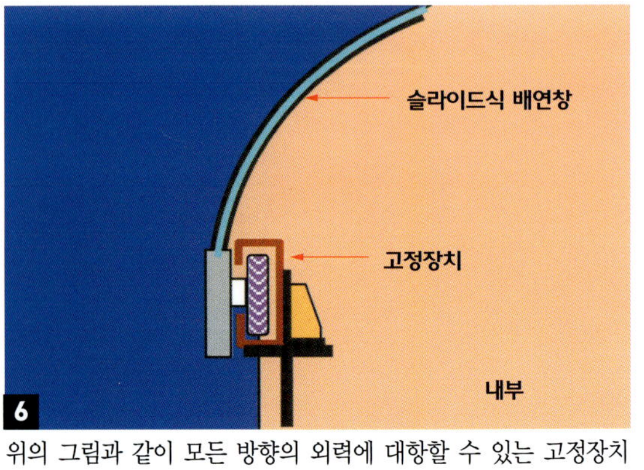

위의 그림과 같이 모든 방향의 외력에 대항할 수 있는 고정장치 시스템이 필요하다.

새시

108 새시와 커튼 상세계획의 실패

방은 커튼의 설치법에 의해 크게 이미지가 변하지만, 새시나 보와의 관계 검토시에는 커튼을 그다지 생각하지 않는다. 미리 결정하지 않으면 깔끔한 구성이 되지 않는 것을 사례를 들어 설명한다.

호텔의 객실이나 커튼의 앞 장식의 단이 너무 짧다. 새시가 틸팅창이기 때문에 길게 하면 새시를 열었을 때에 끼어버린다.

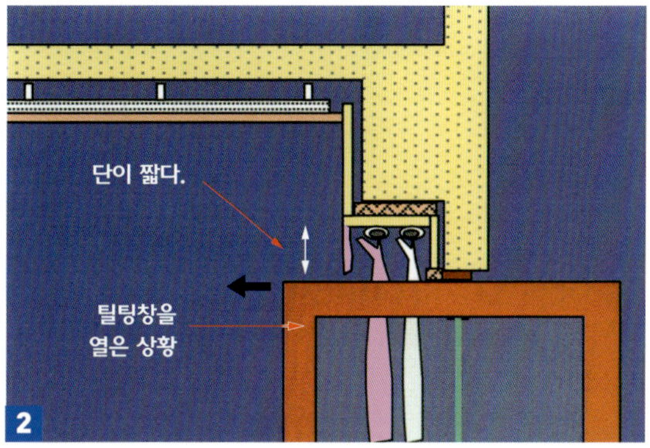

위의 그림과 같은 구성이었다.

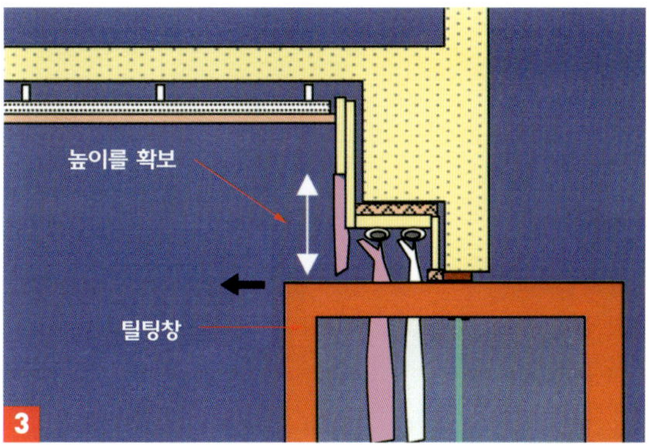

보 중간에 마감보드로 단차를 만들어 앞 장식의 길이를 확보하도록 하면 디자인적으로 좋아진다.

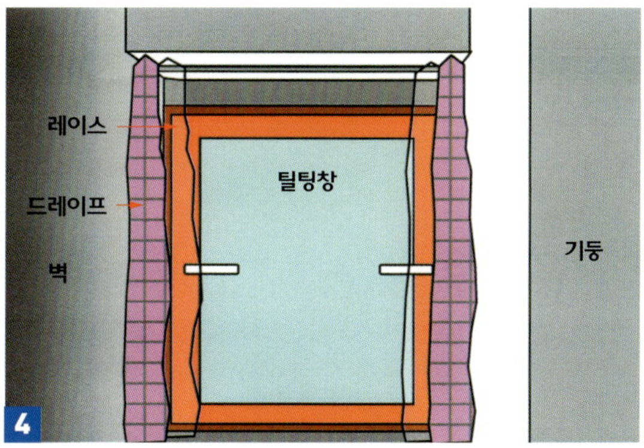

위의 그림과 같은 새시의 양사이드의 작은 벽이 없는 방은 새시의 개폐 때마다 커튼에 걸려 찢어지기 쉽다.

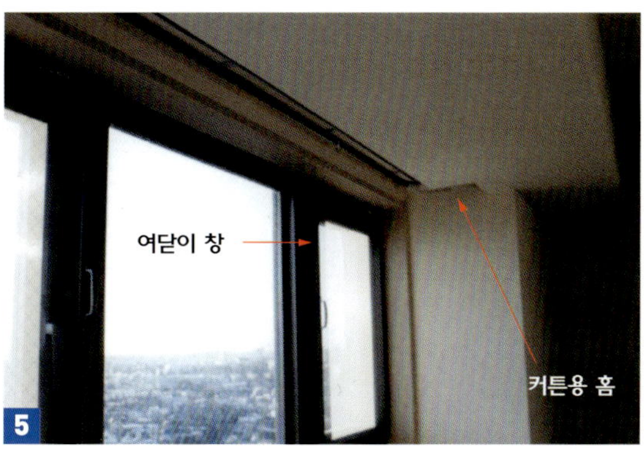

이것은 새시의 한쪽 사이드에 커튼을 모아놓을 수 있는 홈을 만들어 놓고 있으나 커튼이 장해가 되어 여닫이 창이 열리지 않는다.

새시의 양측에 작은 벽을 만들어 커튼을 모아 놓을 수 있는 공간을 확보한 깔끔한 구성. 보 아래의 마감으로 적은 단차를 설치하여 커튼박스 대신 사용하고 있다.

새시

109 새시 주변 콘크리트의 휨

새시 상부의 콘크리트의 측압에 의해 중앙부가 휘기 쉽다. 휨이 크면 새시의 설치가 불가능해 진다. 무리하게 새시를 설치하면 아래 1이나 5와 같이 된다. 공사의 최종시기에 망 창호를 설치하려고 할 때, 공간이 부족하여 설치할 수 없는 경우가 있으므로 여유가 필요하다.

새시 상부의 벽이 기울어져 내려와 창틀의 여유가 불균일해져 있다. 또한 그것을 가리기 위해 뿜칠도료를 새시에 칠해놓았다.

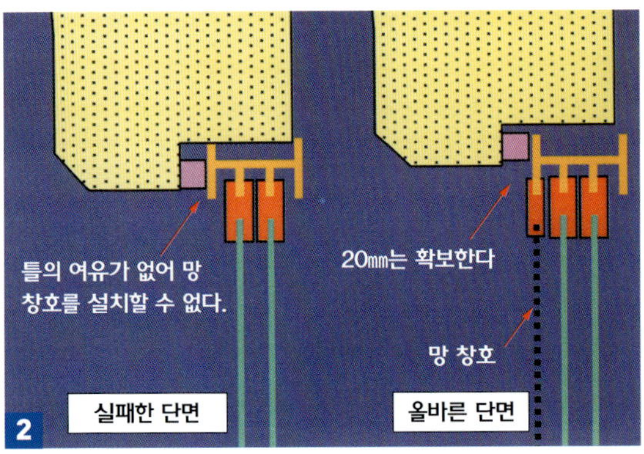

왼쪽이 실패한 단면으로 오른쪽과 같이 시공시점에서 20㎜로 설정해야 한다.

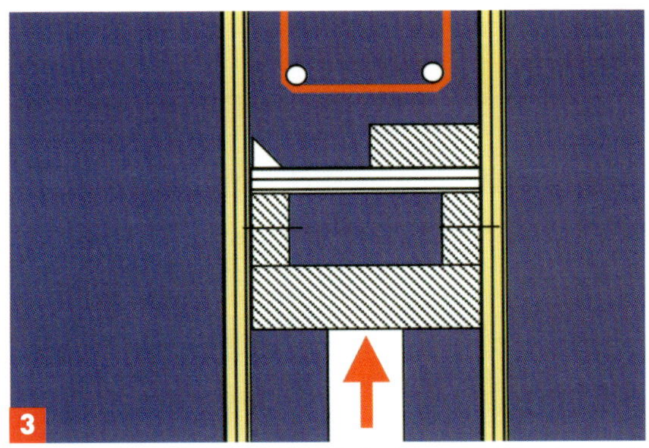

이 실패는 좌측에 기울어지게 쳐져 있으므로 외형틀에 표시한 먹줄의 오류이거나 개구부형틀의 제작오류이다.

벽두께가 두껍고 개구부폭이 큰 경우, 위의 사진과 같이 휘기 쉽다.

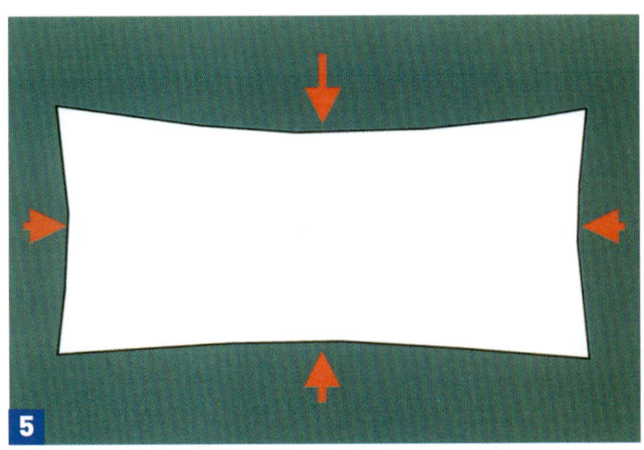

커다란 창호개구부는 콘크리트 측압으로 위의 그림과 같이 휘기 쉬워 처리 작업이 소요되는 경우가 많으므로 확실한 개구부의 휨방지 보강이 필요하다.

새시

110 방화구획의 이격거리 부족

외벽부분에서 방화구획의 이격은 내부의 시선으로는 보이기 어렵기 때문에 사전에 어렵고 최종 검사에서 지적을 받아 재시공에 시간이 소요되므로 주의가 필요하다. 사진 5는 통기구의 이격부족의 실패사례이다.

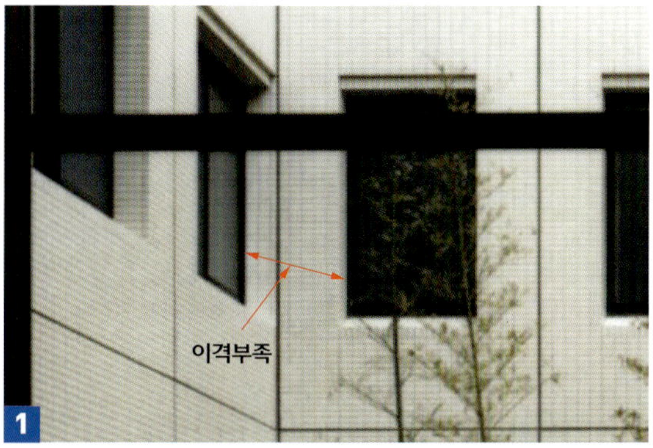

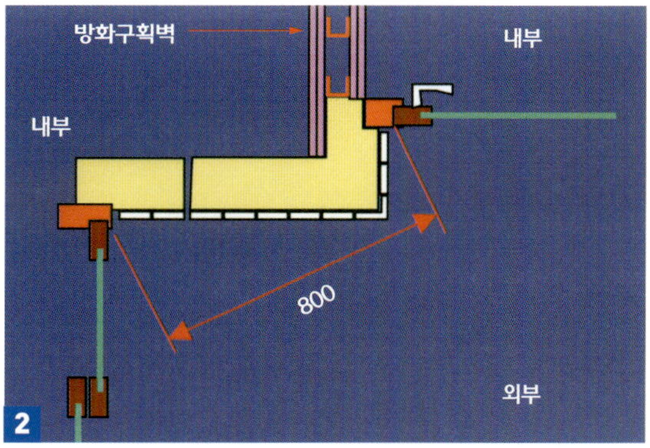

어느 건물 중정에 들어간 모서리부분의 내부에 방화구획벽이 있었으나, 각각의 방화구획간의 이격길이가 900㎜이상 필요한 경우, 2와 같이 800㎜밖에 없었다.

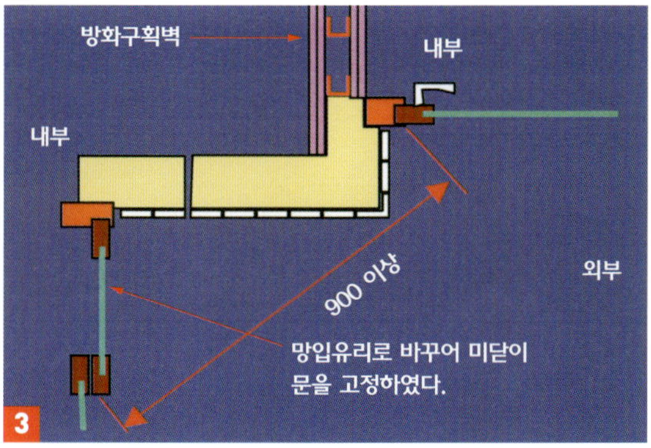

양쪽으로 열리는 창의 한쪽 면에 유리를 망입으로 교체하여 문이 열리지 않도록 고정하고 외부 측의 연소방지를 위한 이격길이를 확보하였다.

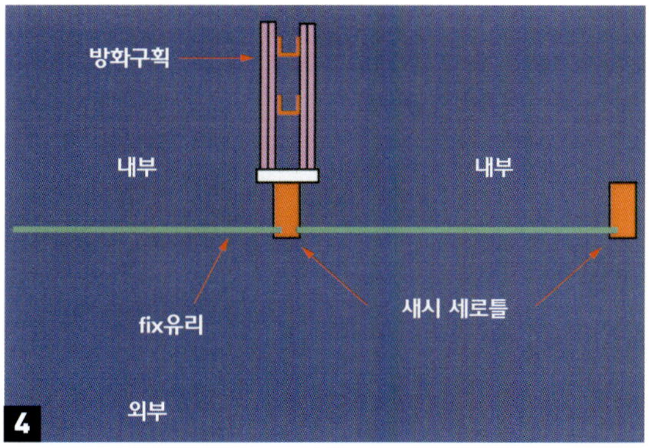

위와 같이 창의 세로틀부분에서 방화구획을 형성할 때에는 유리를 망입으로 하지 않으면 안 되므로 주의가 필요하다.

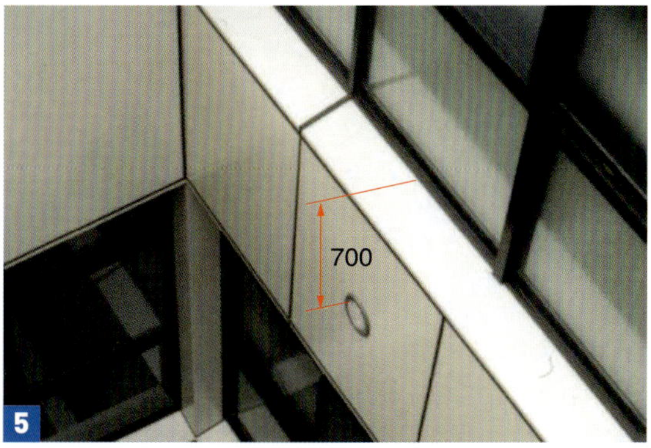

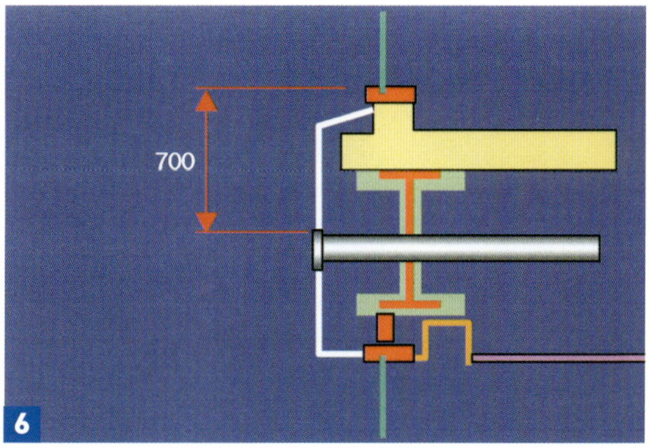

통기구가 외부로 나와 있으나 층간구획의 이격길이 900㎜가 확보되지 않았기 때문에 후에 방화댐퍼 설치를 하지 않으면 안 되었다. 건축과 설비의 조합 조정 시에 확인을 잊기 쉬운 부분이므로 신경을 쓰지 않으면 안 된다.

새시

111 층간구획 백패널 부분의 실패

유리를 전면에 설치하는 커튼월의 경우, 각 층간의 유리 안쪽면에 층간구획을 위한 백패널을 설치하지 않으면 안 되나 이 부분에 문제가 발생하여 재시공에 많은 시간이 소요되는 경우가 있다. 사례를 들어 설명해 보겠다.

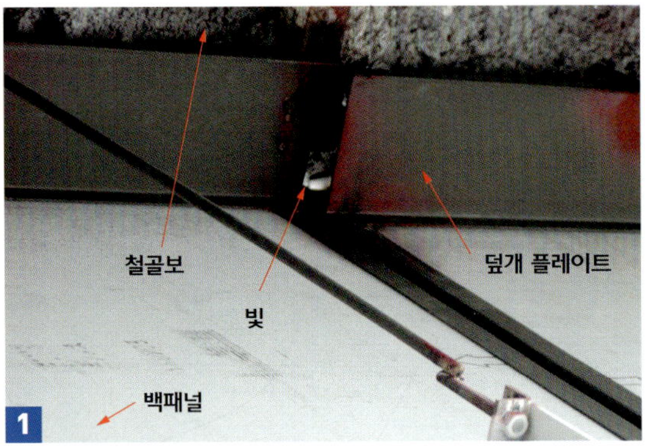

백패널과 철골보 사이에 달려있는 덮개 플레이트가 벗겨져 외부에서의 빛이 보인다.

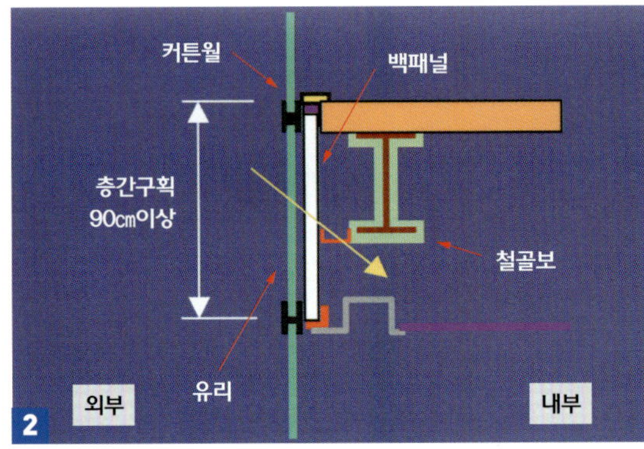

덮개 플레이트는 세로틀부분의 백패널 부착 불량을 커버하기 위해 설치해 놓았다.

백패널부분의 또하나의 실패는 커튼월의 층간구획부분의 내화백패널과 새시 사이에 쓰레기가 떨어지기 쉬운 것이다.

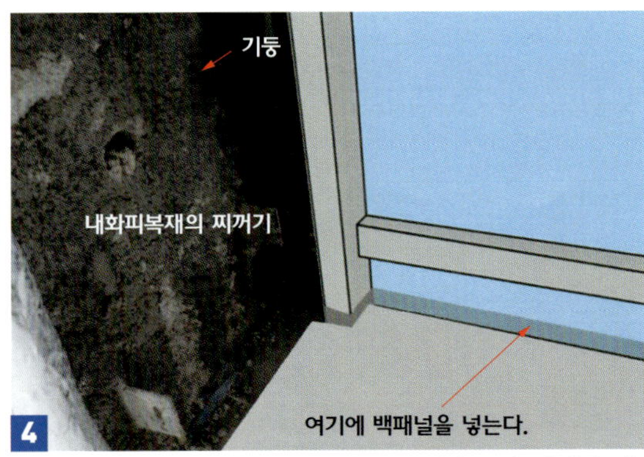

철골기둥의 내화피복재가 슬래브의 단부에서 유리 사이에 떨어지기 쉽다.

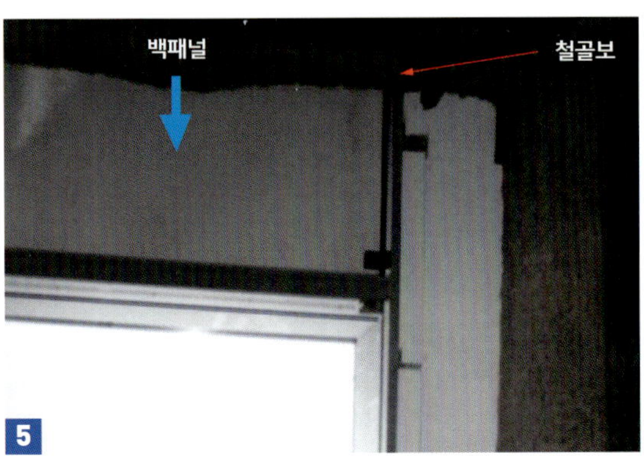

안쪽의 유리 클리닝 후에 백패널을 보 사이에 끼워 넣는다.

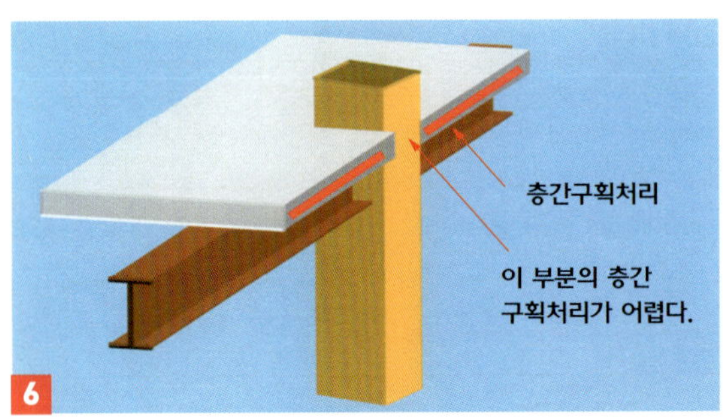

일반적인 커튼월의 경우 기둥에서 떨어진 위치에 외벽면이 있는 경우가 많아 모두 일률적인 단면으로 처리가능하다. 하지만 사진 5와 같은 형태로 기둥의 횡방향으로 설치되는 경우는 기둥부분의 층간구획을 실시할 때 손이 들어가기 어려워 제대로된 시공순서를 생각해 놓지 않으면 안 된다.

새시

112 층간구획 백패널 부분의 시공순서 예

커튼월의 층간구획을 위해 유리의 안쪽면에 백패널을 넣지만 그 경우에 문제가 발생하기 쉽다. 완전무발판공법으로 시공할 때에는 유리 · 백패널 모두를 조립한 유닛으로 설치하는 방법도 있다.

※알기 쉽도록 상부의 중간틀은 생략하였다.

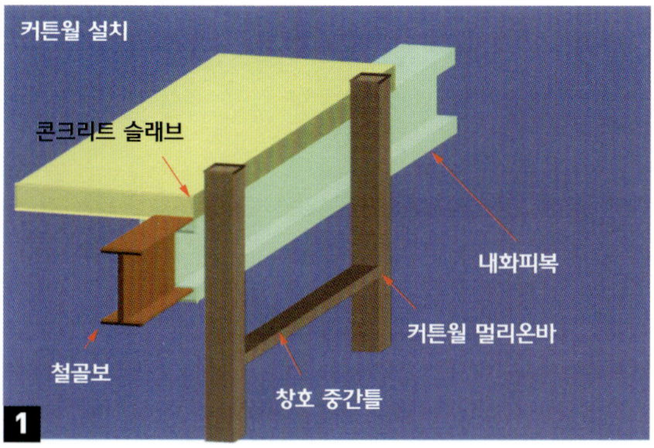

먼저, 보의 내화피복공사를 완료하고 커튼월 멀리온바의 설치를 실시한다.

보측의 유리실링이 불가능한 경우도 있으므로 보측의 유리 고정방법을 검토해 놓는다. 설계에서 망입유리로 되어 있는 경우도 있으므로 열에 의한 파손에도 주의한다.

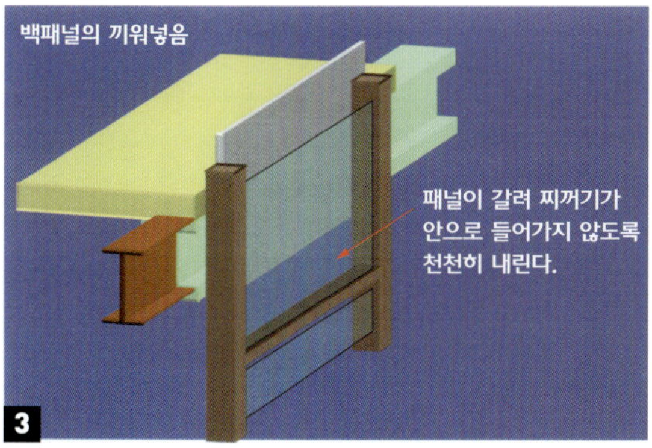

이때에 멀리온바의 화스너가 백패널을 넣는 작업에 장해가 될 경우가 있다. 화스너의 검토가 필요하다.

백패널을 넣은 후에는 안에 쓰레기나 먼지가 들어가지 않도록 바로 보드 위의 커버플레이트를 설치한다.

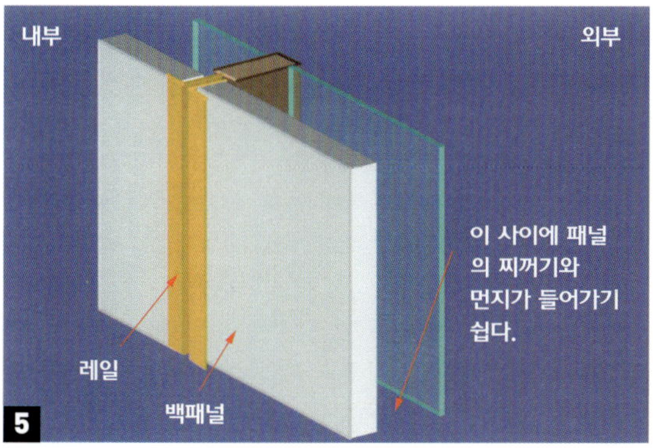

내부에서의 상황. 백패널의 색이 검은 색인 경우, 열의 영향을 받기 쉽다.

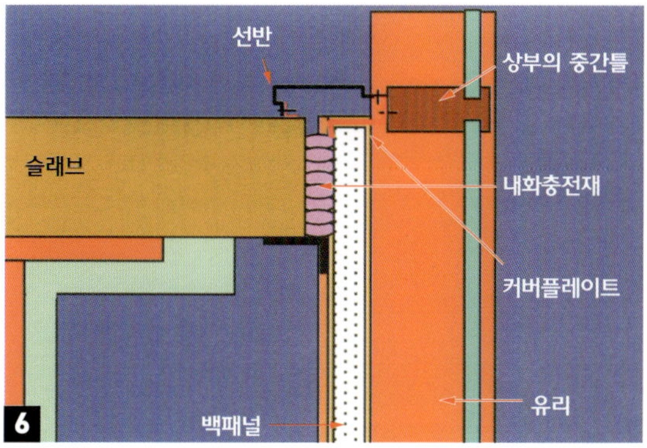

커버플레이트가 없는 경우, 위에서 내화피복재나 쓰레기가 들어가기 쉽다.

새시

113 배연창의 실패

관청검사에서 배연구획의 지적이 있는 경우, 내장재료의 변경이나 기계배연설비의 설치 등, 준공 직전의 재시공은 커다란 손실이 된다. 이러한 일이 없도록 사전에 냉정하게 도면을 확인해야 한다.

1 욕실의 창을 개방하면 방연면적이 확보되는 설계였으나, 욕조 바닥에서 크레센트까지의 높이가 1.5m를 넘었기 때문에 배연이 무효가 되어버렸다.

2 위와 같은 대욕조에 새시상부에 배연창을 설치한 경우, 욕조에 들어가지 않고 오퍼레이터를 조작가능하도록 고려하지 않으면 안 된다.

3 주방 내의 안쪽으로 열리는 배연창이지만 주방기기와 부딪치고 만다.

4 배연용 미닫이 창이 있는 주방의 창가에 폭이 넓은 조리대가 고정되어 있으면 창의 개방이 불가능한 경우가 있다.

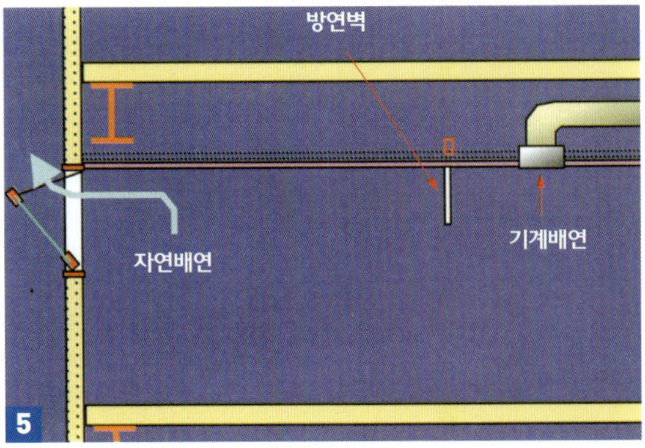

5 방의 면적이 변경되어 자연배연 면적이 부족하였기 때문에 부족분을 기계배연에 맡기려 하였으나 자연배연과 기계배연을 이러한 방식으로 공존시키는 것은 불가능하다. 전체를 기계배연으로 하든지 또는 방연구획벽이 필요하다.

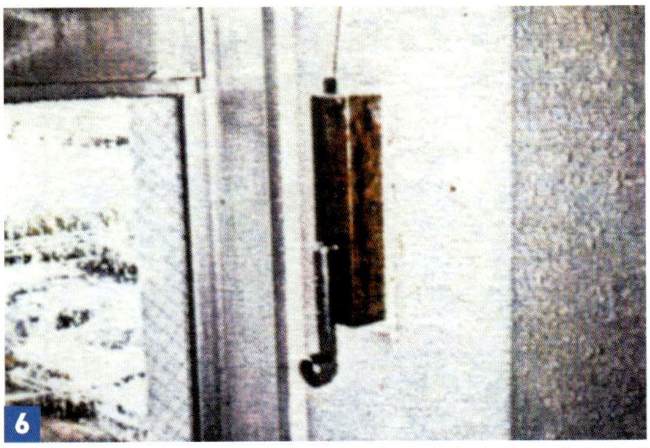

6 온수풀이 있는 방의 배연오퍼레이터가 사진과 같이 녹이 슬어버렸다. 장소를 생각하여 재질을 선정하지 않으면 안 된다.

셔터

114 셔터의 배치 실패

셔터배치에 대한 생각이 부족하여 건물을 사용하면서부터 유지보수에 많은 노력이 소요되는 경우가 있다. 사전에 주변 환경을 제대로 관찰하여 대책을 세워놓아야 한다.

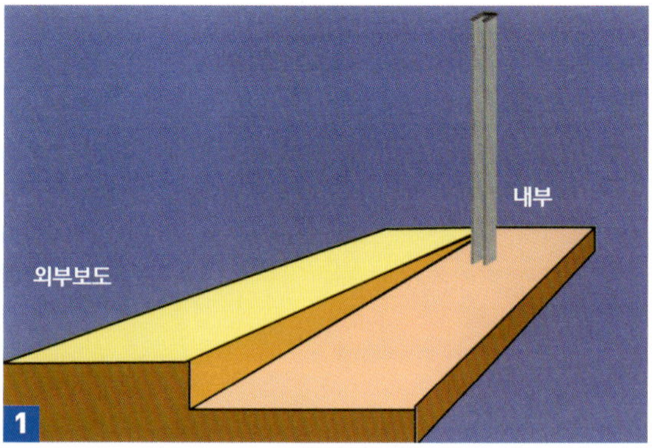

이렇게 입구부분이 경사지게 된 부분에 셔터를 설치하였다.

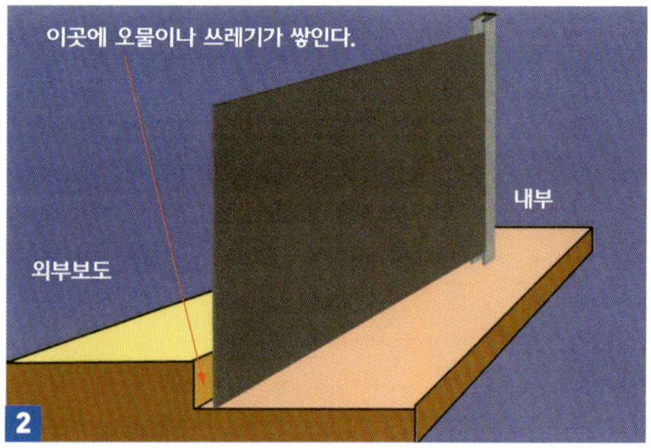

셔터를 내리면 셔터와 단 사이에 생기는 틈새에 쓰레기나 오물이 들어가 청소를 하면 내부에 오물이 흘러들어온다.

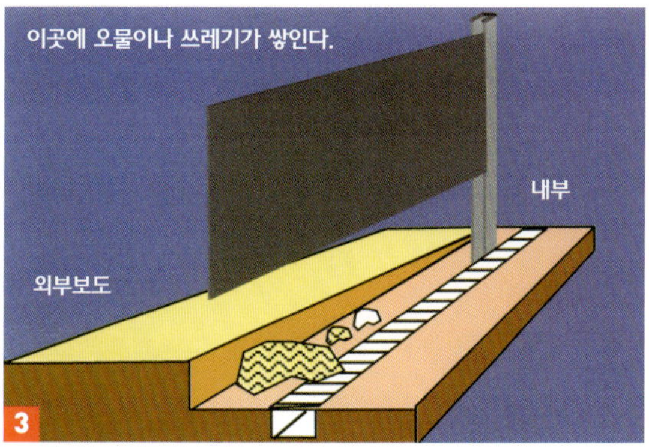

이러한 경우 내부에 배수구를 설치하는 편이 낫다.

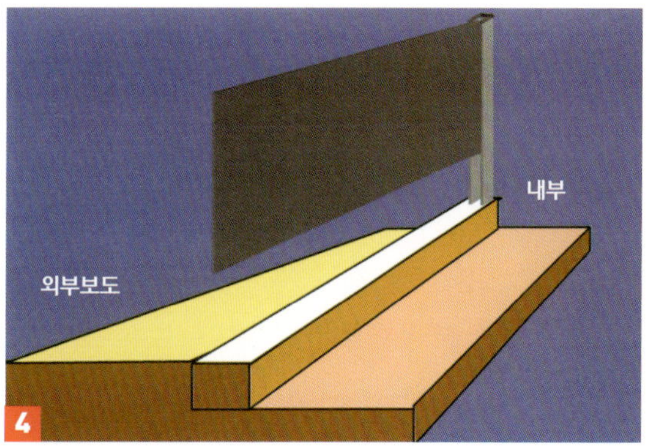

대지에 여유가 있는 경우는 셔터하부를 경사가 높은 쪽에 맞춰서 단을 설치하든가, 셔터슬랫을 경사지게 하는 경우도 있으나 어느쪽도 의장에 대한 고려가 필요하다.

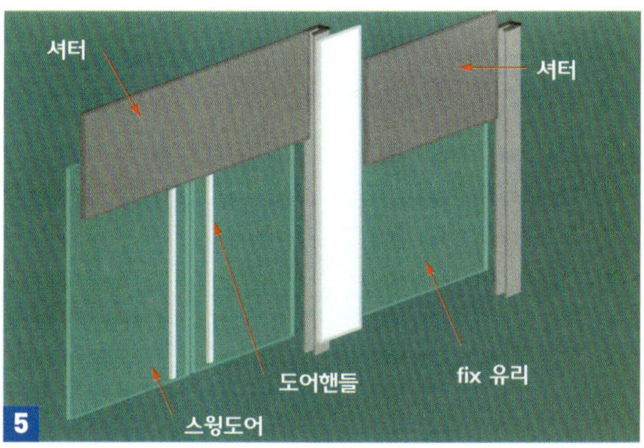

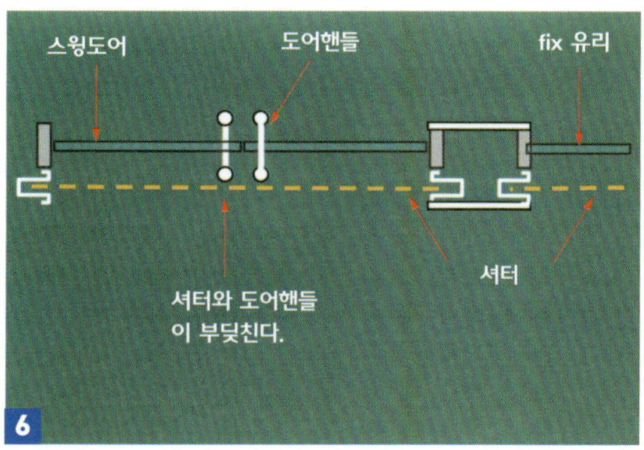

외부 글래스스크린과 셔터를 근접시킨 구성의 경우, 출입구의 스윙도어도 같은 형태로 배치를 하는 경우가 있다. 마지막에 도어핸들을 설치하여 셔터와 부딪치는 곤란한 경우가 발생한다. 또한 여유 없이 구성을 한 경우, 풍압으로 셔터가 눌려 도어핸들에 부딪히는 경우도 있으므로 주의해야 한다.

셔터

115 셔터레일의 실패

셔터레일의 바닥과 닿는 부분이 말끔히 구성되지 않아 검사에서 재시공을 하도록 하는 경우가 있다. 나중에 재시공하는 경우, 적지 않은 노력과 비용이 소요된다. 또한, 그림 3과 같은 레일부분의 내화구획면처리에 대해서도 현장에 맡겨두는 식이 아닌 제대로 계획을 해 놓아야 한다.

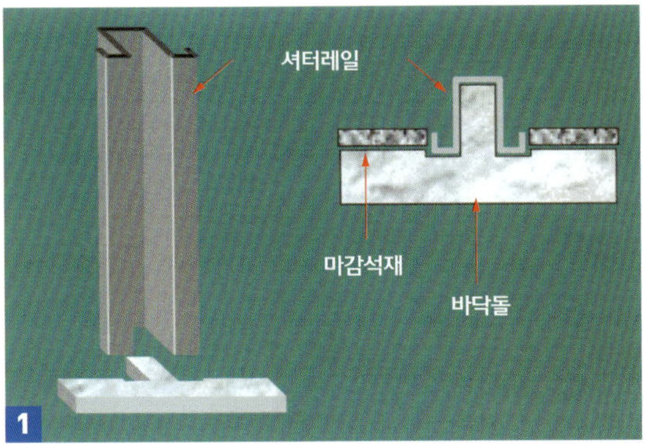

1 셔터레일의 안쪽부분까지 석재 등의 바닥마감재를 시공하려 하면 노력이 소요되면서도 말끔히 정리되기 힘들다. 채워 넣는 것이라도 바닥을 말끔히 균등하게 하는 것은 어렵다.

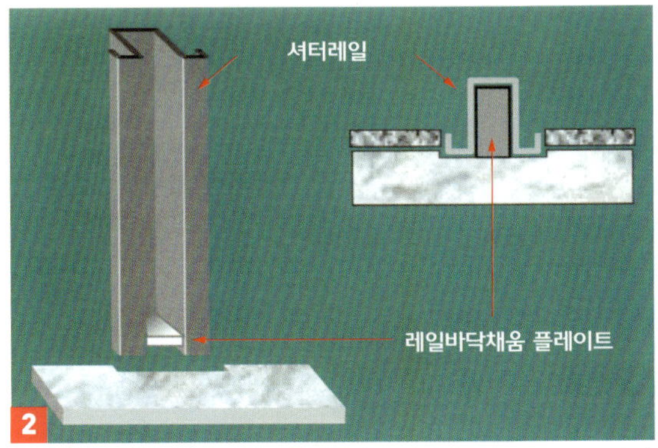

2 위의 그림과 같이 레일바닥채움 플레이트를 셔터공사에 준비하는 것으로 인해 말끔한 정리가 가능하다.

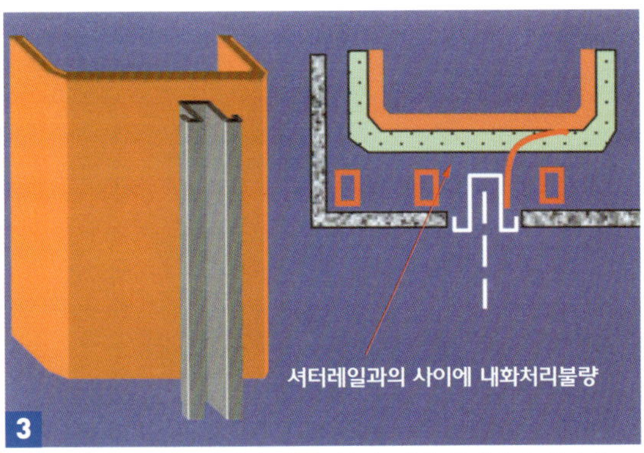

3 셔터레일과 내화벽 사이의 내화처리가 나중 공사에서 벗겨져 그대로 마감되는 것을 개수공사에서 보게 되는 경우가 있다.

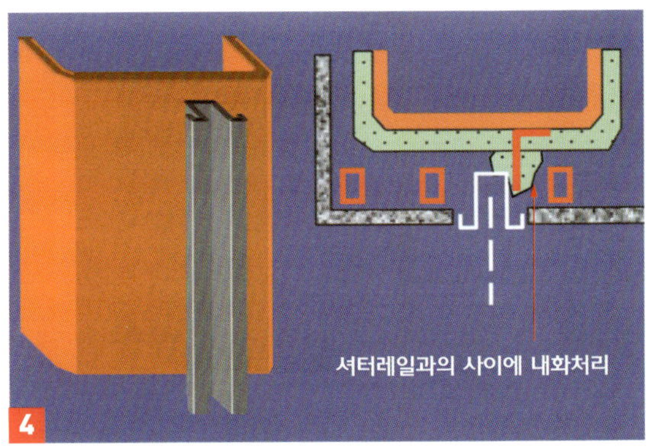

4 위의 그림과 같이 레일설치를 위한 바닥이 있다면 내화처리를 하기 쉬워 확실한 공사가 된다.

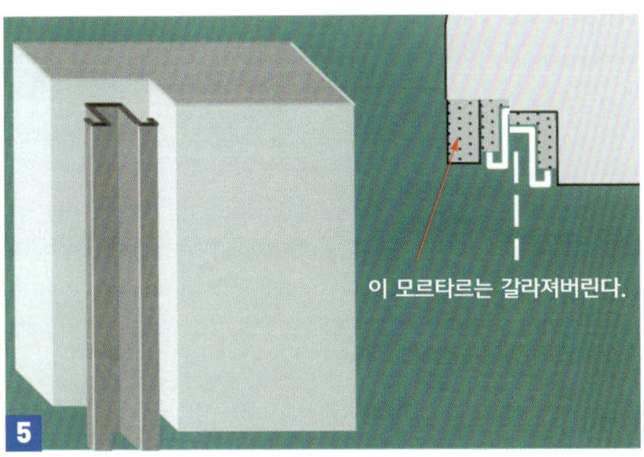

5 셔터레일이 위의 그림과 같이 구조체의 모서리부분에 배치되어 있는 경우, 모르타르로 모양을 만들려 하면 진동으로 인해 갈라지기 쉽다.

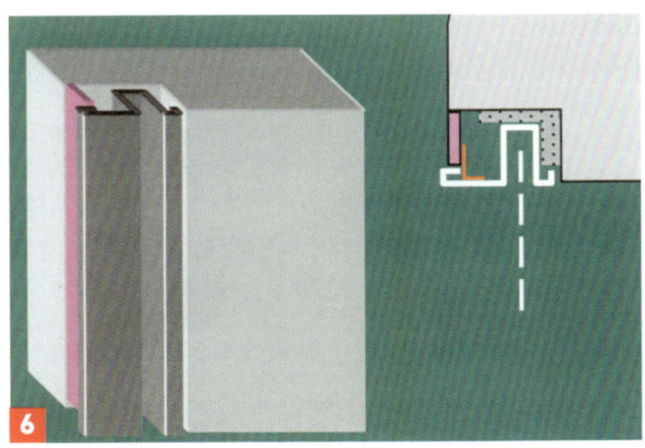

6 진동에 의한 갈라짐을 막기 위해 위의 그림과 같이 보드 등으로 마감하는 편이 낫다.

셔터

116 커다란 방을 나누는 방화구획 셔터

커다란 면적의 방의 경우, 면적구획을 위해 방 중간에 셔터를 설치하는 경우가 있다. 그 때에 제대로 생각해 놓지 않으면 안 되는 것이 셔터의 설치방법이다. 철골대들보가 있기 때문에 어디라도 용접하면 된다는 안이한 생각은 하고 있지 않은가? 면적이 커지면 셔터자체의 중량도 무거워져 그것을 견뎌낼 수 있는 설치재의 계산이 필요하다.

셔터의 축을 받는 부분의 빈공간을 철골의 연결 스프라이스 플레이트로부터 얻고 있다.

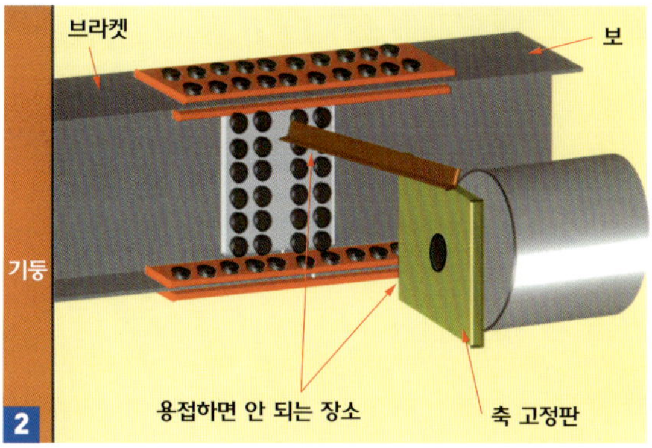

내화피복을 벗겨내면 이러한 상황이 된다. 셔터의 시공도를 그렸을 때에 철골조합을 생각하지 않으면 이러한 일이 발생한다.

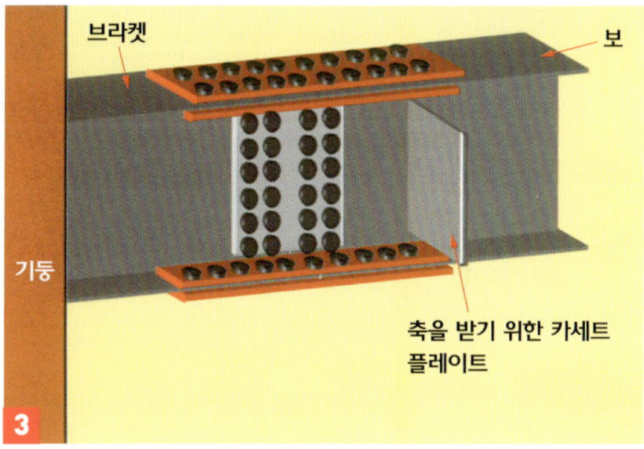

위의 그림과 같은 카세트 플레이트를 설치함으로써 현장에서의 오류를 방지한다.

방화구획의 셔터안쪽 상부 철골보의 슬리브를 막는 것을 잊고 있다.

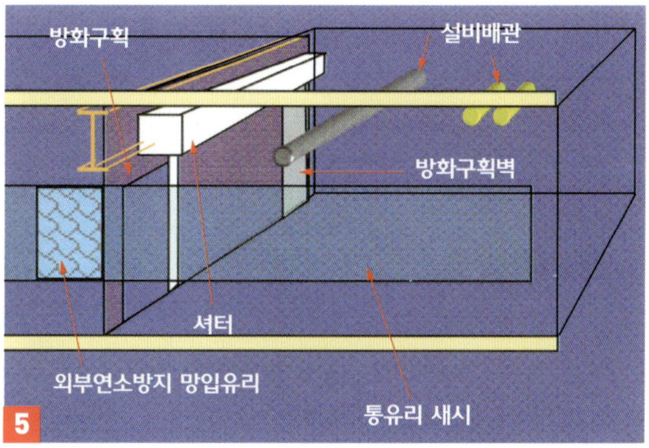

면적에 의해 방화구획하는 부분은 설치관통을 하지 않고, 복도측에서의 루트를 취한다. 또한 전면 셔터에 의해 방화구획벽을 설치하는 편이 사용하기 좋은 방이 된다.

셔터

117 셔터 하단부의 실패

구조체 공사완료와 동시에 셔터 설치에 들어가나 철골조의 경우는 설치 먹선을 긋기 힘들기 때문에 사진 1과 같은 실패가 발생해 버리는 경우가 있다. 이렇게 되지 않도록 하기 위한 대책을 그림 3 · 5에 나타낸다.

슬래브에서 내린 셔터 하단부 철골의 C찬넬을 가스절단하여 설치해 놓았다.

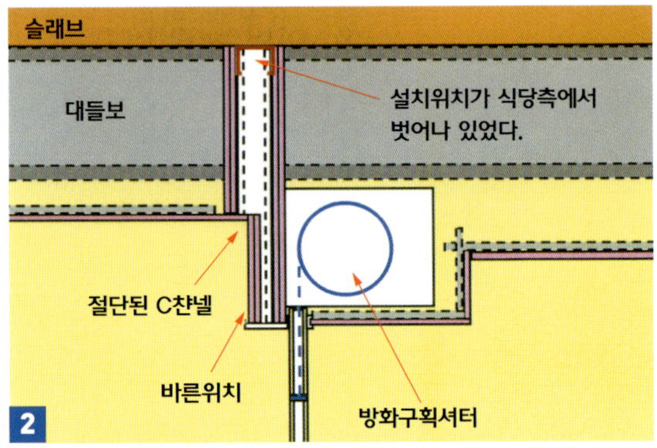

원인은 위의 그림과 같이 슬래브에 설치한 셔터 하단부의 위치가 어긋나 있었기 때문이라고 생각된다. 슬래브에 먹선을 긋기는 매우 어려운 작업이다.

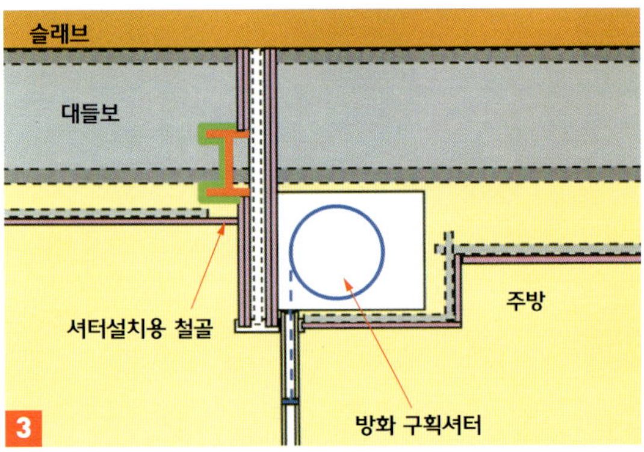

제대로 셔터설치를 위한 철골을 본체철골에 조립해 놓으면 먹줄을 긋기 쉬워 오류도 방지할 수 있고 하단부 철골공사를 위한 노력도 대폭 줄어든다.

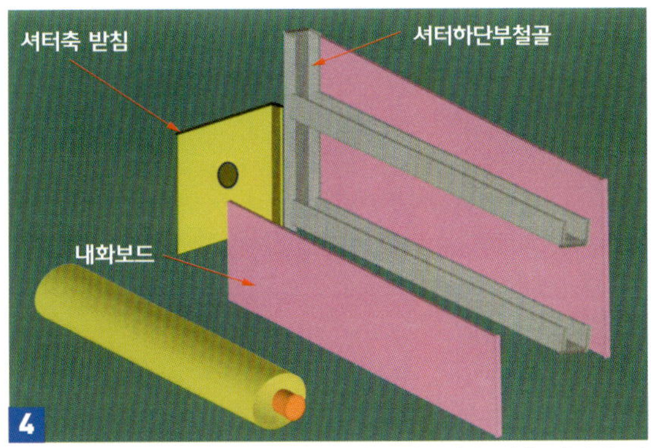

사진 1과 같은 셔터주변 보드설치의 방화구획은 매우 어려워 셔터설치부분 보드의 구멍뚫기 시공불량이 발생하기 쉽다.

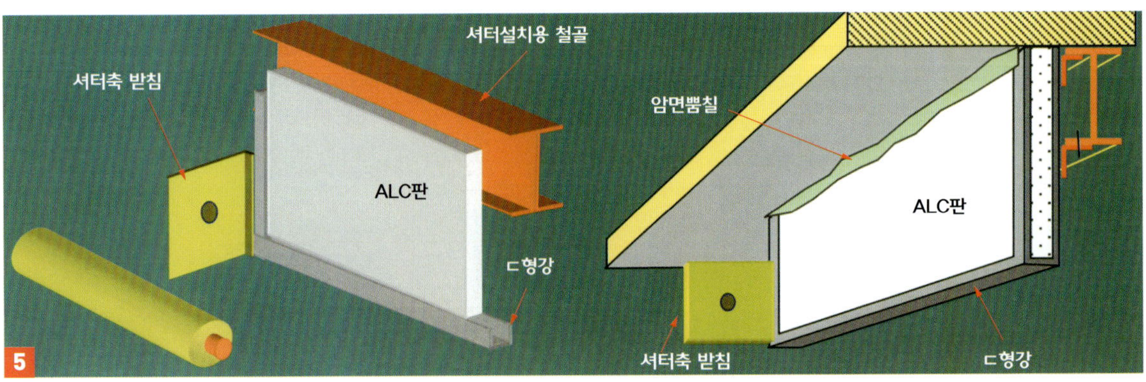

셔터가 많은 점포나 공장 등의 건물에서는 어떻게 계획성 있게 셔터를 설치할지 여부에 따라 그 후의 마감 · 설비공사의 진척에 커다란 영향을 미친다. 이 예는 철골을 세우는 시점에서 셔터설치용 철골에 설치한 ㄷ형강에 축받침까지 설치해 놓고 ALC판을 위에서부터 삽입하여 그 후에 바닥 데크 플레이트를 붙이는 방법이다. 방화구획처리의 암면뿜칠은 철골의 내화피복 시에 시공하면 소요 노력이 줄어든다.

셔터

118 주방 셔터의 실패

주방의 카운터부분에 방화셔터가 설치될 때, 설비를 포함하여 계획하지 않으면 사진 1과 같은 실패를 하는 경우가 있다. 또한, 셔터의 상부와 하부의 내화구획처리는 구획단계에서 제대로 검토해 놓지 않으면 안 된다.

1 주방과 식당 사이의 방화방연셔터의 배연구획을 위한 높이가 부족하여 검사시에 지적을 받은 후에 유리로 된 방연벽을 설치하였다.

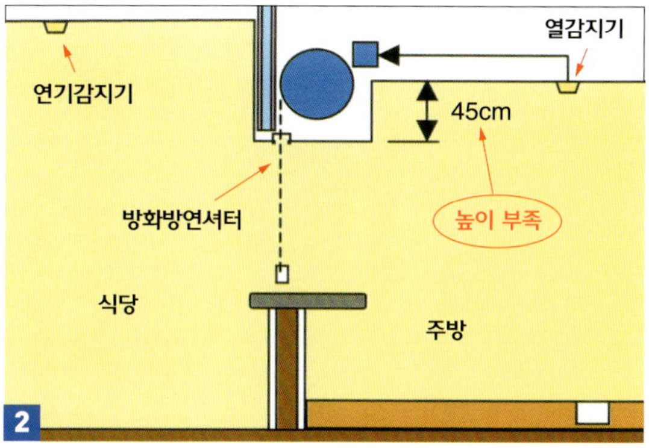

2 주방 내부에는 연기감지기가 설치되어 있지 않기 때문에 배연구획을 위해서는 방연벽이 50㎝ 이상 필요하다.

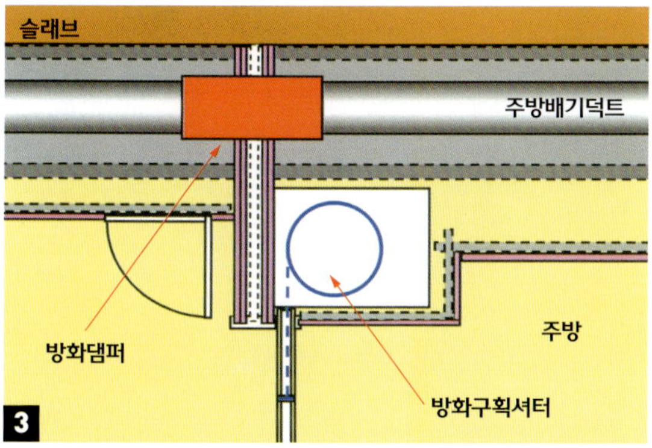

3 셔터 상부의 방화구획벽에 배기덕트 등이 통과하는 경우에는 방화댐퍼가 필요하므로 점검하기 쉬운 배치를 생각해 놓을 필요가 있다.

4 셔터박스 위는 덕트를 통과시키기 어렵다.

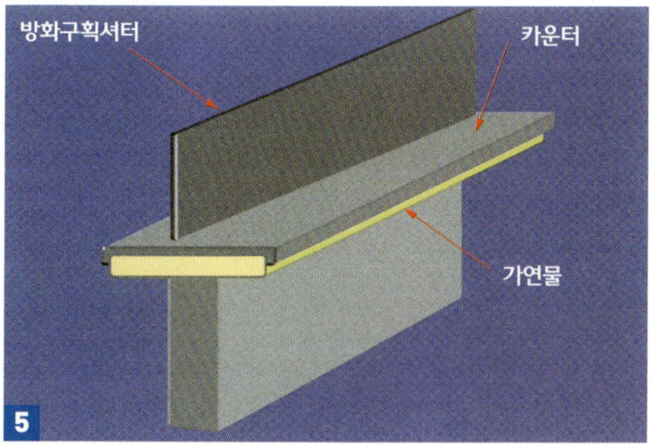

5 셔터의 카운터 안쪽에 목제판을 설치하는 경우가 있다. 카운터 단일품의 시공도면에 방화셔터를 기입하는 것으로 오류를 막을 수 있다.

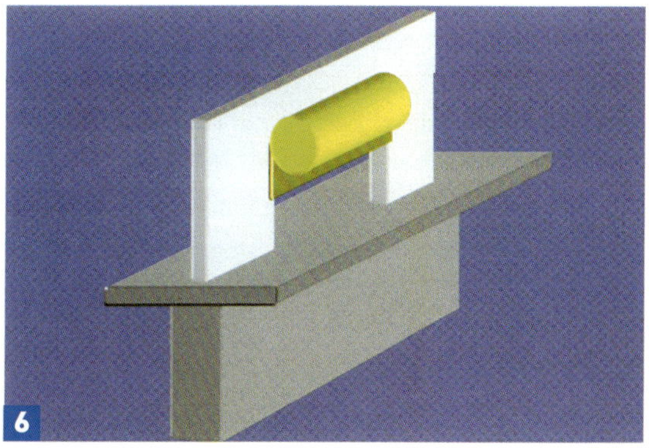

6 위의 그림과 같이 폭과 높이가 작은 방화셔터의 경우, 감지기가 작동해도 중량이 적어 폐쇄되지 않는 경우가 있다. 셔터슬랫 하부를 무겁게 하여 대책을 취하였다.

셔터

119 셔터와 방연벽 외

수직방화구획에 설치되는 문에 대해서는 방연벽이 30㎝ 이상이고 모든 문이 자동폐쇄식이라면 방연 중간처리와 동등의 효과가 있다고 인정된다. 그 외의 경우에도 피난시간이 길어 피난 중에 배연기가 작동할 경우는 방연벽을 설치하는 것이 요구된다. 이것에 의해 거의 모든 경우 방화방연셔터에는 방연벽이 필요하다.

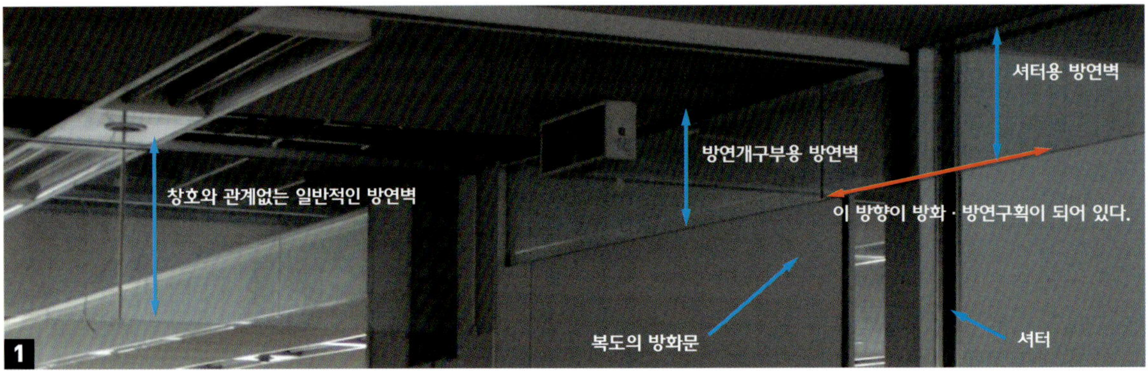

1 어느 사무실 건물의 방연벽을 촬영한 것. 셔터나 방화문에 30㎝ 이상의 방연벽이 설치되어 있음을 알 수 있다. 또한, 일반적인 방연벽도 보인다. 이러한 구획의 경우, 이 구획에 관련하는 연기감지기 연동방연셔터나 상시개방식문 등을 연동시키도록 지도를 받는 경우가 있으므로 사전에 확인을 해 놓아야 한다.

2 낡은 건물에는 이렇게 수직방화구획에도 방연벽이 없는 경우가 있다.

3 이러한 셔터에는 연기감지기 이외에 위의 사진과 같은 수동폐쇄장치가 필요하기 때문에 배치를 결정해 놓는다.

4 셔터열쇠도 키플랜이 필요하다. 관리형태를 생각하지 않은채 수배해 버려 후에 열쇠를 교체하는 일이 있다.

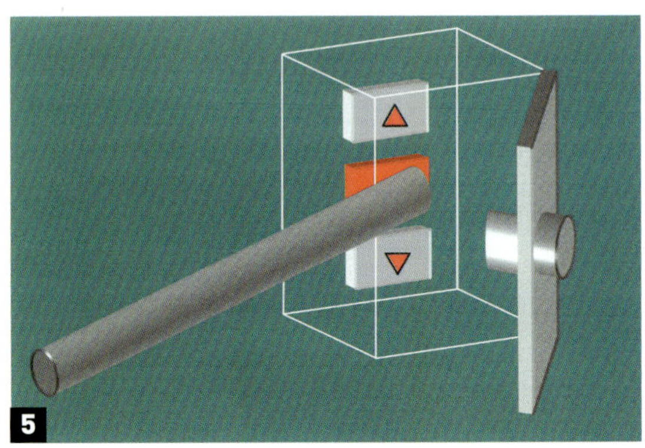

5 보안과 방재를 겸하는 경우, 스위치박스가 부서지기 쉬우므로 그 배치에는 충분히 주의한다.

셔터

120 셔터 축받침부분의 필요길이

사진 1과 같이 경량철골사이 구성에 셔터의 축받침부분이 설치되는 경우, 그 부분의 내화구획이 제대로 되지 않는 경우가 있다. 특히 검토 부족 상태로 경량철골 중간 구성을 먼저 세우고 그 후에 셔터를 설치하면 축받침 부분이 스터드에 부딪쳐 재시공하는 경우가 있다. 사진 3은 2장의 셔터 이격을 표시한 것이다.

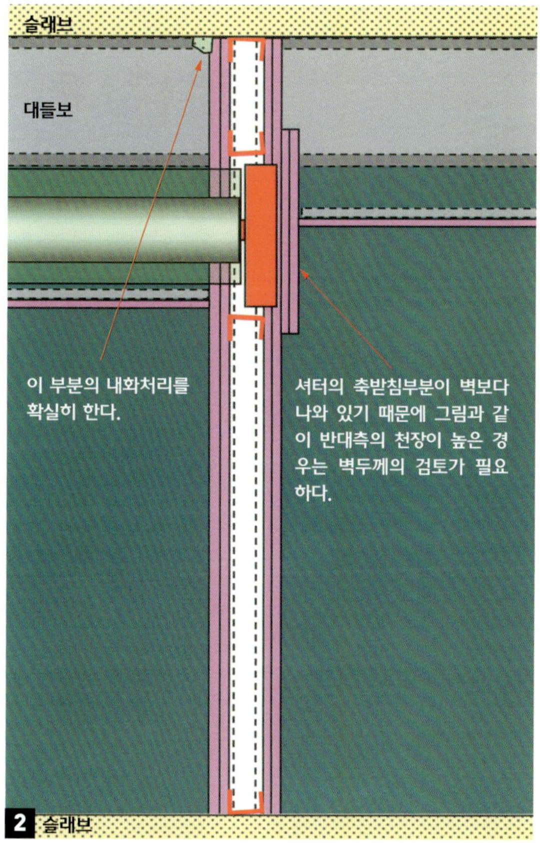

자주 문제가 발생하는 부분이므로 충분히 이해한 후에 하단부 철골공사를 하지 않으면 안 된다.

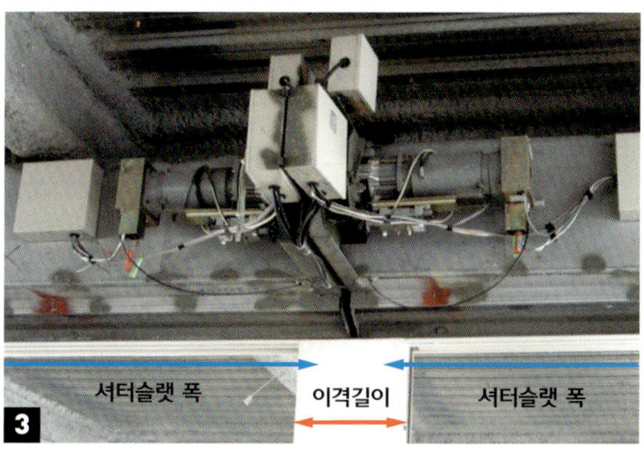

디자인적으로 위 사진의 이격길이를 작게 하고 싶다는 이야기가 나오지만 천장 내에 감속장치가 있는 것을 이해해야 한다.

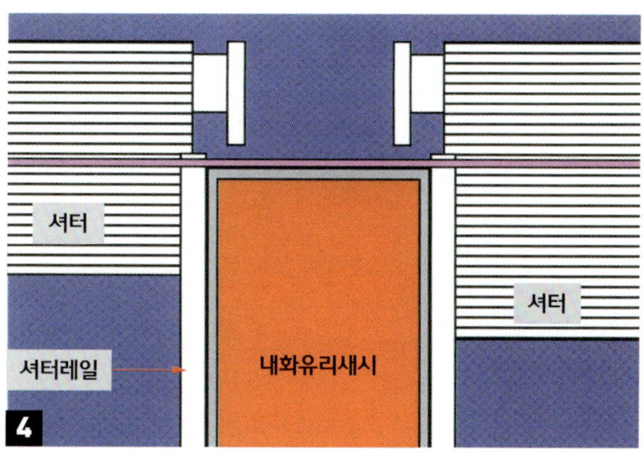

방범상의 문제가 없는 장소라면 수직구획 등의 대응으로서 위의 그림과 같은 내화유리 새시를 사용하는 방법이 있다. (비용발생)

셔터

121 셔터 점검구의 크기와 위치

셔터 점검구를 열어 보면 어떻게 해서라도 점검이 불가능한 위치에 있는 경우가 있다. 천장보드의 나눠 붙임이나 설비의 라인과 무리하게 맞춰놓으면 말도 안되는 위치에 부착되어 버린다. 또한, 뿜칠 측에 점검구가 있는 경우가 있으나 약간의 아이디어로 유지보수하기 쉬운 위치에 놓는 것이 가능하다.

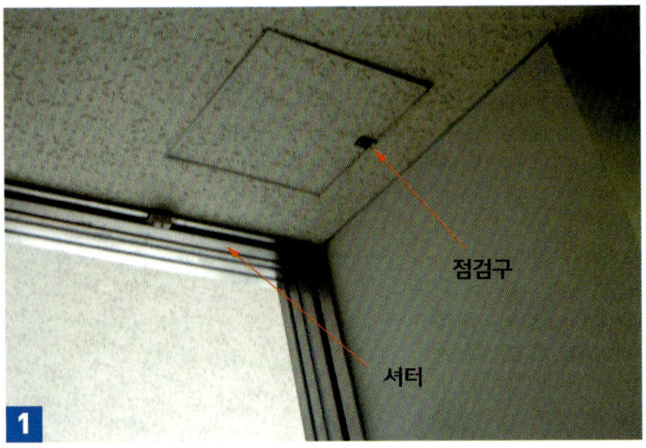

셔터 점검구를 여는 방향은 사다리를 세웠을 때에 작업하기 쉽도록 하지 않으면 안 된다. 이것은 180° 방향으로 바꾸는 것이 점검하기 쉽다.

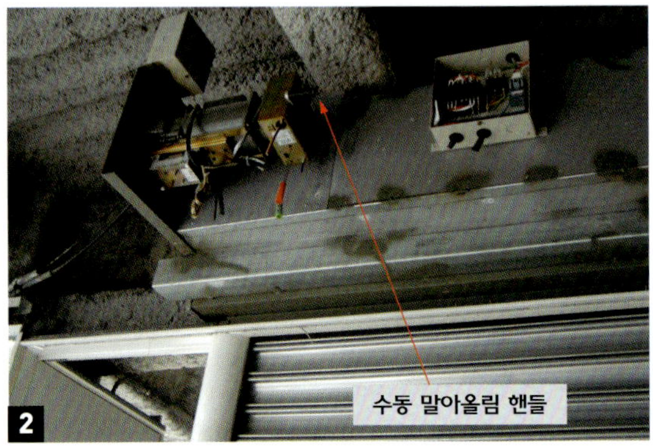

천장 내부에는 이러한 기계가 들어 있으므로 조작성 · 인지성이 좋은 위치를 생각하여 배치해야 한다.

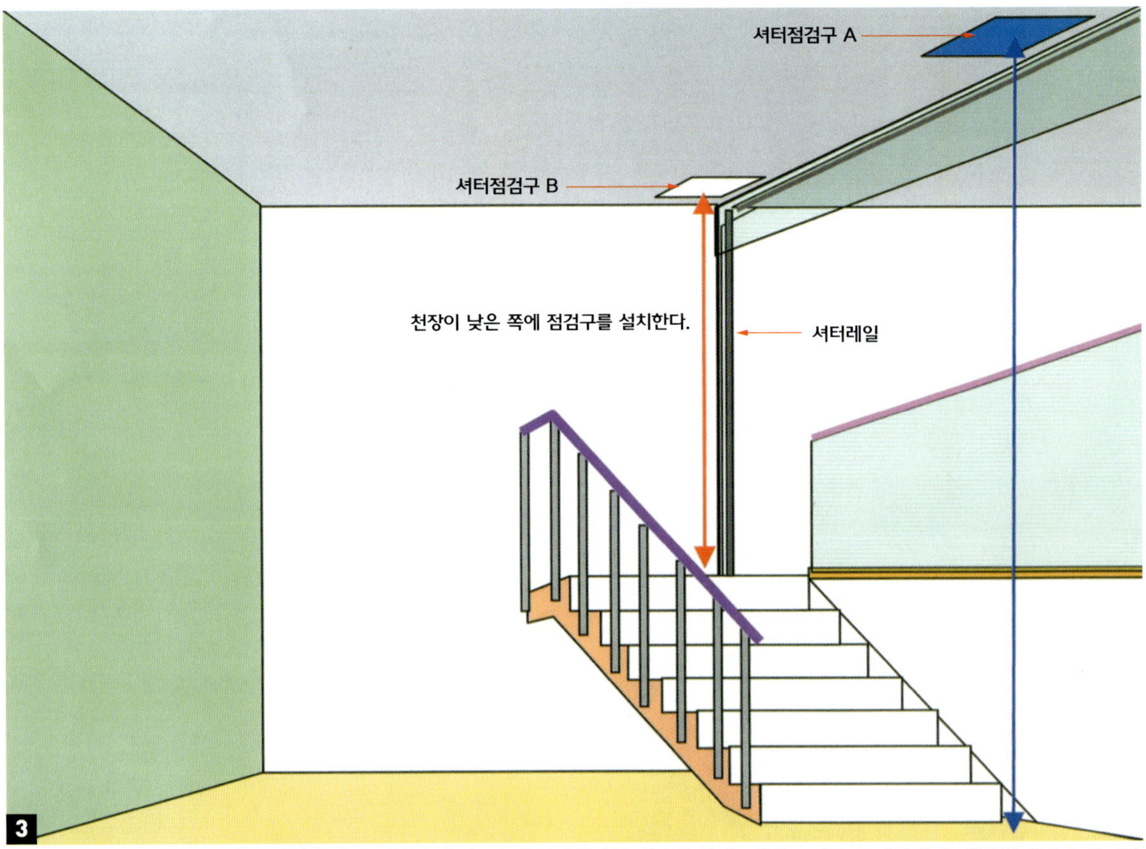

위의 그림과 같은 뿜칠부분에는 어떠한 셔터 배치가 유지보수상 유리한가를 생각해 본다. 위의 그림으로 말하자면, 뿜칠의 우측에 셔터를 배치하면 문제가 없으나 무언가의 이유로 뿜칠 측으로 셔터를 배치하는 경우, 감속기를 점검구 A측에 배치하지 않으면 안 된다. 접근성이 좋고 낮은 천장 쪽에 감속기를 배치한다.

셔터

122 셔터 슬랫도장의 흠집

셔터의 도장에 흠집이 생기면 매우 보기 흉해진다. 사진 2와 같이 감아 들어가는 내측 슬랫의 몰러부분의 도장이 벗겨지기 쉽다. 그림 1과 같이 내측의 글래스스크린이 있으면 그 보수가 불가능하다. 또한 반대의 뿜칠측의 도장보수도 발판이 필요해 진다. 사진 4와 같이 슬랫의 도장을 하지 않고, 아연도금의 상태로 놓아두는 방법도 있으므로 종합적으로 검토해야 한다.

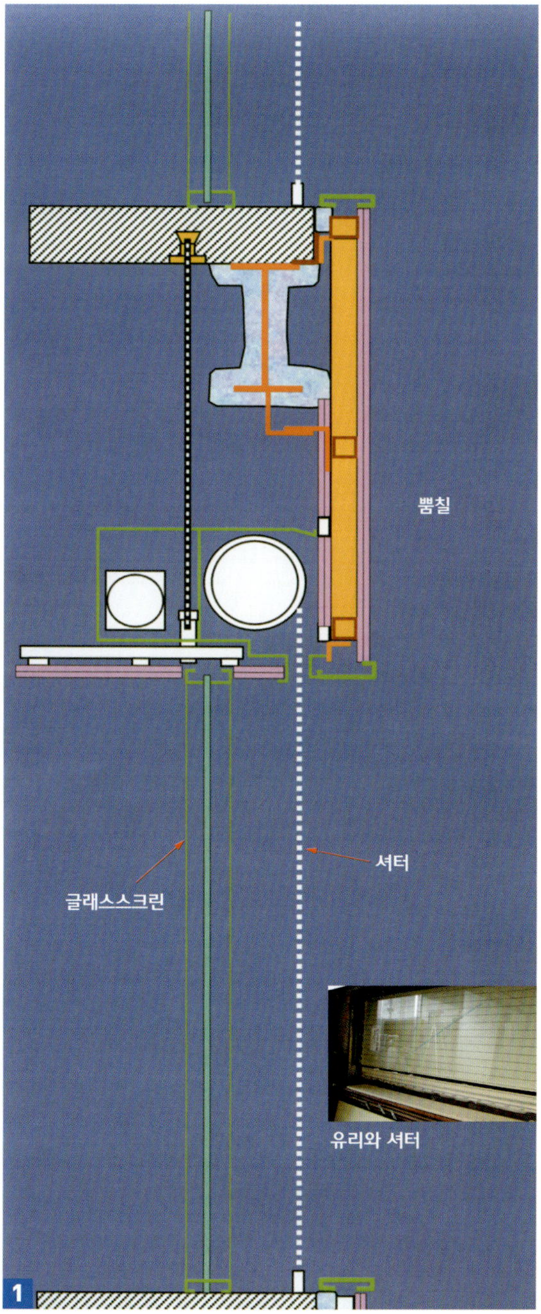

1 뿜칠부분의 셔터는 장래의 슬랫도장의 도수를 어떻게 할지를 검토해 놓아야 한다.

2 상부의 롤러가 꽉 끼어있거나 늘어져 있어 슬랫의 도장부분이 흠집이 나 버렸다.

3 슬랫은 아연도금강판을 사용하고 있으므로 도장은 벗겨져도 도금은 남아 있다.

4 아연도장 그대로의 셔터 슬랫. 시간이 지나 흠집이 적은 상태를 유지하고 있다.

목공사·목제창호

123 목제창호의 실패

목제창호를 설치할 때에 실패한 예를 들어 설명한다. 나중에 보면 간단한 것이나, 어떻게 미리 예측하여 실패를 방지할 것인가가 중요하다.

안쪽이 작은 SK는 문을 열어 놓은 채로 사용한다. 문에 자동폐쇄장치가 있는 경우, 문을 고정시키고 하는 작업이 매우 불편하다.

이것은 아코디언커튼을 설치해 놓고 있다. 사용하기 쉽게 되어 있다.

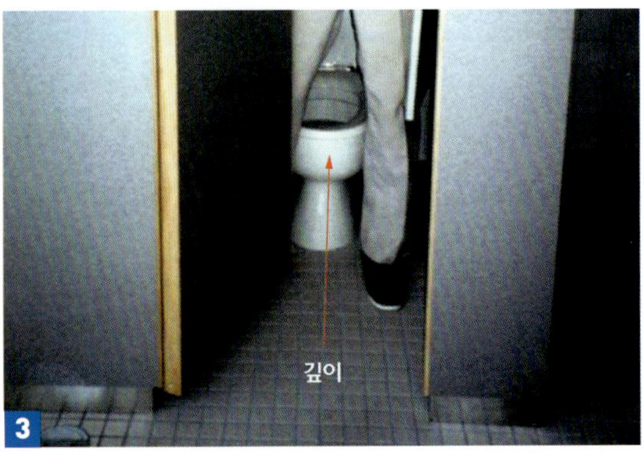

부스의 문이 대변기와 가깝기 때문에 들어가기 힘들다. 몸이 큰 사람이라도 출입하기 쉬운 공간을 확보하지 않으면 안 된다.

사우나실의 출입문의 경첩을 창틀측에 배치하였기 때문에 고정하는 힘이 약해 문을 열고 닫을 때에 문틀이 움직여 버렸다.

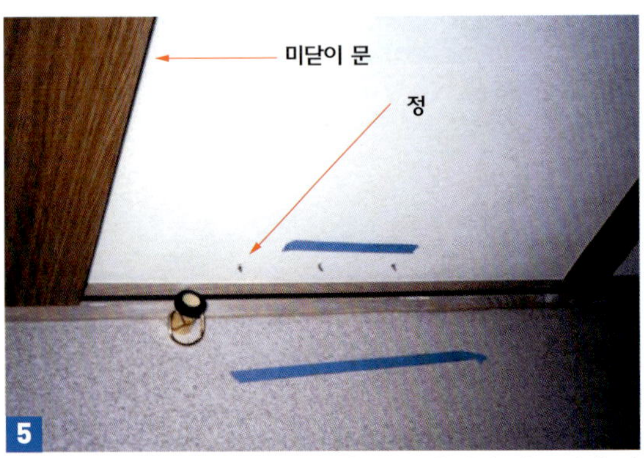

맨션 주방 출입구의 미닫이 문이 벽으로부터 나와 있는 정에 의해 흠집이 나고 말았다.

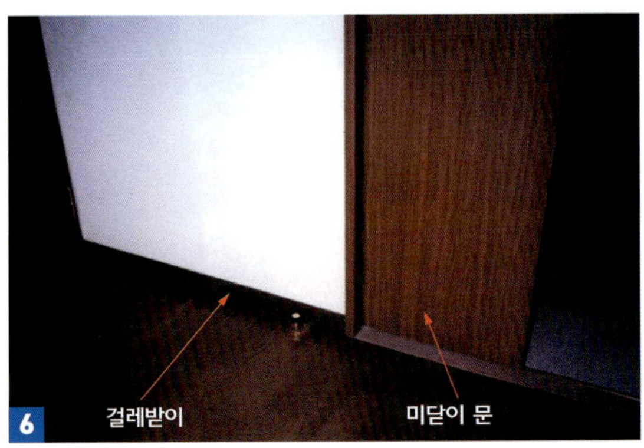

일반부분과 같은 길이의 정을 사용하여 벽두께가 얇은 미닫이 문부분의 목재 걸레받이를 설치하였기 때문에 정이 안쪽으로 관통해 버린 것이 원인이었다.

124 접이문의 실패

접이문은 개방면적을 크게 확보 가능하므로 많이 사용하게 되었으나, 장소를 생각해서 사용해야 한다. 개폐가 곤란해지기 때문이 아닌 쓸데없는 공간을 차지해 버리기 때문이다.

1

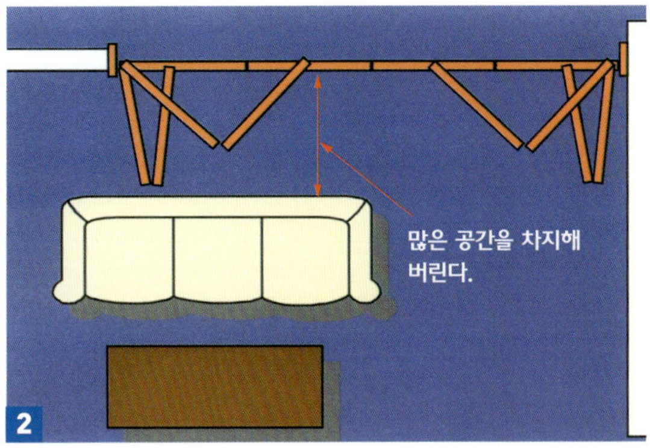

2

방의 수납문의 폭이 크기 때문에 소파 등 가구를 설치할 공간이 없어져 버린다. 또한, 그 크기에 비해 작은 손잡이로 인해 문을 조작하기에는 너무 무겁다. 가구의 레이아웃을 생각하지 않고 수납문의 단일품만을 결정하면 이런 현상이 발생한다.

3

세탁기 공간을 숨기기 위해 접이문을 설치하였으나, 이 상태로 손잡이를 당겨도 문이 걸려 닫히지 않는다.

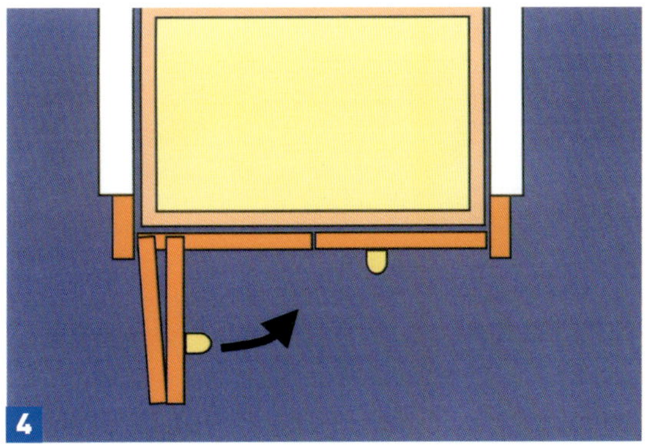

4

손잡이의 위치가 너무 앞쪽에 있기 때문에 위의 그림과 같이 2장 모두 회전하게 되는 힘이 작용해 버려 닫히지 않게 된다.

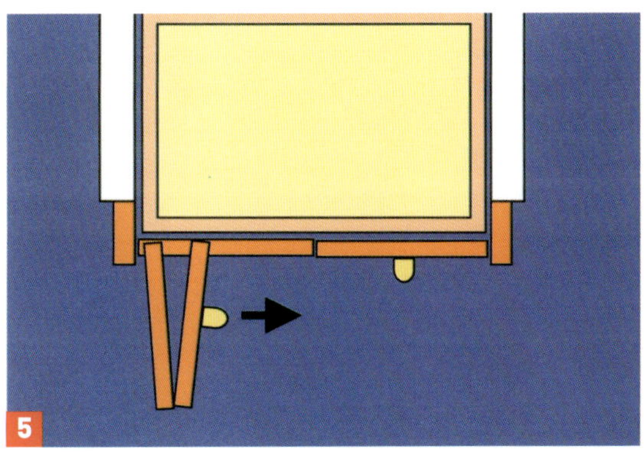

5

위의 그림과 같이 문의 중심에 손잡이를 배치하면 열고 닫는 것이 부드러워 진다.

목공사·목제창호

125 가구의 상세 검토 부족

조리대 · 싱크대 · 우산꽂이 등의 제작물은 사용하기 시작하면서 클레임이 발생할 수 있으므로 제작 전에 충분한 검토가 필요하다.

1 조리대가 천장에 거의 닿도록 설치되어 있으면 천장에 설치되어 있는 연기감지기나 조명기구 등에 부딪혀 재시공해야 할 경우가 있다.

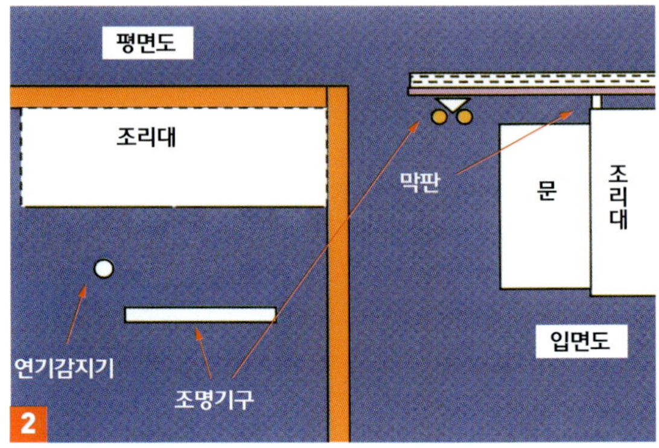

2 천장배치도에 있어서 기기의 배치 검토시 조리대와 높은 찬장류는 무시되는 경우가 많다. 조리대에는 막판을 설치하여 문을 내리는 것이 좋다.

3 2개소의 실패가 있다. 하나는 콘센트가 가스레인지와 가까워 코드가 불에 탈 우려가 있는 것, 하나는 왼쪽 끝의 당겨서 여는 수납장이 벽틀에 닿아 열리지 않는 것이다.

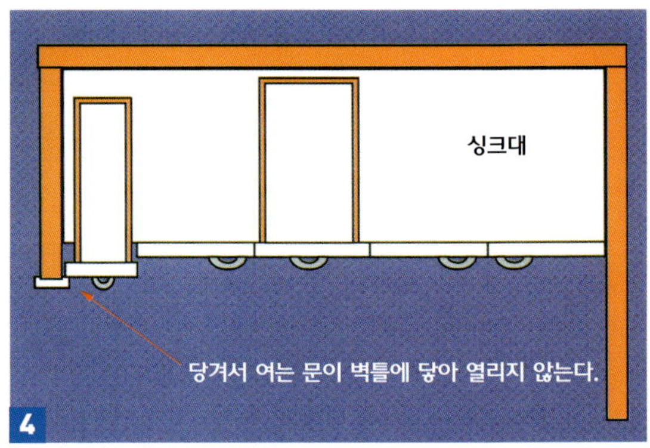

4 싱크대를 딱 맞는 공간에 넣었기 때문에 수납장이 벽틀에 닿았다. 싱크대에 따라 다르므로 사전에 충분한 검토가 필요하다.

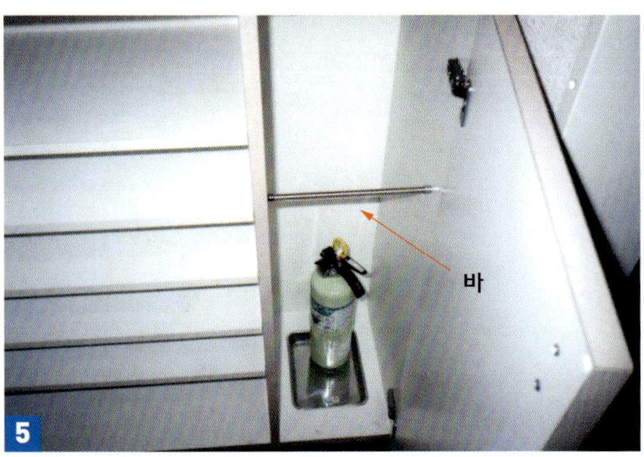

5 우산꽂이부분의 바가 너무 좁아 우산을 꽂기 어렵고, 빼내기 어렵다.

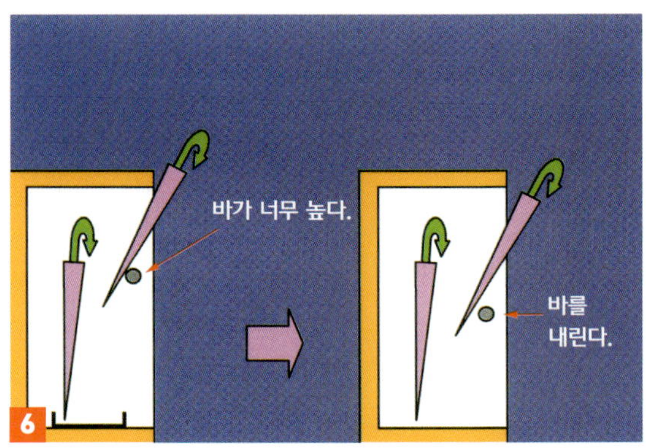

6 바의 높이를 위의 그림 우측과 같이 하면 사용하기 쉬운 우산꽂이가 된다. 제작물은 사용자를 생각해서 설계해야 한다.

126 열에 의한 나무의 건조수축

냉난방 배출구에 목재를 사용하는 경우가 있다. 목재는 열풍에 의해 건조가 발생하기 쉬우므로 그 움직임을 흡수할 방법을 고려해 놓아야 한다. 또한 사진 5와 같이 조명박스도 조명기구의 발열에 의해 같은 조건이 된다.

1 목재 팬코일커버의 냉온풍 배출구 사이가 목재의 건조로 수축하여 넓어져 커버가 떨어졌다.

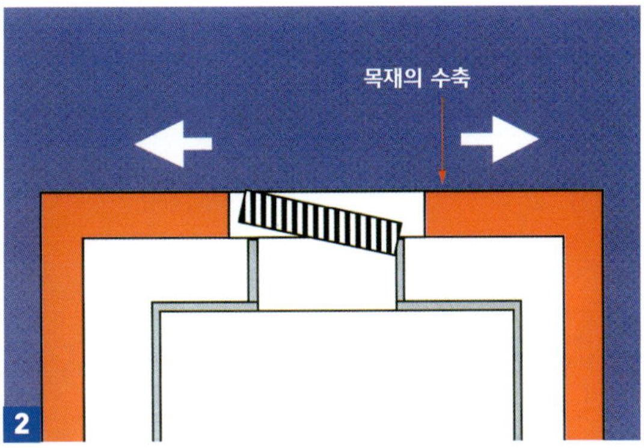

2 이러한 장소에는 충분하게 건조된 움직임이 적은 목재나 철제가 적당하다.

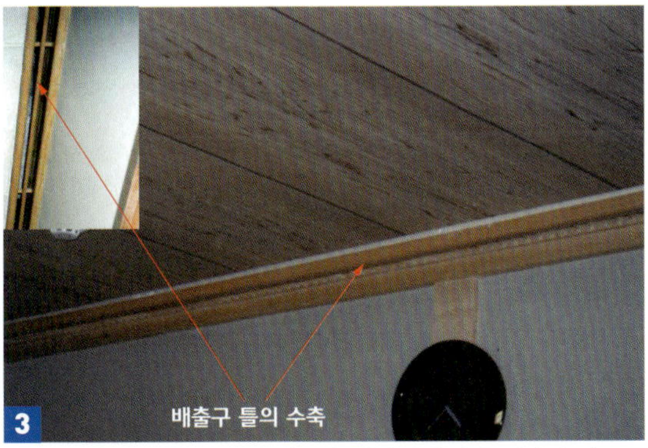

3 천장의 냉온풍 배출구틀이 건조에 의해 수축하여 천장의 석고보드와의 사이에 틈새가 생겨버렸다.

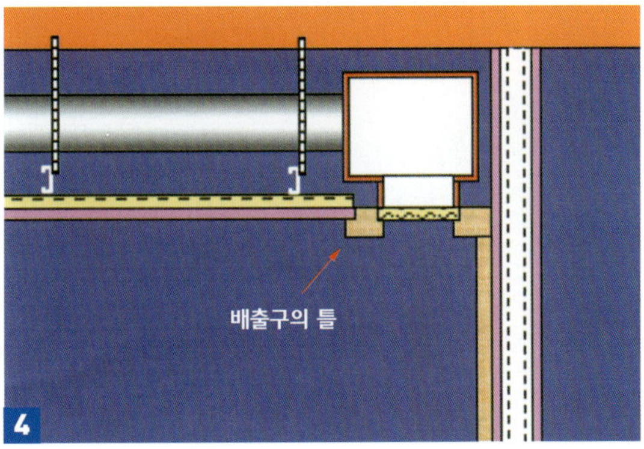

4 위의 그림과 같이 틀의 고정이 확실히 되지 않았다.

5 천장용 조명에 이러한 형태의 커버를 설치한 구성의 경우 열에 의한 수축과 창으로부터 강풍으로 인해 떨어져버릴 우려가 있다.

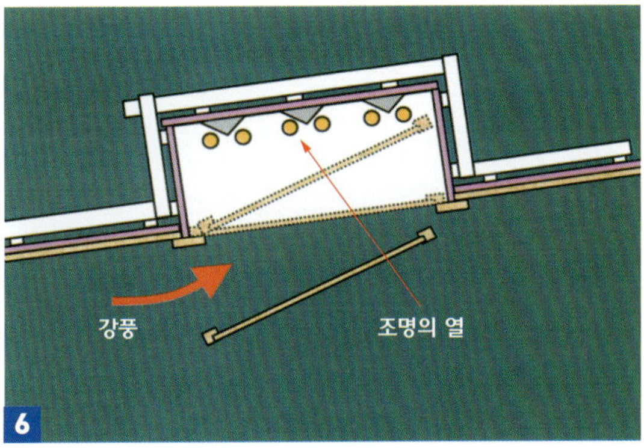

6 만일의 상황을 생각하여 조명커버를 고정할 방법을 고려해야 한다.

목공사·목제창호

127 나무의 건조수축

목재의 재질이나 건조도에 따르지만, 강제적인 건조조건이 아니어도 자연적으로 수축은 발생한다. 최근에는 목제문이라도 문틀은 철제인 형태가 많아 지고 있다. 또한, 사진 6과 같이 높이가 높은 문은 조건에 따라 휨이 발생하기 쉽다.

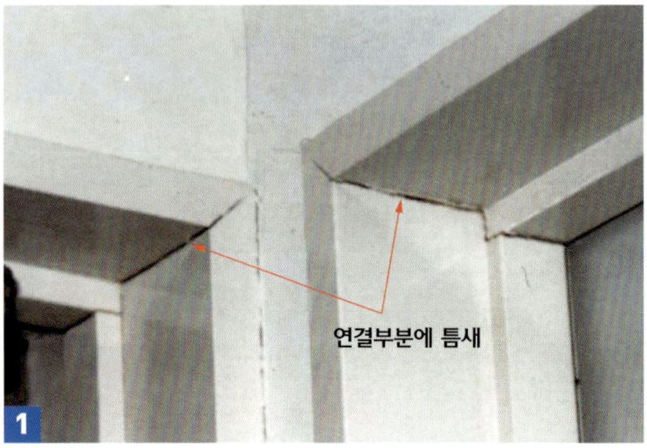

목재틀의 건조가 불충분하였기 때문에 문틀의 연결부분이 떨어져 버렸다.

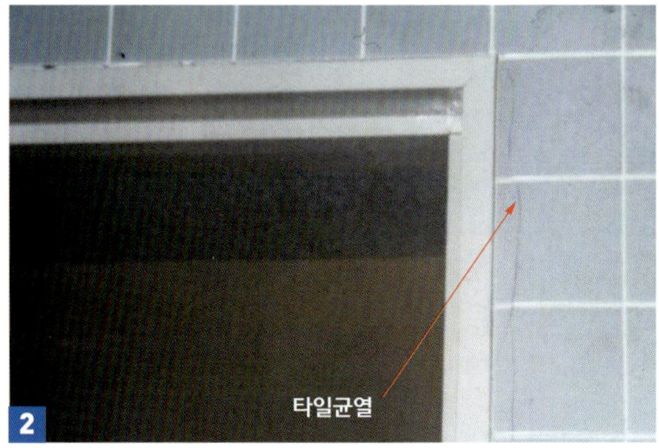

목재틀의 수축에 의해 타일에 인장력이 작용하여 타일에 균열이 발생하였다.

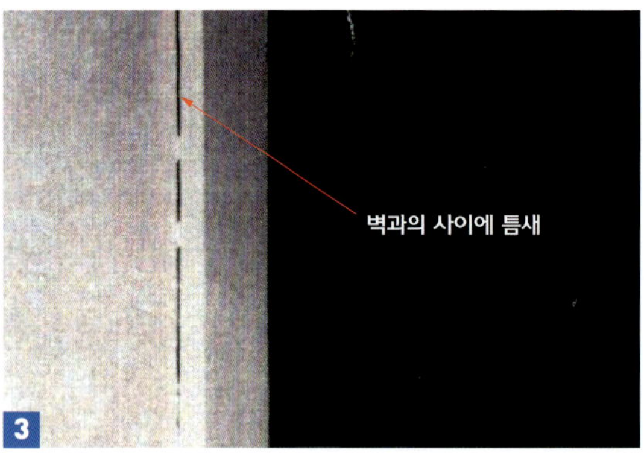

목재틀이 수축에 의해 움직여 벽과의 사이에 틈새가 생겨버렸다.

바닥 플로어링의 수축으로 근접한 출입구 석재 바닥에 균열을 유발해 버렸다.

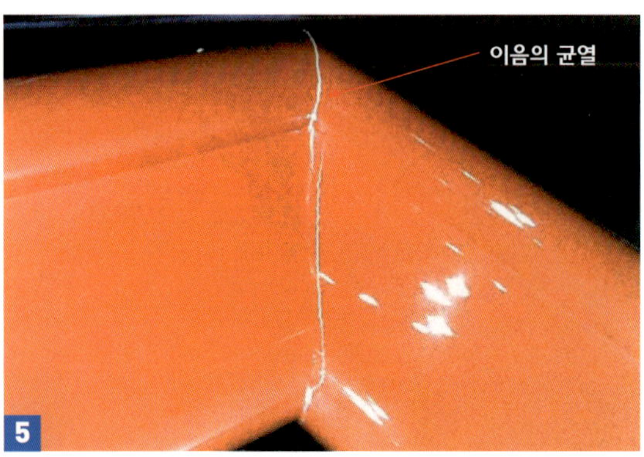

난간의 이음부분이 시간과 함께 건조수축으로 갈라져 버렸다.

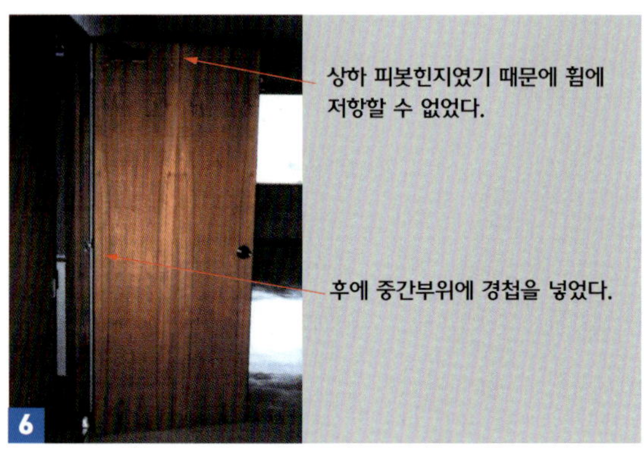

높이 2.4m의 후랫쉬목재문이 실내외의 온도차에 의해 휘어 문틀에 닿게 되었다. 중간에 경첩을 넣어 대응하였다.

128 창문 주변 외

창문 주변의 내측에 커튼이 설치되나, 커튼은 별도로 준비되는 경우가 많다. 커튼의 두께를 고려하여 시공하지 않으면 안 된다. 또한, 사진 5에 나타내는 바와 같이 일본식 방을 구성할 때에는 높이에 연속성이 있기 때문에 최초의 높이 설정을 착오하면 보기 흉한 구성이 되고 만다.

1

연소의 우려가 있는 부분(망입유리를 넣지 않으면 안 되는 부분)은 격자를 창의 면으로부터 떨어뜨려 설치하지 않으면 안 된다.

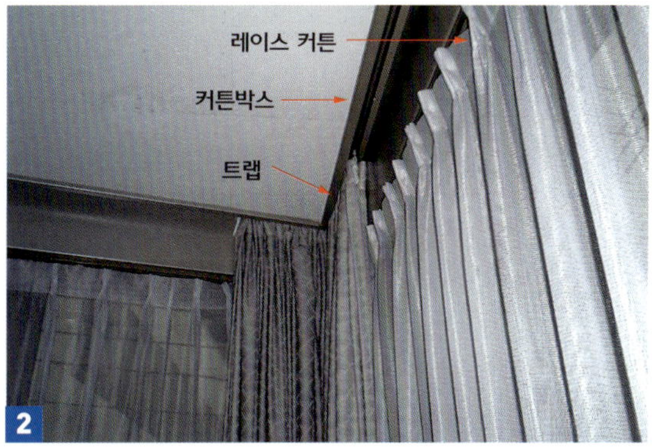

2

커튼박스가 너무 작아 트랩만 들어가고 레이스 커튼은 새시 측에 설치하여져 있다.

3

새시의 위틀에 커튼레일을 설치하고 있으나 레일사이의 간격이 작아 내외의 커튼이 간섭하고 있다.

4

보를 붙박이장 속에 포함시킨 것. 수납이 적은 방의 경우, 폭을 약간 크게 하여 행어파이프를 2열로 하면 수납을 늘릴 수 있다.

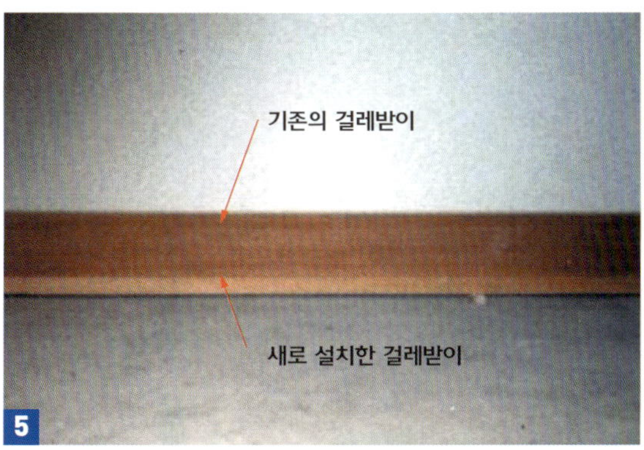

5

일본식 방을 시공할 때 레벨결정을 높은 위치로 잘못 판단하여 걸레받이 아래에 추가적인 걸레받이를 해야만 하였다. 바닥 높이를 확인하여 설정하지 않으면 안 된다.

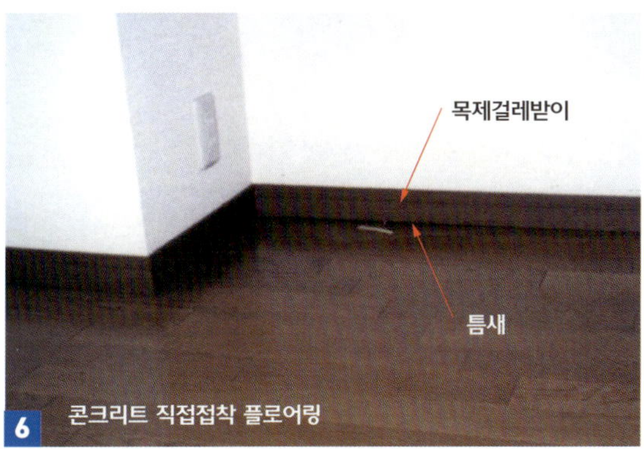

6

콘크리트 위 직접 접착 플로어링의 경우 먼저 걸레받이 주변의 레벨을 확인하고 높이 조정을 해 둔다.

129 일본식 방의 상세

일본식 방은 평면도나 입면도만으로 협의하면 완성되었을 때 이미지와 달라 클레임이 발생할 수 있다. 일본식 방은 비용이 소요되는 방이므로 투시도 등을 작성하여 충분히 합의 조정을 하지 않으면 안 된다.

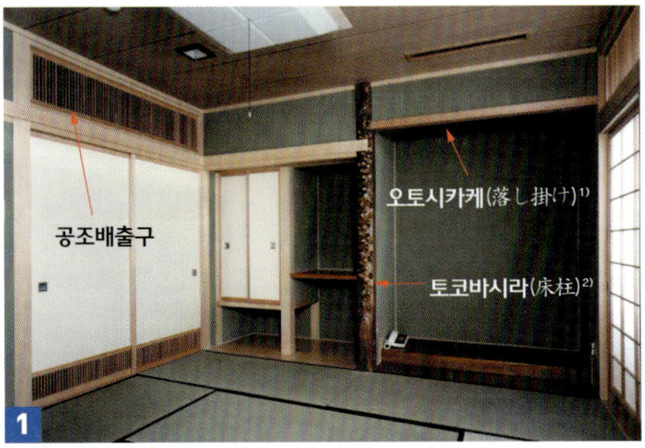

토코바시라와 오토시카케의 부재가 커서 공조배출구가 크다. 바닥 수납공간에도 나무를 너무 많이 사용하고 있다.

오토시카케나 카모이(鴨居)[5]를 얇게 하면 깨끗한 구성이 된다.

바닥 수납공간의 오토시카케를 전체 도장하고, 얇은 나무의 토코바시라로 설치해 놓았다. 쇼인 원형 전체 도장의 벽은 훌륭하다.

토코바시라를 돛대와 같은 모양으로 하여 천장은 배의 밑과 같이 중앙을 높이고 있다.

다실을 만들 때에는 다도의 유파에 따라 화로의 위치가 변하므로 조정협의가 불충분하면 후에 재시공해야 하는 경우가 있다.

1) 오토시카게 : 일본식 방에서 토코노마(일본 방 내의 서재)와 같은 공간 상부에 횡으로 놓는 나무부재
2) 토코바시라 : 토코노마에 세우는 세로 기둥
3) 사오 : 사오부치로 일본식 방 천장을 지지하기 위해 직각으로 설치하는 얇고 긴 나무부재
4) 토코사시 : 일본식 방에서 천장의 사오가 바닥과 직각방향을 이루는 것이 금기로 여겨짐
5) 카모이 : 미닫이 문, 격자, 전통식 창호의 살을 지지하는 부분의 상부에 가로로 걸치는 나무부재
6) 쇼인 : 일본식 방 내부의 서재겸 방

[6] 보드·LGS

130 보드가 갈라진 실패 사례

건물을 사용하기 시작해서 벽이나 천장의 보드가 갈라지는 경우가 있다. 보드의 특성이나 보드를 지지하고 있는 부재의 열에 의한 팽창 및 진동이 원인인 경우가 많다. 아래 4에서 6은 플래스터 보드가 각각의 상황으로 갈라진 예이다. 이러한 균열이 발생하기 쉬운 부분의 시공에는 움직임을 완충시킬 수 있는 아이디어가 필요하다.

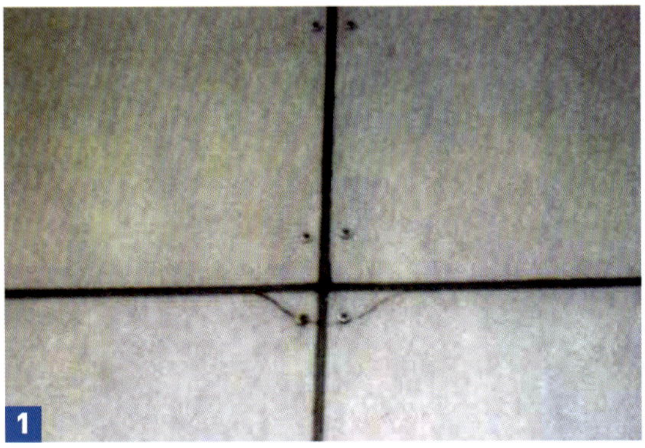

플렉시블 보드를 사용한 외벽모서리에 피스를 시공한 부분이 갈라져 있다.

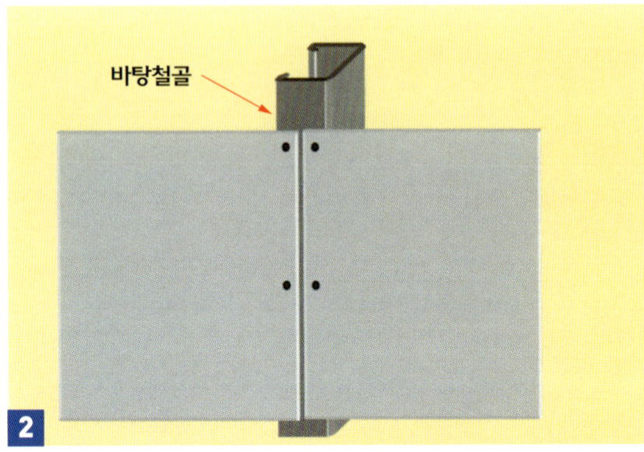

외부는 열의 영향을 받기 쉬워 특히 모서리 부분은 주변 여유가 적은 경우에 갈라지기 쉽다.

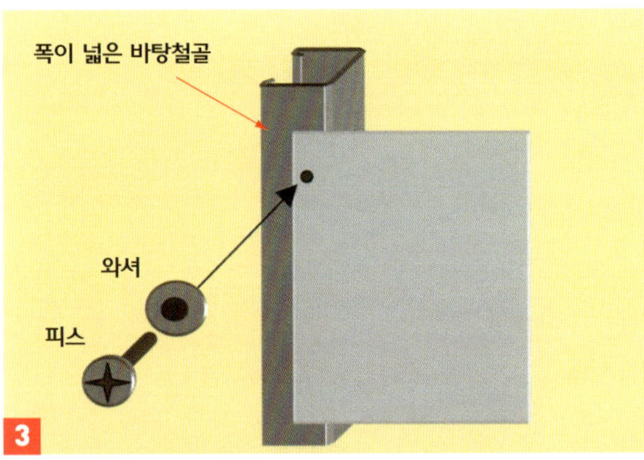

플렉시블 보드 모서리의 여유를 크게 잡을 수 있도록 폭이 넓은 바탕철골과 와셔가 함께 된 피스를 사용하여 구멍을 약간 크게 하여 움직임이 흡수되도록 시공한다.

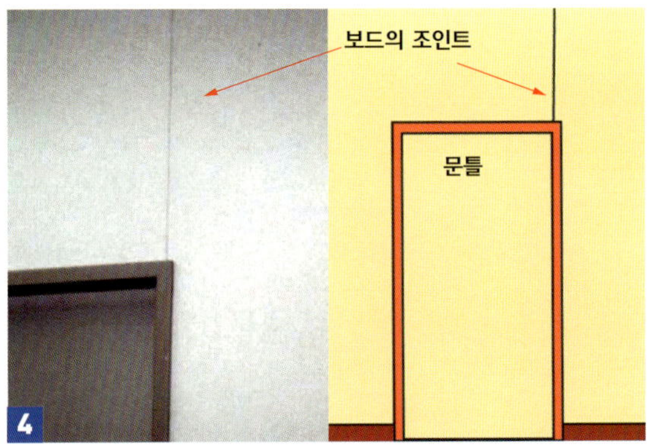

플래스터 보드도 갈라진다. 문틀 상부의 보드 조인트는 문 개폐 진동에 의해 갈라지기 쉽다.

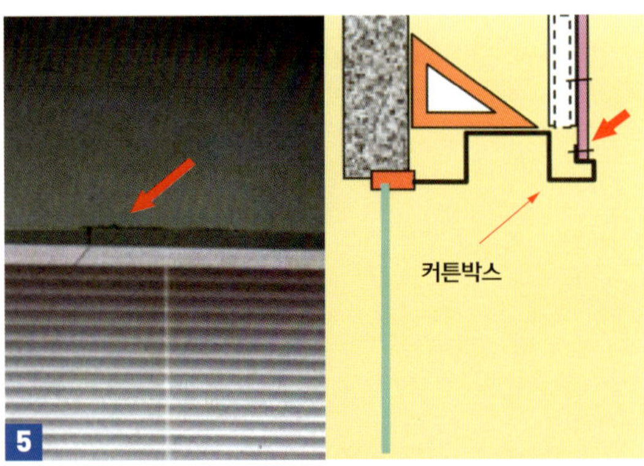

아래로 향한 벽의 플래스터 보드를 커튼박스에 피스로 고정하였으나 커튼박스의 움직임에 의해 보드가 갈라졌다.

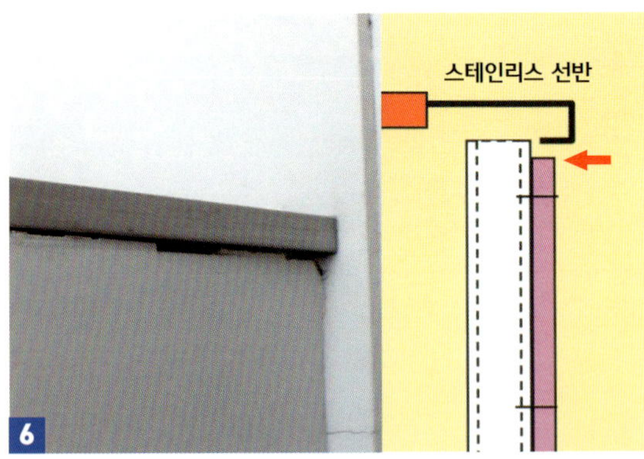

내부 계단실의 스테이리스 선반과 닿는 부분 보드의 정밀도가 나빠 퍼티를 발랐으나 진동으로 갈라져 버렸다.

131 문틀 이음 간격의 실패

문틀의 이음이 말끔하게 된 건물은 전체적인 마감도 좋다. 이음부를 말끔히 보이기 위해서는 하부 단계에서의 배려가 필요하다. 시공 전에 충분한 협의가 중요하다.

문틀 벽과의 이음부분을 위에서 본 상황이나, 아래부분에는 간격이 없어져 있다.

벽 하단부 스터드의 런너와 피스 상황

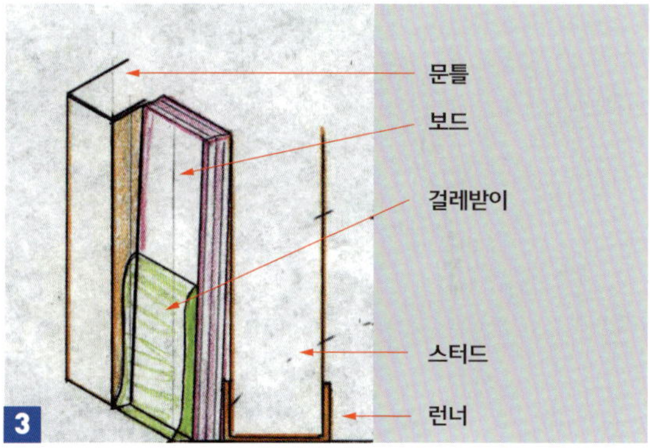

스터드의 런너와 피스의 두께가 보드 밑에 있기 때문에 그 두께만큼 보드가 밀려 올라가고 만다.

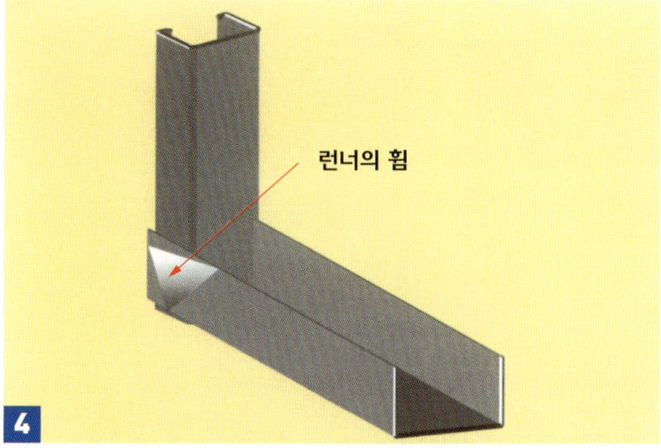

벽 경량철골 하단부의 런너가 휘어져 있으면 이러한 경향은 보다 크게 된다.

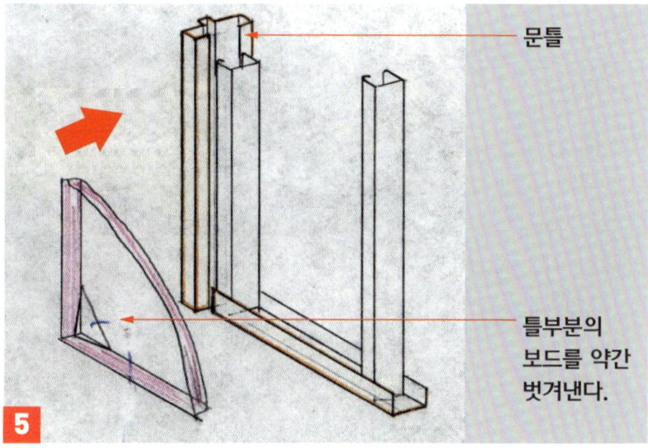

위의 그림과 같이 문틀 하부의 보드가각을 약간 벗겨냄으로서 두꺼워진 만큼 흡수가능하다.

132 벽과 바닥 사이의 틈

마감공사는 구조체 공사가 확실히 정밀도 좋게 관리되어 있다면 순서에 따라 말끔히 처리할 수 있다. 그렇지 않은 경우는 재시공이 많은 보기 흉한 마감이 되어버리고 만다. 이러한 실패를 이해하고, 구조체 공사의 정밀도 확보의 참고로 했으면 한다.

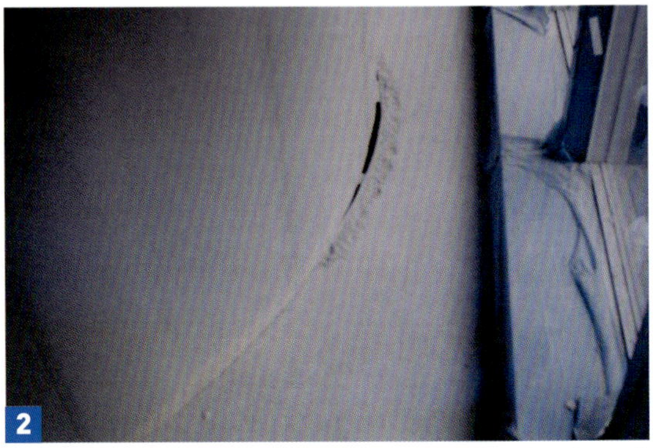

사진 1과 2는 각각 별도 현장의 내화벽 시공상황을 촬영한 것이나 바닥에 틈이 발생해 있다. 이러한 오류가 꽤 개선되지 않는다. 또한 이 구멍을 막기 위해서는 매우 많은 재시공이 발생한다.

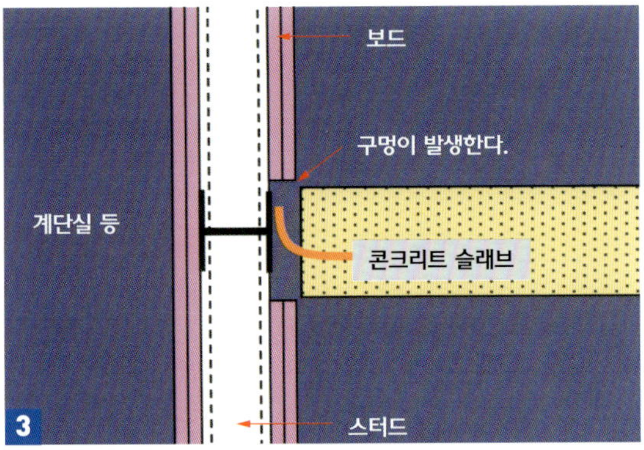

구조체 공사 시에 콘크리트 슬래브를 지지하는 위치의 정밀도를 확실히 내지 않은 것이 원인이다.

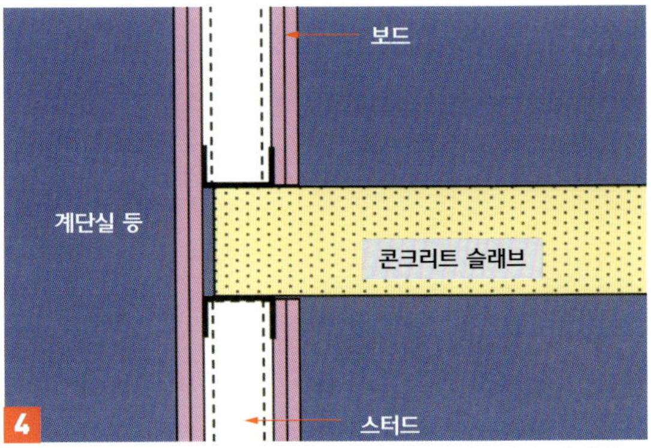

위의 그림과 같이 구성하면 말끔한 일처리가 가능했을 것이다.

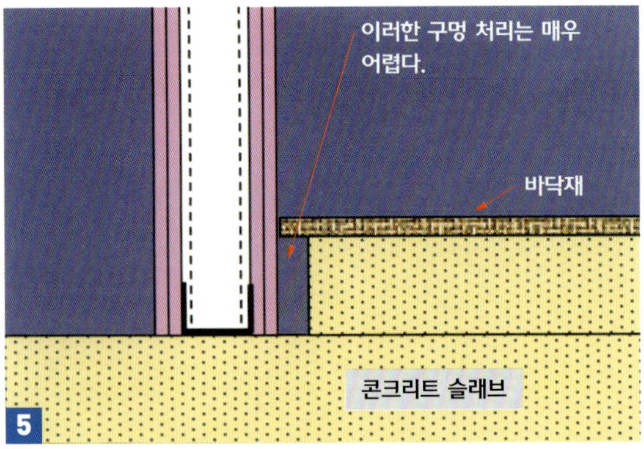

바닥의 단차가 있는 경우도 위의 그림과 같은 경우가 발생한다. 이 부분에 모르타르를 채워도 곧 갈라진다.

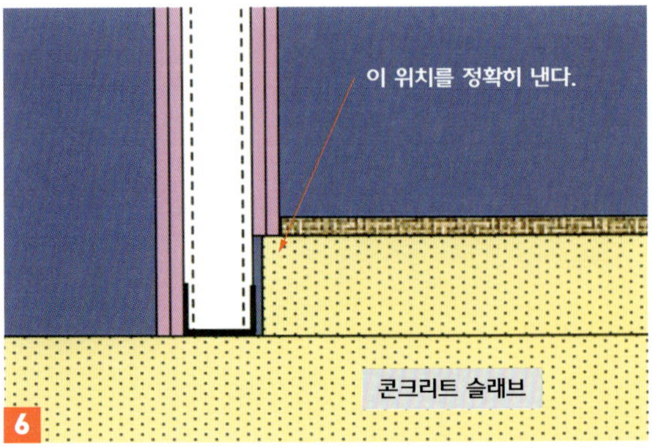

위의 그림과 같이 구성하기 위해서는 단부분의 구성 그림을 작성한 위에 그 위치를 정확히 시공하지 않으면 안 된다.

133 모서리 부분의 직각 불량

신발장 및 세면카운터주변에 벽 모서리와 틈새가 벌어져 있는 것을 볼 수 있다. 방의 수가 많은 건물에서 같은 실패가 반복되는 경우, 그 대책에는 많은 노력과 비용이 소요된다. 약간의 배려에 의해 불필요한 노력 없이 말끔한 작업이 가능하다.

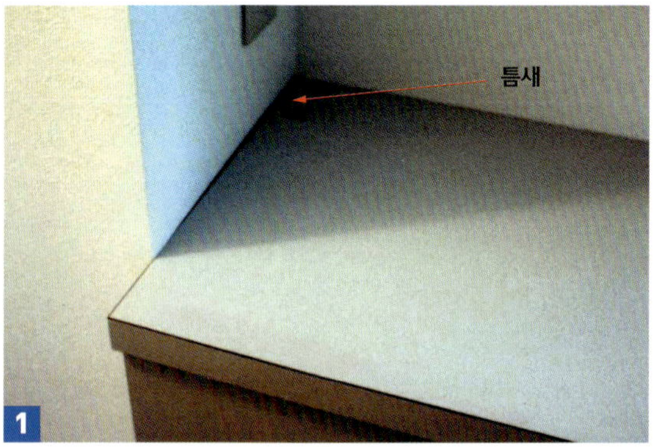

1 맨션의 신발장 상부 모서리부분에 틈새가 발생해 있다.

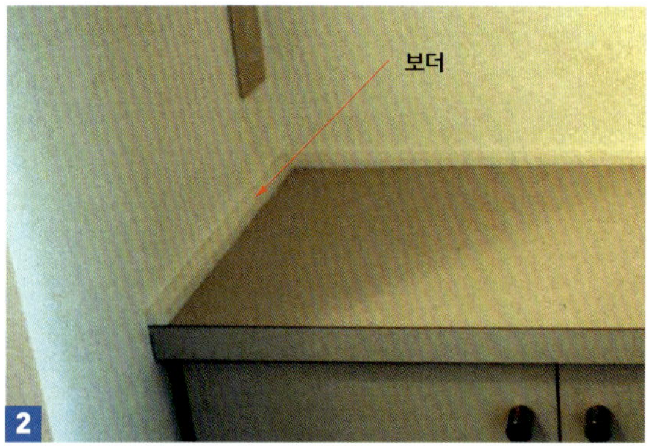

2 틈새 대책으로서 보더를 시공하고 있다. 오른쪽 아래는 같은 모양으로 세면카운터에 보더를 시공하고 있다.

3 보드의 돌출모서리 코너의 형성과 돌출모서리의 확보를 위해 그림 3과 같은 수지제의 코너앵글이 사용된다.

4 돌출모서리 코너앵글주변에 단차가 생기지 않도록 퍼티를 바른다. 커다란 면이라면 눈에 띠지 않는다.

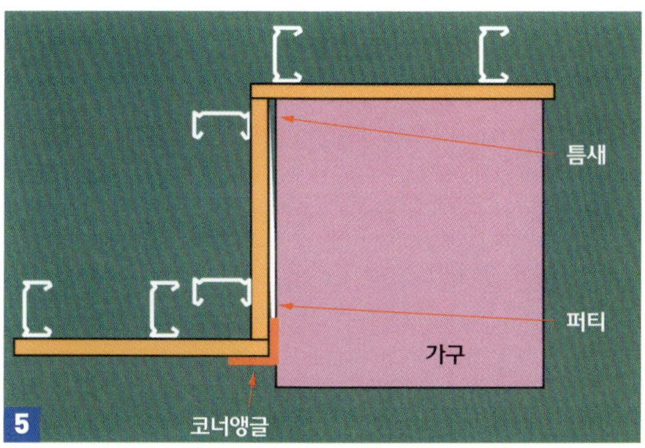

5 깊이가 부족한 경우, 코너앵글의 두께를 감추기 위해 퍼티를 바른 만큼 두께의 차가 생겨 모서리의 틈새가 발생한다.

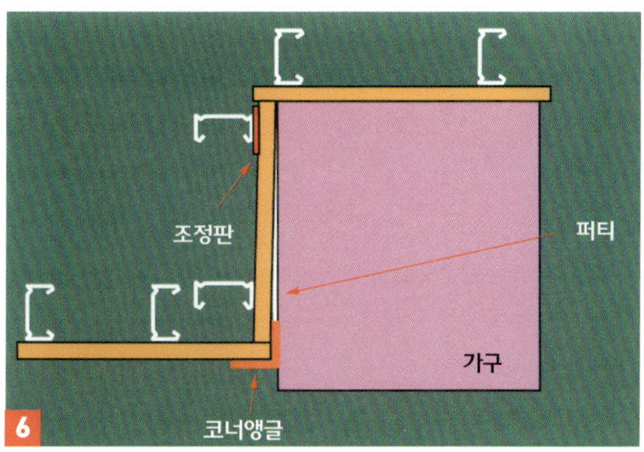

6 모서리부분의 스터드와 보드 사이에 조정판을 둠으로 인해 직각의 정밀도를 지킬 수 있다.

134 석고보드와 곰팡이

석고보드는 물에 젖으면 곰팡이가 발생한다. 곰팡이가 발생한 경우, 그것을 제거하기 위해서는 매우 어려워 새로 교체하는 경우가 있다. 파이프스페이스나 기계실 등 지수공사 전에 설비공사를 서두르지 않을 수 없는 장소는 곰팡이 가 발생하기 쉬운 보드류를 사용하지 않고 ALC 등으로 바꾸는 것이 공사가 쉽게 진행된다.

1 내부계단은 우수침입방지를 하지 않으면 사진과 같이 우수가 흘러들어 벽의 석고보드에 곰팡이가 발생한다.

2 좁은 가스통보관소의 공기흐름이 적은 모서리부분에 곰팡이가 발생하고 있다.

3 좁은 기계실 벽보드를 바른 후에 바닥 모르타르를 타설하고 있다. 순서가 틀린 작업은 이렇게 되어 버린다.

4 GL 본드공법에서는 GL 본드의 도장 두께가 너무 두꺼우면 건조가 느려 건조 전에 양생포 등을 덮으면 곰팡이가 발생하기 쉽다.

135 지하기계실 유리섬유의 내부결로

지하기계실의 외부에 면하는 이중벽에 유리섬유를 바른 경우에 내부결로가 발생해 버렸다. 단열성능이 있다고 생각되어지는 재료라도 사용하는 방법이 틀리면 역효과가 되는 경우가 있다.

이 방수층 안쪽의 유리섬유가 결로수에 완전히 젖은 스폰지와 같은 상태가 되었다.

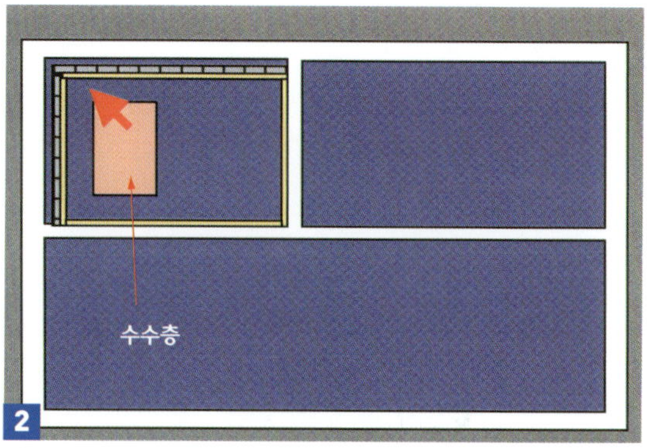

위의 그림과 같은 지하의 흙에 면하는 빨간색 화살표부분에 내부결로가 발생하였다.

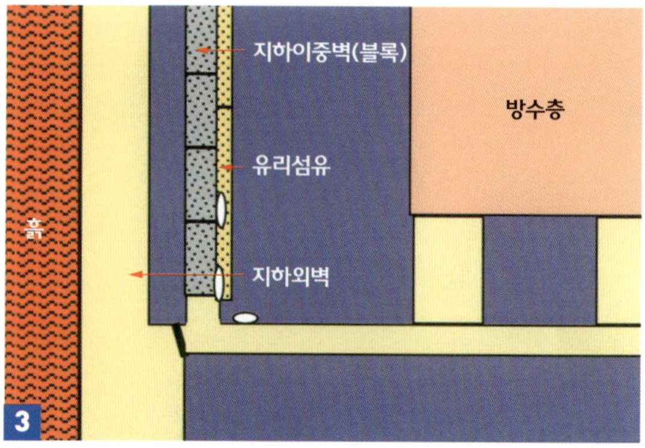

방수층의 음지부분에서 증발된 공기가 유리섬유를 통과하여 온도가 낮은 블록표면에 응결되어 내부결로가 발생하였다고 생각된다.

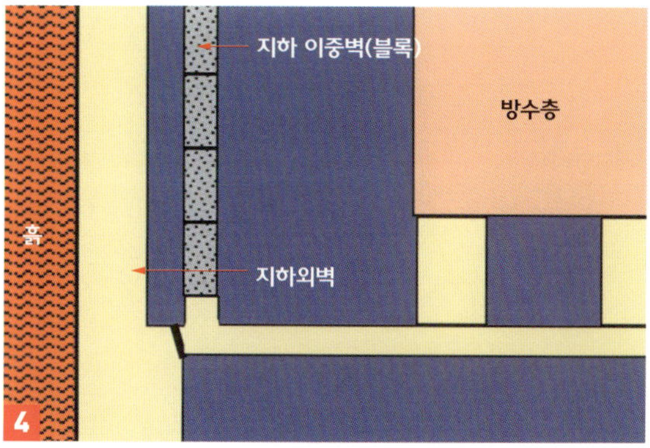

유리섬유를 제거한 부분에 결로가 없어졌다. 기계실의 내장은 유리섬유를 바르는 구성이 되어 있는 경우가 많으나 그것은 바르는 목적이 무엇인가를 생각하는 것이 필요하다.

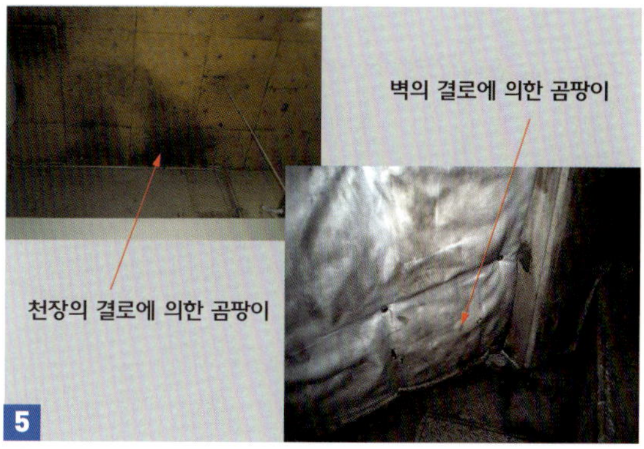

사진 1과는 다른 장소의 사진이나 내부결로가 발생한 벽면의 유리섬유와 천장에 바른 유리섬유의 결로에 의한 곰팡이의 상황

136 천장점검구의 실패

천장내부의 설비 보호점검 내지는 누수상황의 빠른 확인과 수리를 위해서 천장점검구는 불가결하다. 디자인 중시로 점검구를 설치하지 않는 설계가 있으나 그것 나름의 대안을 준비해야 한다. 점검구에서 실패한 사례를 든다.

천장점검구가 벽에 설치된 볼트 위치에 배치되었기 때문에 불안정한 개구가 되어 있다.

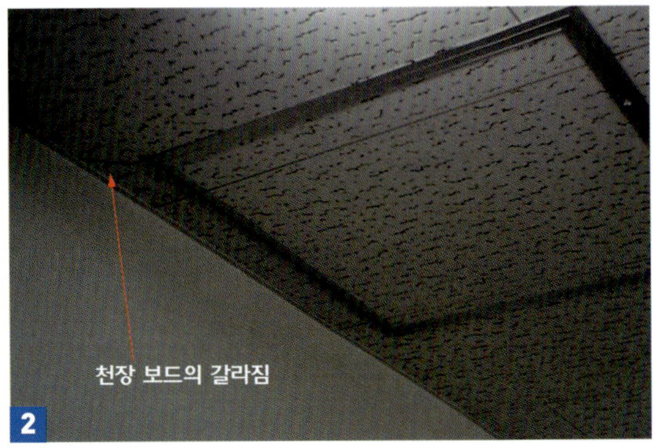

천장 바탕부의 개구부보강이 확실히 되어 있지 않은 점검구는 사용하면서 천장보드가 갈라진다.

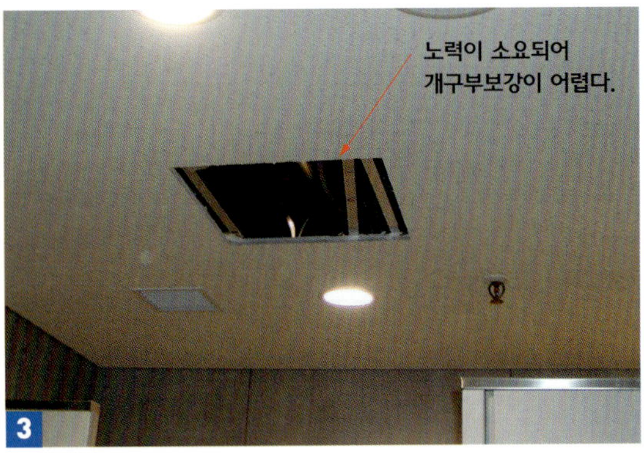

화장실 천장점검구가 없었기 때문에 후에 개구부를 뚫었다. 상층에도 화장실이 있는 방은 배수관의 점검을 위해 반드시 설치해야 한다.

이것도 나중에 점검구 개구부를 뚫었기 때문에 철골보의 바로 아래에 배치되어 버렸다. 순서가 틀린 작업은 실패로 이어진다.

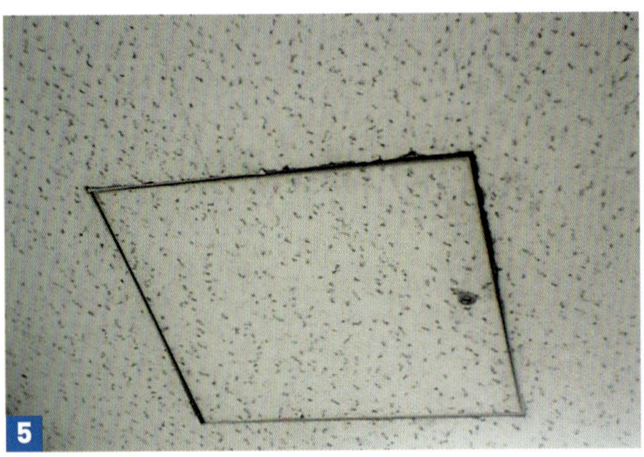

이음부가 없는 점검구는 이음부가 없기 때문에 보드 끝의 보호가 안 되어 사용하는 중간에 주변보드가 벗겨지기 쉽다.

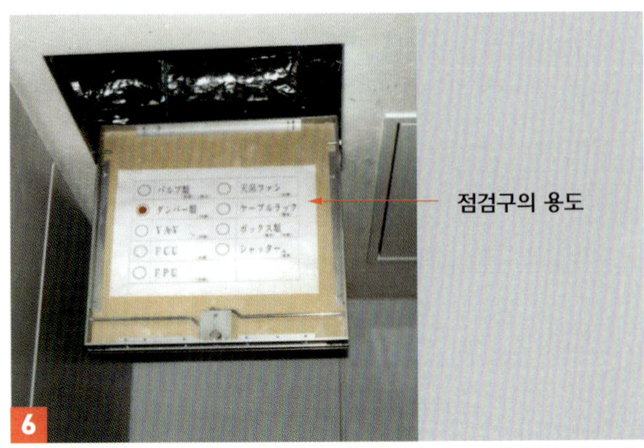

어느 설비를 위한 점검구인지를 점검구의 안쪽 판에 기입해 놓으면 좋다. 안쪽에 점검구의 용도를 위한 라벨을 붙이는 방법도 있다.

137 복도천장의 실패

마감공사를 부드럽게 진행하기 위해서는 설비 작업량의 추측을 빼놓을 수가 없다. 특히 복도 공사는 작업상의 중요한 동선이 되기 때문에 확실한 계획과 공법의 선택이 필요하다.

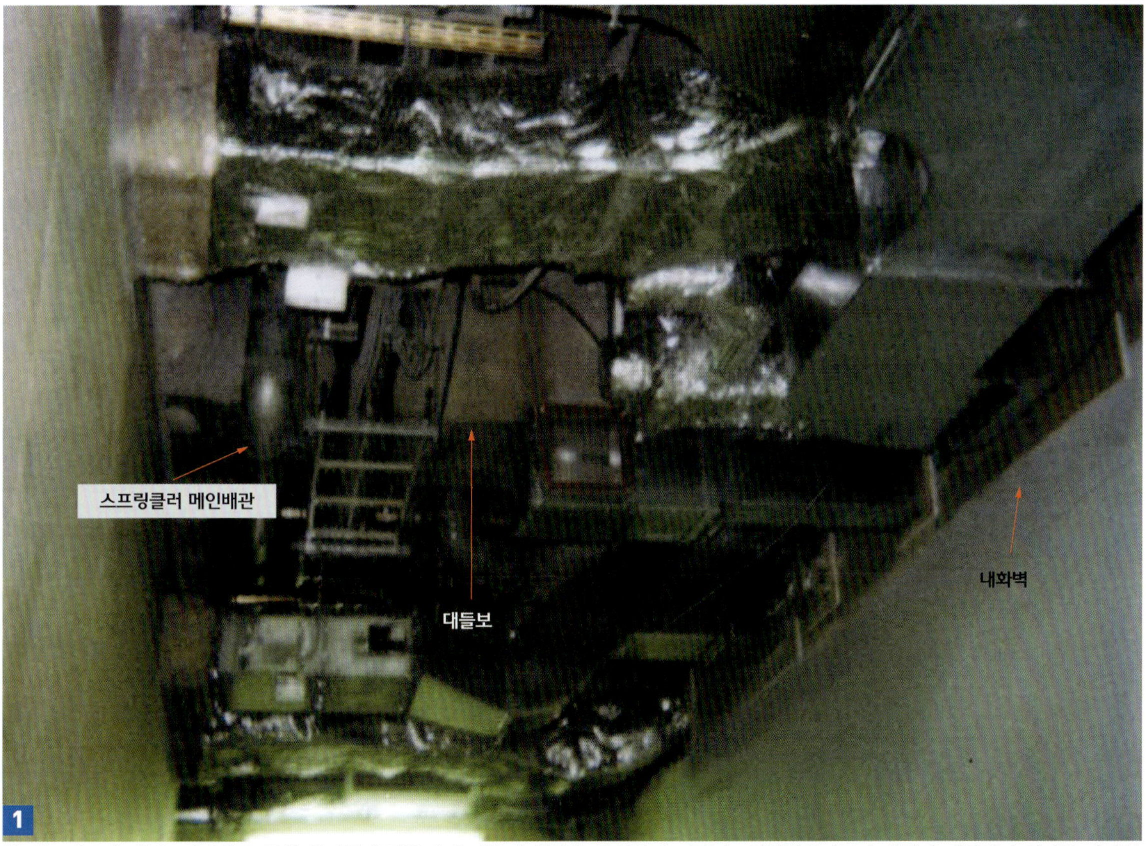

1

복도는 덕트나 배관, 전기램프 등의 설비류가 집중되기 때문에 천장을 구성하기 어렵다. 천장인사이드가 사전에 배치되어 있어도 마감공사 시점에서 변경되어 사용할 수 없게 되는 경우가 많다. 양측이 내화벽의 경우는 설비공사 전에 발생된 틈새처리를 실시하여 충분한 검토를 하지 않으면 안 된다. 후에 구멍을 뚫는 것은 매우 많은 노력을 필요로 한다.

2

먼저 설치한 천장인서트는 설비기기에 닿아 사용하지 못하고 이음볼트는 거의 후시공 앵커를 타설하게 되었다.

3

복도양측의 내화벽에 런너를 통과시켜 그곳에 스터드를 설치한 천장구조. 천장인서트 걱정 없이 말끔한 구성이 가능하다.

138 보와 벽이 만나는 부분의 실패

내화벽이 철골보와 가깝게 배치된 경우, 내화벽을 슬래브까지 올리면 철골보와 내화벽 사이에 작업할 공간이 없어 구획처리가 불가능하게 된다. 그곳에 배관설비 등이 있으면, 그 관통처리도 불완전한 것이 되어 버리므로 보와의 위치관계 조정이 필요하다.

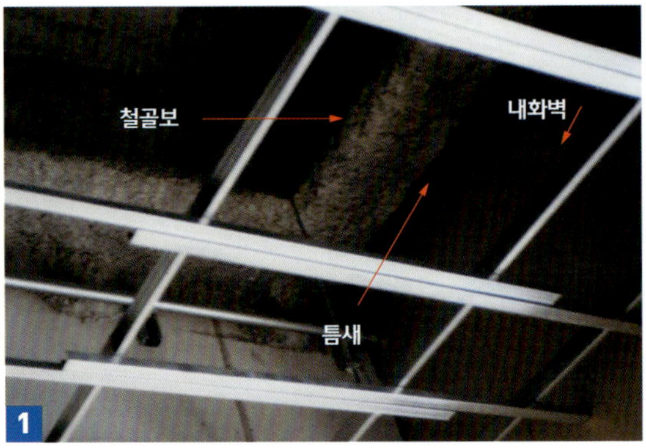

철골보와 내화벽과의 틈새 상부에서 슬래브와 만나는 부분의 내화처리가 되어 있는지 여부를 확인할 수 없다.

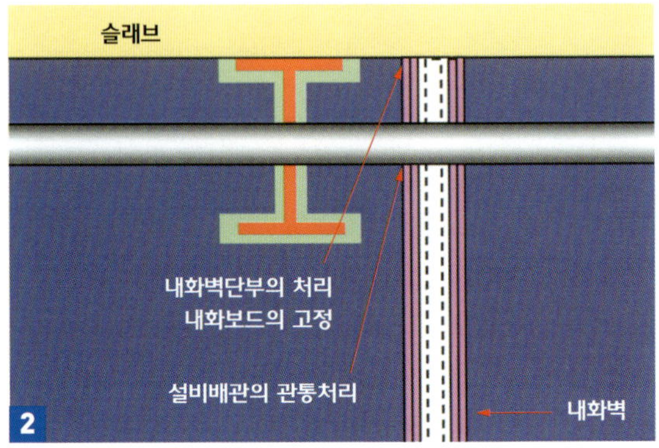

이러한 구성이라면 내화보드의 고정 및 단부의 내화처리 설비배관의 관통처리가 불가능하다.

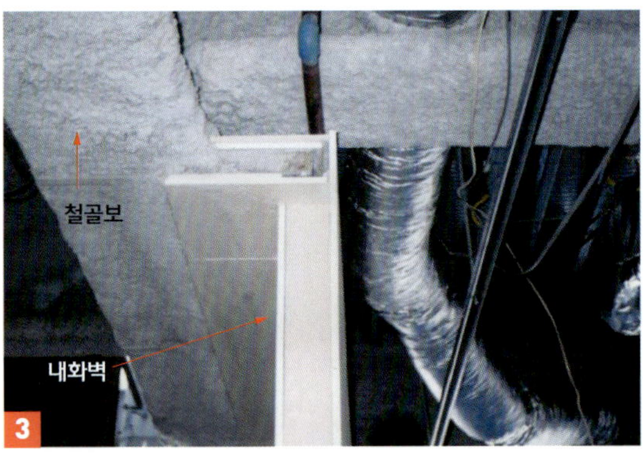

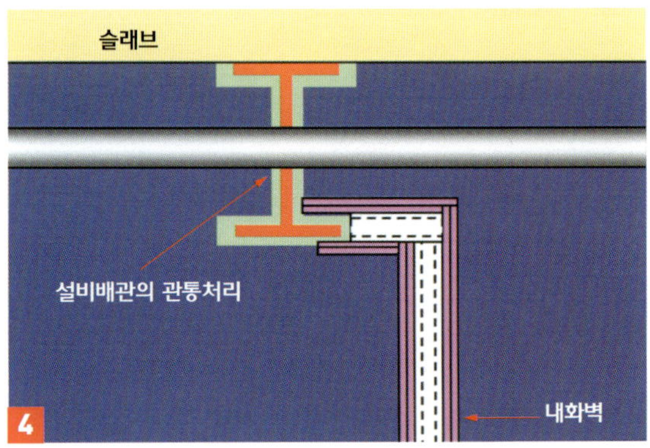

사진 3과 그림 4와 같이 내화벽을 철골보의 아래 플랜지 위치에 접속하는 것에 의해 그림 2의 문제는 해결된다.

내화벽의 수평부분과 철골보 아래 플랜지와의 내화구획처리의 상황

철골보에 벽의 경량받침을 설치한 상황

139 슬래브와의 사이에 내화처리 실패

슬래브와 내화벽이 만나는 부분의 내화구획처리의 공사가 늦어져 버리면 큰 노력이 소비된다. 또한, 설비공사나 다른 직종과의 공정 조정도 복잡한 작업이 되므로 조정부족으로 사진 1과 같이 되는 경우가 많다.

천장바탕이 완료되어서부터 속에 머리를 넣어 내화벽과 슬래브 사이에 내화처리를 하고 있다.

천장보드를 바르고부터 구획처리의 부조합이 발견되는 최악의 경우에는 천장 속에서의 작업이 되어 이렇게 내화피복재의 쓰레기가 천장에 떨어지는 일이 발생한다.

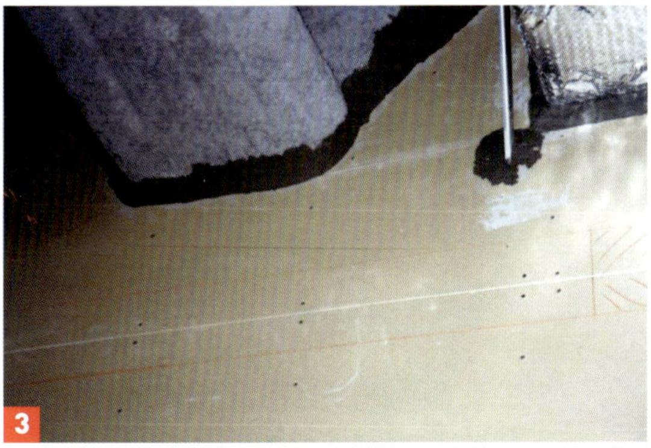

천장바탕 시공 전에 내화처리를 실시하면 사진과 같이 간단히 시공된다.

철골보의 내화피복뿜칠 후에 내화보드를 붙이고, 보의 내화피복과의 틈새를 다시 뿜칠하고 있는 상황

설비배관이 선행되면 내화보드의 구획처리가 시공할 수 없게 된다.

천장면에서 보 아래까지를 뿜칠방식의 내화구획으로 시공하여 설비공사를 선행시켜 그 아래를 내화보드로 시공한다면 내화처리하기가 쉽다.

140 벽의 데크플레이트 부분의 처리

내화벽을 수평의 슬래브에 세우는 경우에는 문제가 없으나 그 슬래브에 데크플레이트가 있을 때에는 그 처리에 노력이 소요된다. 어떻게 구성하는것이 합리적인지를 사전 계획을 세워야 한다.

1 창고의 벽, 내화벽은 아니지만, 플랫 데크와의 사이에 틈새가 벌어져 보기 흉하다.

2 합성바닥판 하부의 샤프트벽. 이것도 틈새가 벌어져 있다.

3 내화벽과 데크사이에 내화처리를 하고 있으나 말끔히 마감되어 있지 않다.

4 배연덕트주변의 내화벽을 벗긴 상황. 슬래브와의 사이를 처리하는데 노력이 소요된다.

5 데크형태와 맞추어 절단한 보드를 붙이면, 사진과 같이 말끔한 마감이 된다.

6 철골보와 데크 사이를 내화피복으로 뿜칠한 것. 내화벽은 보아래에 ALC판과 이어있다.

141 천장과 벽이 만나는 부분의 천장보드 낙하

지진시에 벽과 천장사이에 움직임이 발생하여 단부의 보드가 떨어져 버렸다.

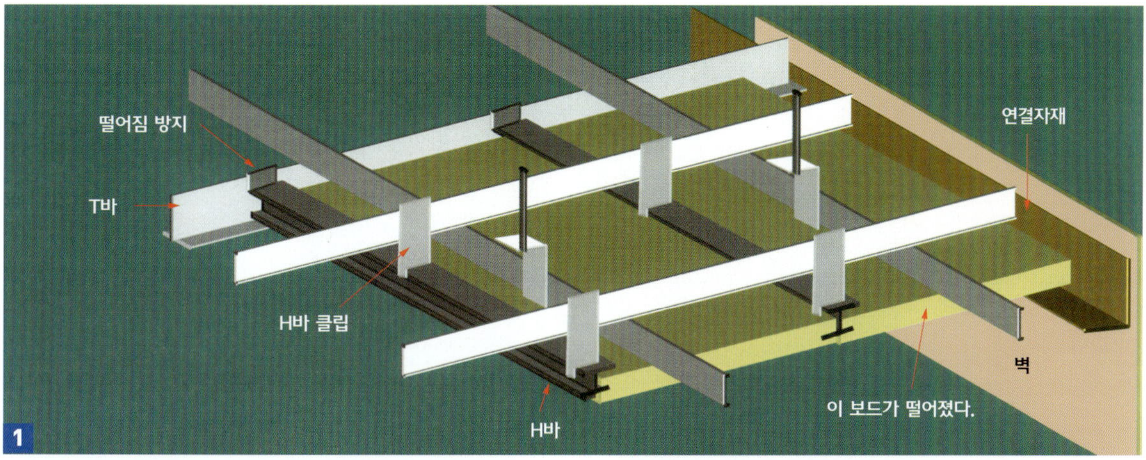

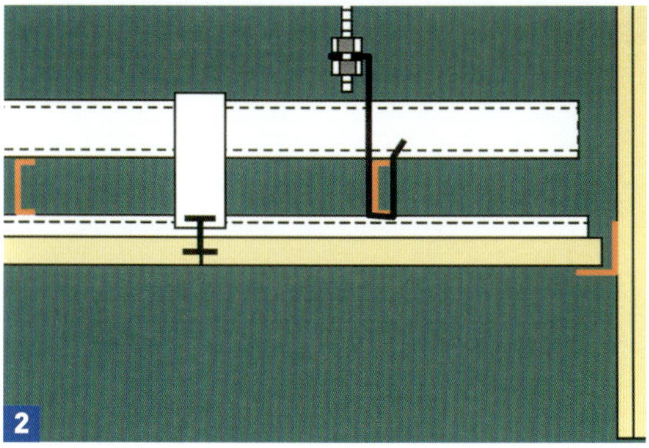

단부를 벽측의 연결자재에 올려놓는 구성을 취했다.

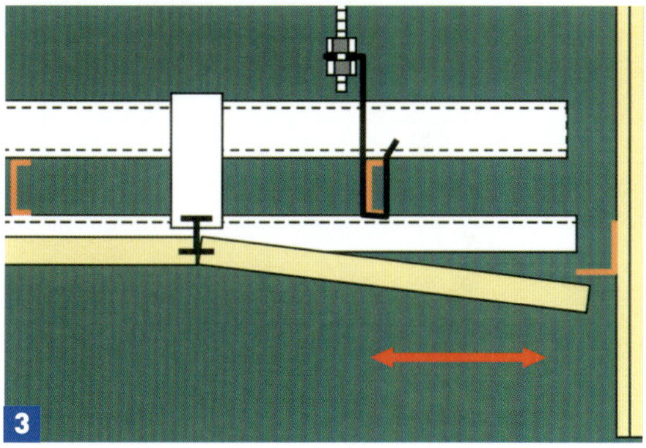

지진으로 시스템 천장이 위의 그림과 같이 움직여 단부의 보드가 낙하되어 버렸다.

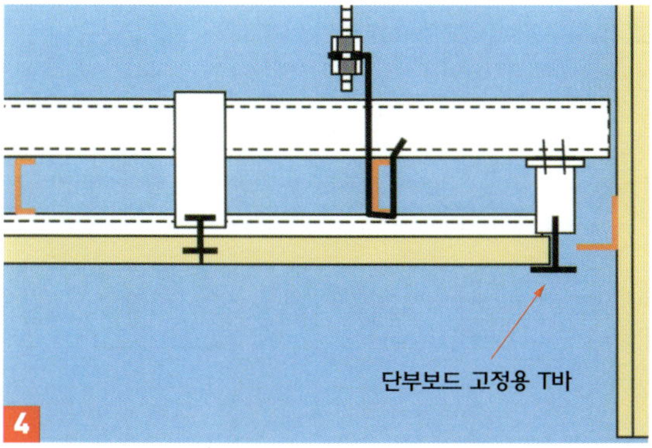

시스템 천장에서 독립해 보드를 고정하도록 위의 그림과 같이 구성해야 할 곳을 그림 2와 같은 시공을 해 버렸다.

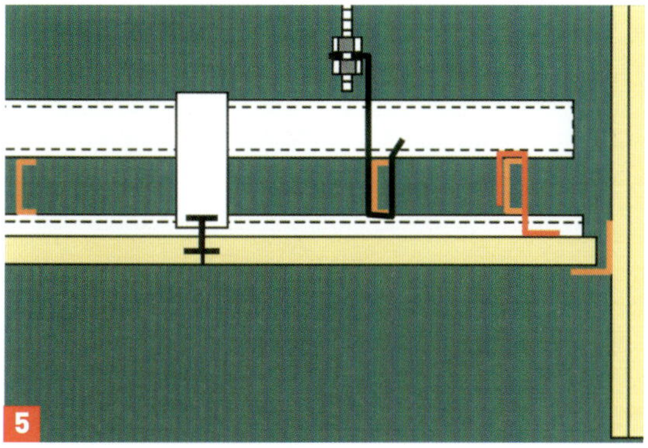

다른 부분과의 관계에서 연결자재를 그림 2와 같은 구성으로 하는 경우는 보드 벽의 경우 C챤넬을 통과시켜 보드 안쪽에 고정하는 방법을 취한다.

142 시스템 천장의 점검구 낙하

시스템 천장의 점검구 판이 낙하하는 사고가 발생한다. 아래에 있는 사람에게 맞아 상처를 준 다면 커다란 문제가 된다. 추가적으로 재발방지를 위한 전수확인을 하지 않으면 안 된다. 하나의 허술한 공사나 단 한사람의 과실에 의해 신용을 잃는 경우가 있다. 문제가 발생하지 않도록 만의 하나라도 낙하하지 않도록 구성을 만들어 놓는 것이 필요하다.

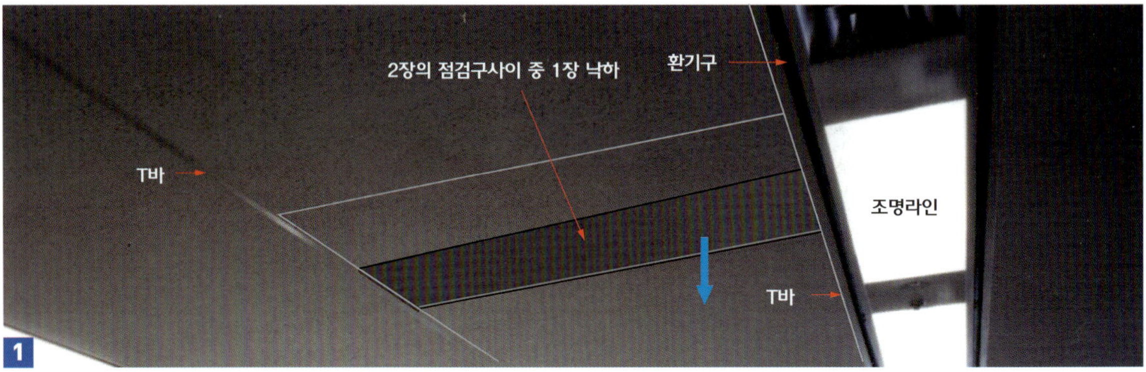

천장 내부의 공조기기 점검을 위해서 위의 그림과 같이 T바 사이에 걸어놓은 2장연속의 점검구 중 1장이 낙하해 버렸다.

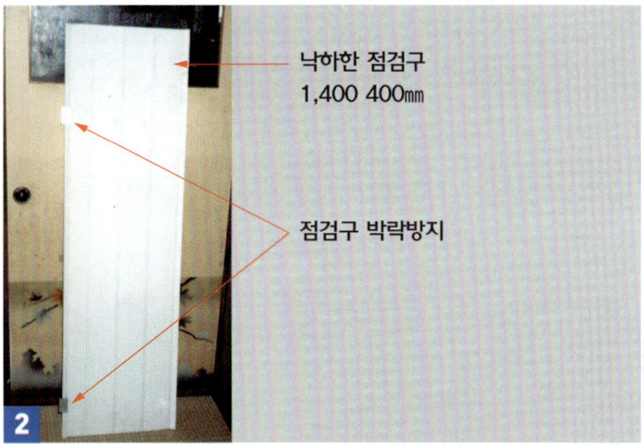

낙하한 점검구용 보드. 2장 연속이었기 때문에 박락방지가 한쪽에만 걸려 있었다.

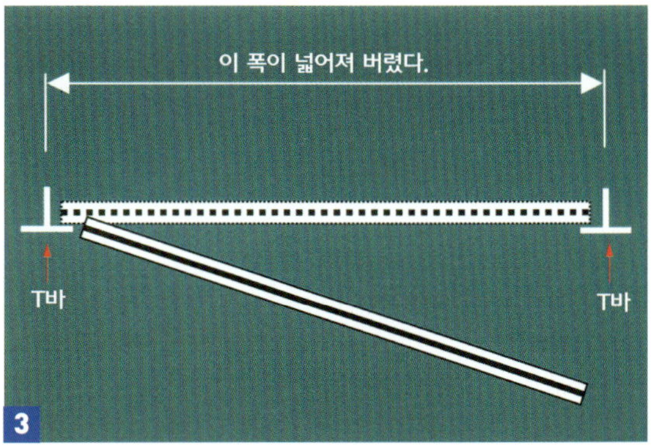

원인을 조사해보면, T바와 T바의 간격이 점검구부분에 있어서만 넓어져 버렸다.

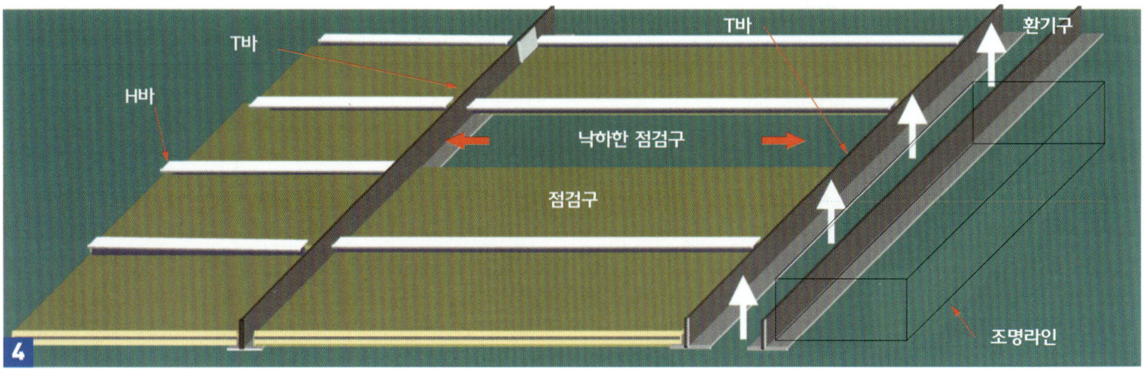

이것은 점검구를 천장안쪽에서 본 그림이다. 점검구를 들어 천장 내에서 작업을 하고 있는 사이에 T바를 몸으로 밀어 넣어 T바간의 폭이 넓어졌던 것을 알아채지 못하고 그대로 방치한 것이 원인이다. 고정을 위한 H바와 T바의 고정클립은 제거되어 있었다. 점검구 주변의 고정클립이 제거되지 않도록 피스고정 등의 처치가 필요하다.

143 방연벽의 실패

천장 내부의 배연구획 시공시기가 늦어져 작업성이 안좋은 상황에서 시공한 것을 볼 수 있다.

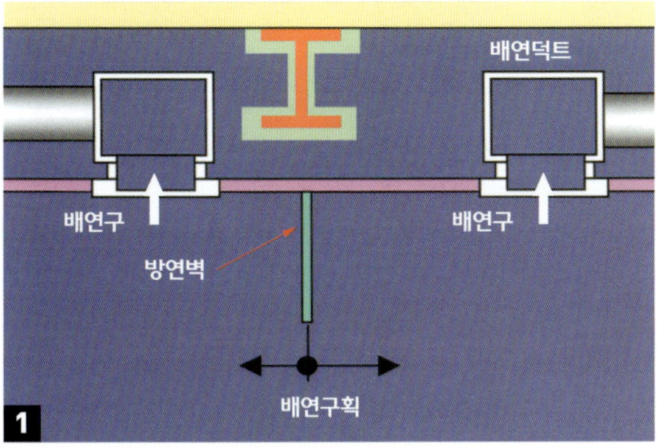

1 배연구획을 천장에서 아래로 구성하고 있는 경우는, 위의 그림과 같이 각각 천장면에 배연구를 설치하여 덕트를 접속한다. 천장 내부의 배연구획은 불필요하다.

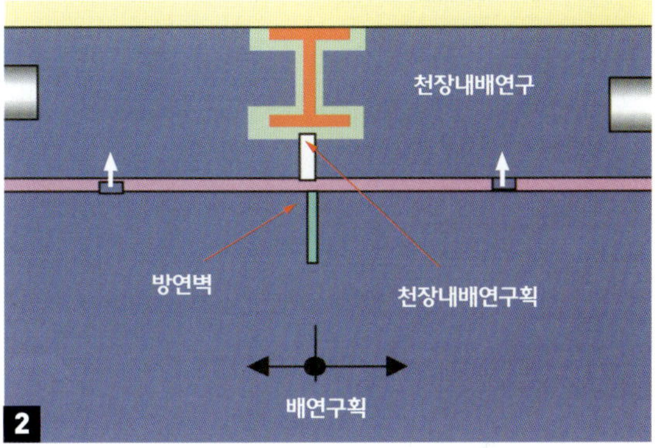

2 천장 내부도 배연에 사용하고 있는 경우는 천장 내부의 구획이 필요하한데, 이 부분의 시공은 하기 힘들다.

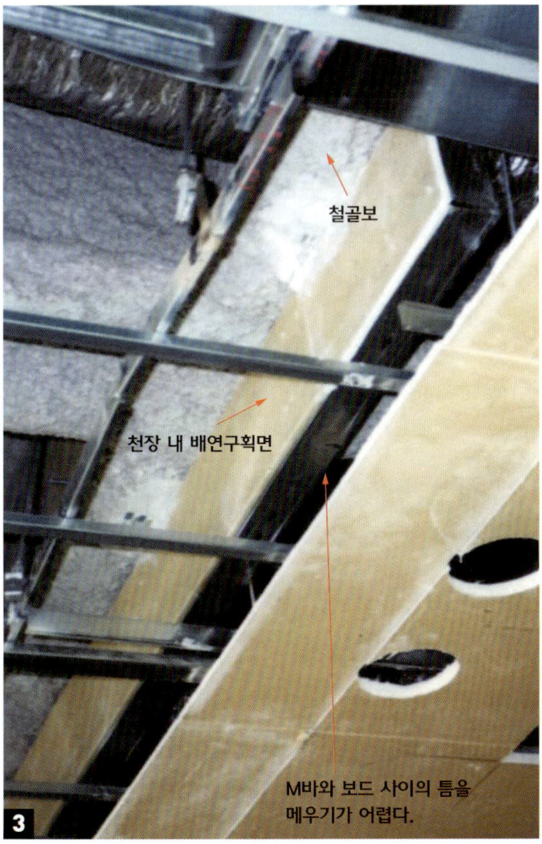

3 천장 내부도 배연으로 사용되기 때문에 천장보드와 슬래브 사이에 배연구획을 설치하고 있다.

4 천장 내부의 배연구획은 가능한 보 아래에 설치하는 것이 처리하기 좋고 확인하기 쉽다.

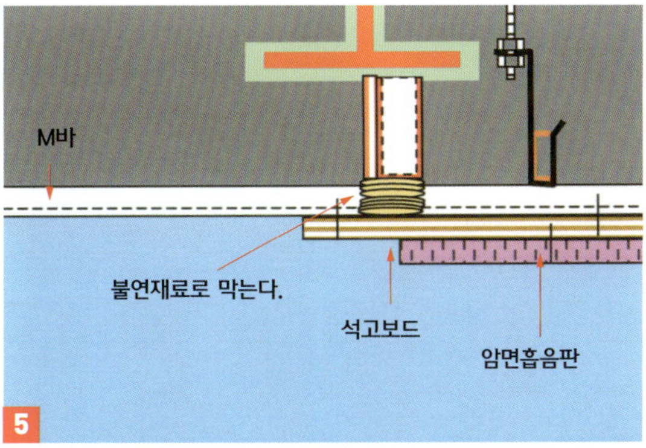

5 위의 그림과 같은 곳에 확실히 천장 내 배연구획을 시공할 수 있도록 계획을 하면 좋다.

144 단이 있는 천장의 오류

단이 있는 천장을 스틸패널로 제작해버리는 경향이 있으나 패널의 경우, 조인트 부분이 제대로 맞지 않는 일이 많다. 아래에 나타내는 것은 모두 석고보드와 거푸집용의 이음재를 사용하여 요구된 형태를 구축한 것이다.

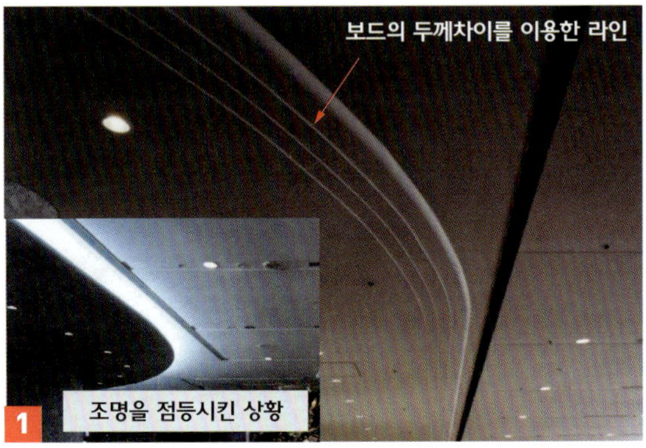

1

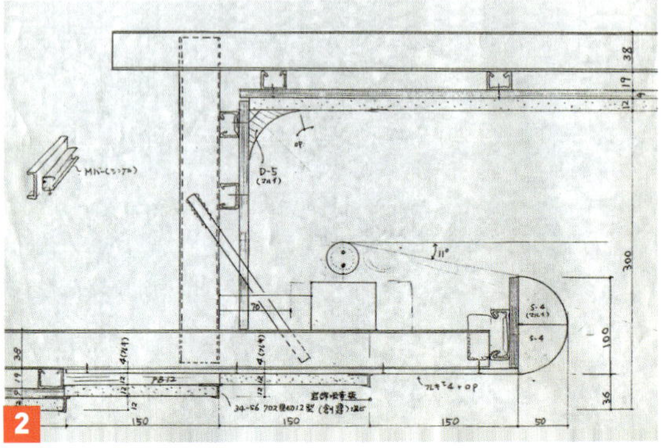

2

보드의 두께차를 이용하여 라인을 표현하였다. 또한, 끝단의 둥근 부분은 거푸집공사용 면귀를 사용하여 내부의 조명이 보이지 않도록 전체 두께를 최소한으로 줄이는 아이디어를 발휘하였다. 그림 2는 그 시공도이다.

3

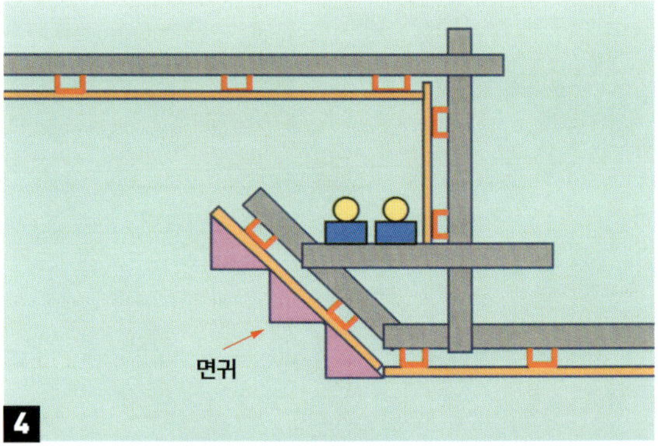

4

3단 코너를 깔끔히 내기 위해 경사지게 붙인 석고보드 위에 거푸집공사용 면귀를 3열로 붙였다. 나온 모서리는 보드에 의존하지 않는 편으로 깔끔한 구성이 가능하다.

5

이 경우, 천장의 들어간 부분이 적어 간접조명의 설치가 어려웠다. 이를 위해 주변을 한단 내려 깔끔한 음영을 만들 수 있었다.

6

천장면을 나눈 이미지를 내고 있다. 각의 아름다움을 표현하기 위해 석고보드와 같은 두께의 이음새 봉을 사용하고 있다.

145 외부 천장의 실패

외부의 천장은 태풍에 의한 풍압이나 비바람의 영향을 전부 받기 때문에 충분한 보강이 필요하다. 면적이 작은 발코니 등의 경우라도 클립접기 타입의 천장하단부 금속이 아닌 외부천장용 매달리기식 금속을 사용하지 않으면 안 된다.

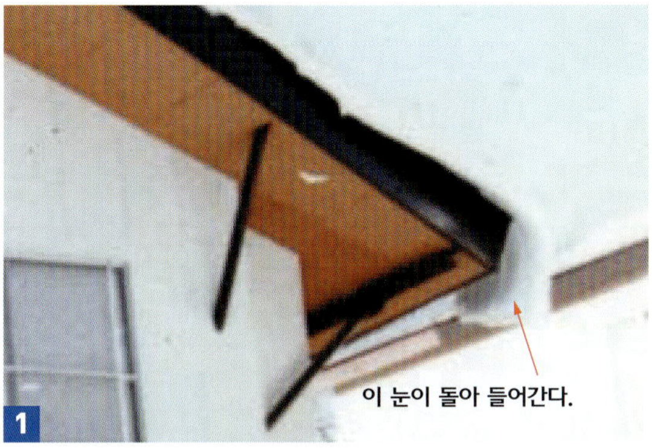

위의 그림과 같이 녹은 눈이 처마끝 안쪽의 천장으로 돌아 들어가 다시 얼어버려 천장보드를 파손하는 경우가 있다.

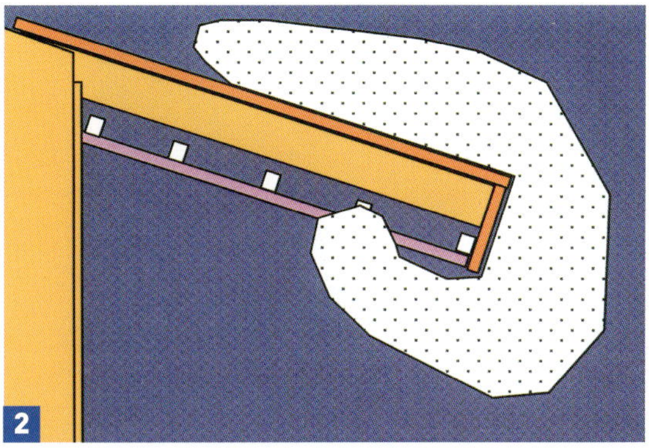

녹은 눈이 위의 그림과 같이 돌아 들어 처마 안쪽 천장을 파손해 버린다. 처마안쪽의 천장보강이 필요하다.

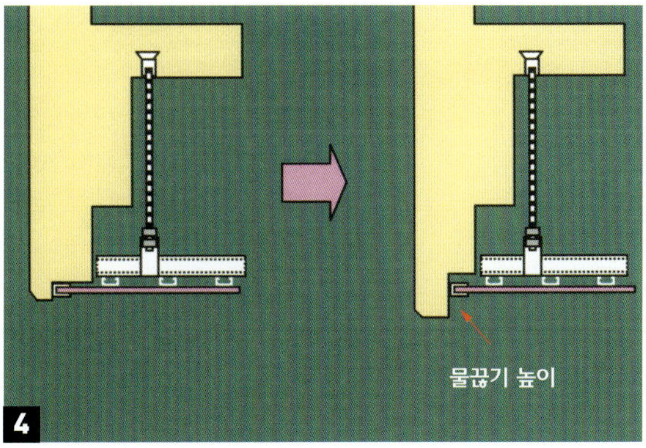

처마안쪽 천장에 비가 돌아 들어가 곰팡이가 발생해 있다. 물끊기 높이가 부족하기 때문에 빗물이 돌아 들어가는 현상이 발생한다. 그림 4의 오른쪽 그림과 같이 물끊기 높이를 확보해야 한다.

발코니의 천장이 태풍의 부압으로 쳐져버리고 말았다.

외부의 천장밑부분은 외부전용 금속을 사용하여 진동을 잡을 수 있는 보강을 충분히 해야 한다.

146 외부 암면흡음판의 오염

건물이 준공하여 시간이 지난 후에 불량이 발생하는 경우가 있다. 사진 1은 바로 그러한 예이다. 외부 현관의 처마안쪽에 붙인 암면흡음판에 격자모양의 오염이 부착되었다.

이 격자모양의 오염은 아래의 석고보드 형태로 되어 있다. 더러운 먼지가 오랜 시간 동안 바닥 석고보드사이에 빨려들어간 것이다.

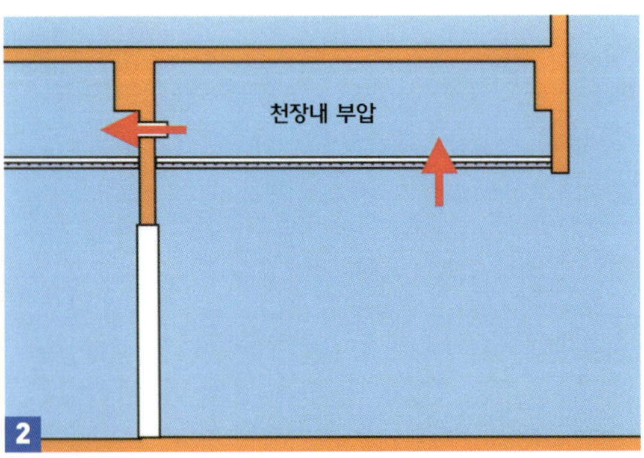

천장 내부가 부압이 되어 암면흡음판의 천장으로부터 더러워진 공기를 빨아들이고 있다.

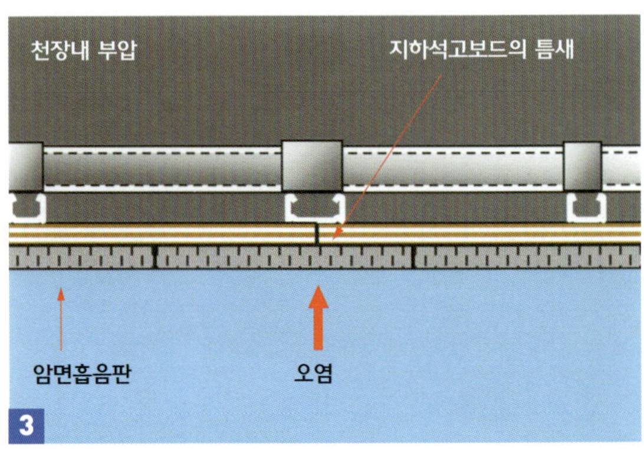

바닥의 석고보드의 조인트부분에 테핑을 함으로서 이러한 현상을 막을 수 있다.

[7] 미장·바닥 타일·석공사

147 계단단차의 실패

1의 사진은 계단 단의 높이의 시공을 잘못한 경우이다. 이러한 단차가 다른 계단에서는 발을 헛디뎌 넘어질 우려가 있다. 또한 계단의 모르타르는 사진 3과 같이 갈라지기 쉬우므로 사진 6과 같이 거푸집 정밀도를 높여 모르타르바름을 없앨 방법도 검토해야겠다.

1
계단의 최상부의 단높이가 달라 매우 위험하다. 이러한 부분을 위해 검사 가능한 눈으로 기르지 않으면 안 된다.

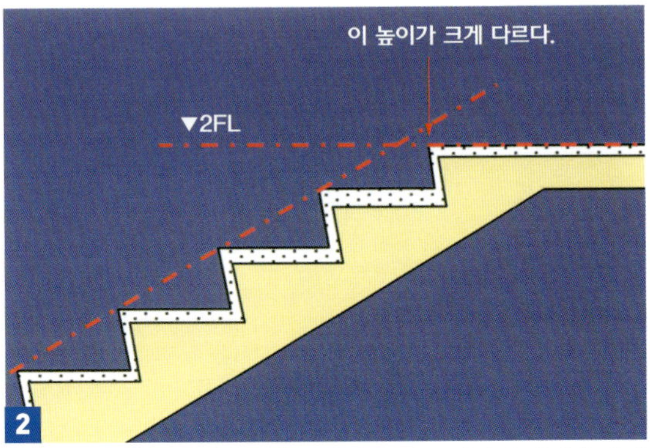

2
구조체의 계단으로 레벨이 틀려버려 그대로 마감한 것이라 생각된다.

3
외부의 모르타르를 바른 계단은 사진과 같이 균열이 발생하기 쉽다.

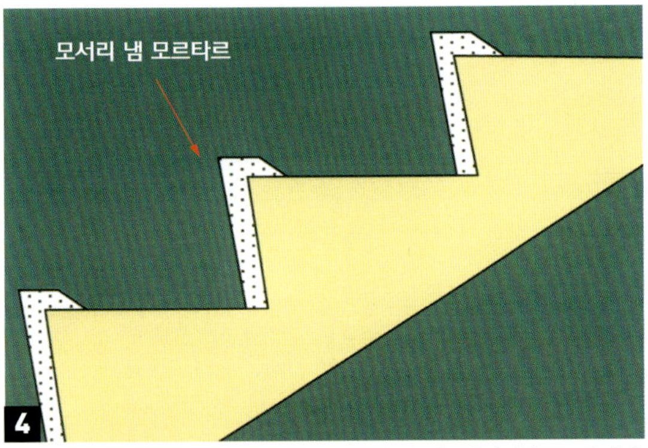

4
위의 그림과 같이 먼저 챌판을 마감한 후에 디딤판을 균일하게 하는 것이 일반적인 시공방법이나 돌출된 모서리는 깨지기 쉽다.

5
이것은 챌판에 시멘트판을 설치하여 디딤판모르타르바름과 시멘트판의 설치를 동시에 한 것.

6
계단의 통마감을 한 것. 표면을 얇게 발라 마감하므로 균열이 발생하기 쉽다.

148 바닥공사의 실패

바닥의 장척시트나 P타일을 바른 후에 왁스바름을 하면 보이지 않았던 바닥의 요철이나 모래입자가 빠져나온 상황이 색의 차이에 의해 보이게 되어 재시공을 하게 되는 경우가 있다. 이러한 일이 발생하지 않도록 사전에 관리와 검사가 중요하다.

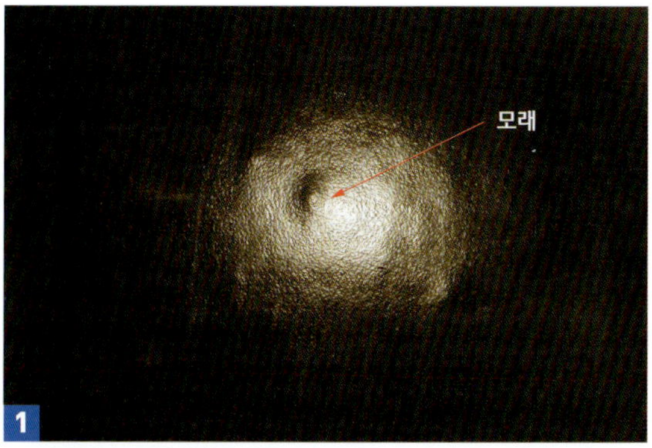

장척시트를 바르고 왁스를 바르면 이렇게 시트와 바닥사이에 들어간 모래나 먼지가 드러나 버린다.

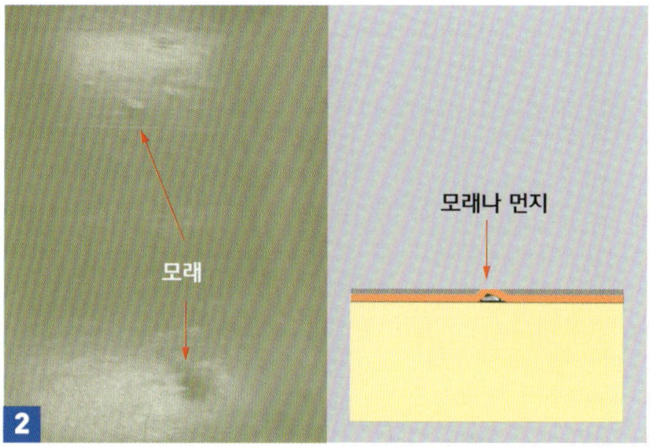

위의 그림과 같은 상태로 들어있으므로 제거가 어렵다. 부드러운 모래라면 햄머로 두두려 깨는 것이 가능하지만 시트가 흠집이 나는 경우가 있다.

바닥에 접착제를 바른 상황. 오픈타임을 취하는 사이에 가까이서 다른 작업을 하면 모래나 먼지가 부착되어 사진 1과 그림 2와 같은 상태가 된다.

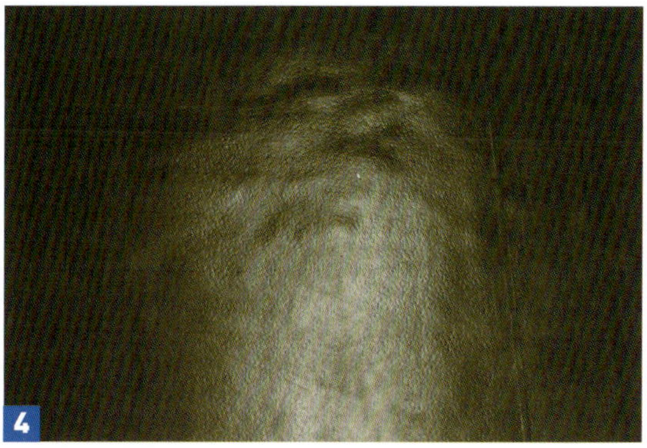

콘크리트 바닥의 보수가 나쁘기 때문에 보기 흉한 요철이 발생하였다. 보수를 위한 바름 두께가 너무 적기 때문에 이렇게 되기 쉽다.

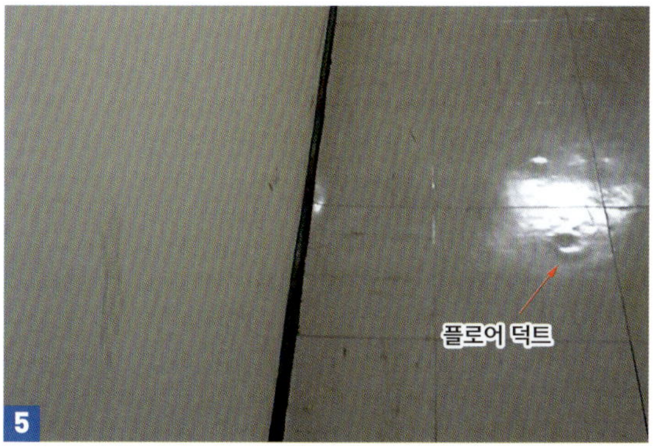

플로어 덕트의 배선 개구부부분은 후에 이렇게 함몰되어 버리기 쉽다.

이러한 바닥은 빛의 반사에 의해 요철이 보이기 쉽다. 어두움 속에서 바로 라이트를 옆에서 비추어 요철 확인을 하고 보수한 후에 바닥공사에 들어가면 좋은 마감이 된다.

149 타일바닥의 박리

외벽의 타일 일부가 박리되어 버려 낙하를 방지할 목적으로 네트를 친 건물과 신축하여 그리 시간이 지나지 않았지만 발판을 걸어 타일을 다시 바르는 건물을 보게 된다. 타일 바름시공은 확실히 되어 있어도 바닥모르타르의 시공이 나쁘면 사진 1과 같이 박리되어 버린다.

1 타일이 바탕모르타르와 함께 콘크리트면에서 박리되어 5㎝의 틈이 발생해 버렸다.

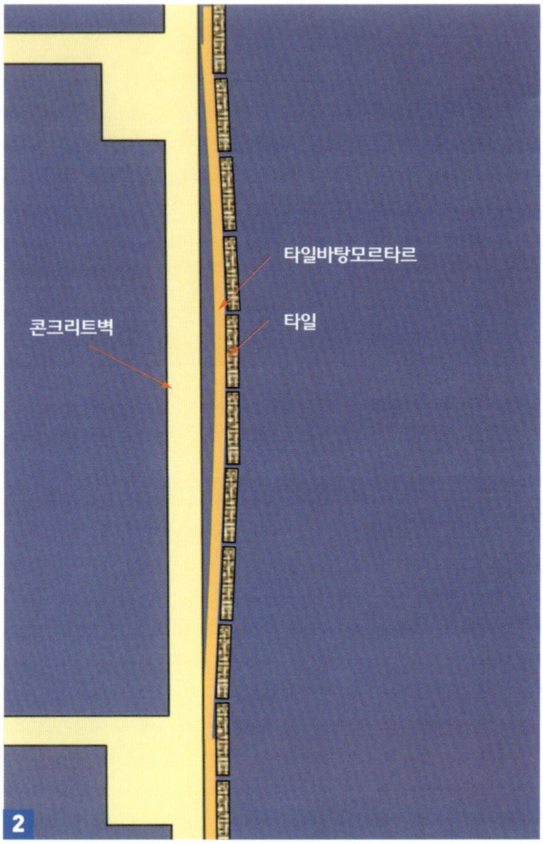

2 왼쪽의 사진의 단면도. 바이메탈과 같이 바탕과 타일이 일체가 되어 콘크리트 벽에서 벗겨져 버렸다.

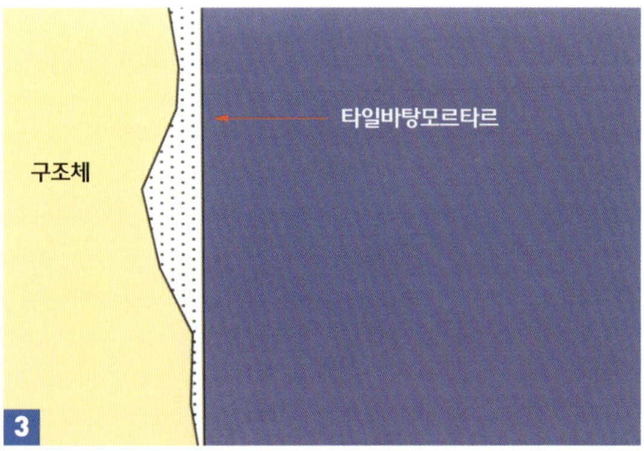

3 구조체의 정밀도가 나쁜 부분에 바닥바름을 하지 않고 한 번에 두껍게 바르는 허술한 공사는 위험하다. 바르지 얼마 안 되어 마르지 않은 모르타르가 떨어진 일이 있다.

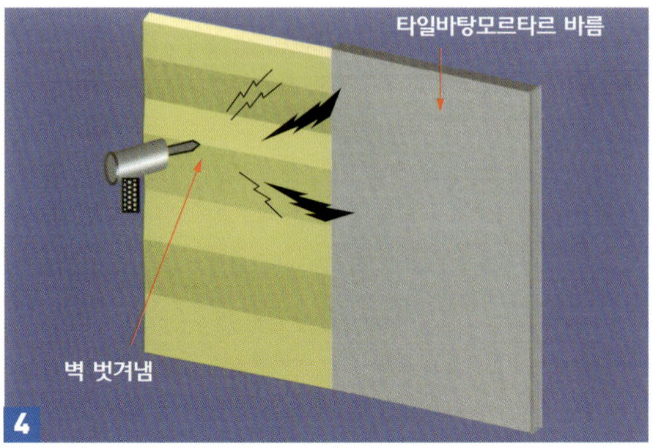

4 위의 그림과 같이 벽 벗겨냄을 실시하여 금방 바른 모르타르에 나쁜 진동을 미치는 경우가 있다. 나쁜 계획이 타일박리로 이어진다.

150 벽타일의 갈라짐 · 떨어짐

외벽타일의 들뜸이나 박리 · 낙하사고가 가끔 발생하고 있다. 어떤 대책도 취하지 않고 타일바름을 실시하면 아래와 같은 실패로 이어진다. 충분한 계획이 필요하다.

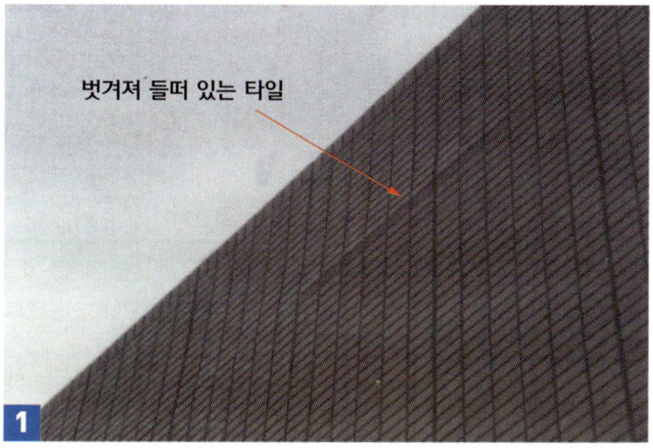

ALC판에 타일을 발랐으나, 파라펫의 콘크리트 수평조인트부분에 타일이 벗겨져 있다.

층의 수평이어치기 부분에 걸쳐있던 타일에 이어치기면을 따라 균열이 발생해 있다.

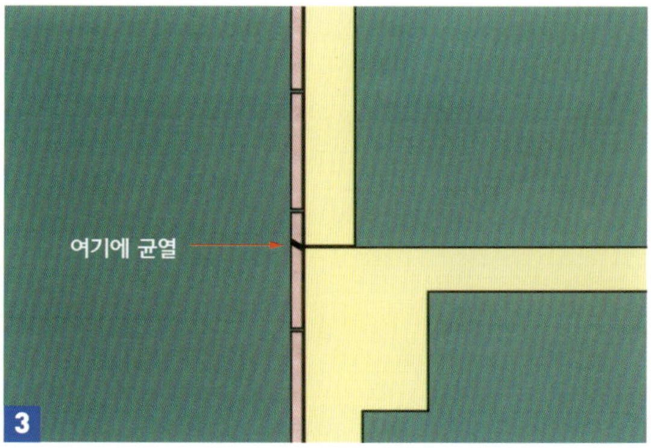

콘크리트의 수평이어치기 부분에 걸쳐있는 타일이 갈라져 버림

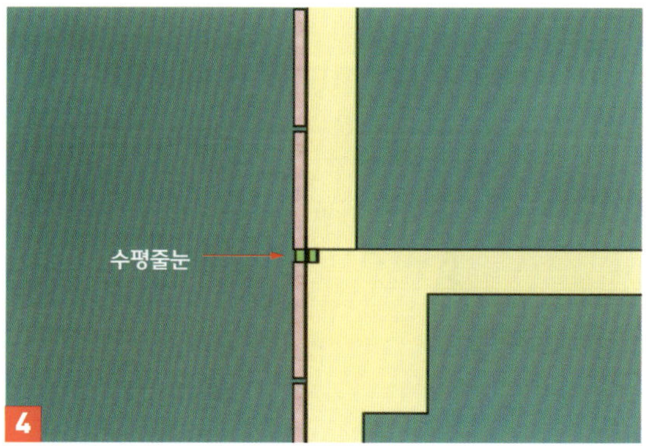

위의 그림과 같이 수평이어치기 이음부분에 타일의 줄눈을 설치하도록 나누지 않으면 안 된다.

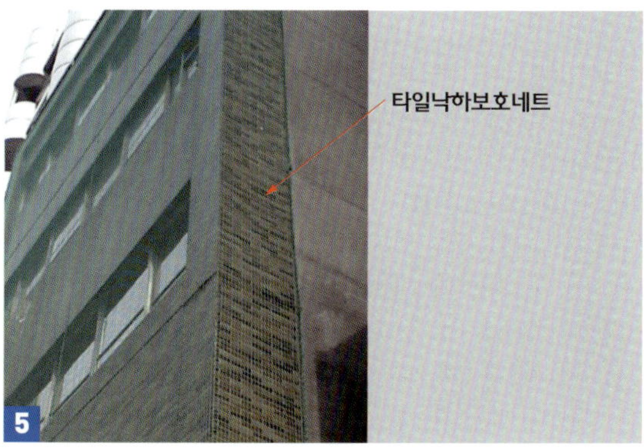

거리에 흔히 볼 수 있는 타일낙하방지의 보호네트. 이렇게 되지 않도록 충분한 검토가 필요하다.

중량이 있는 타일은 붙일 때에 떨어지지 않도록 고정하지 않으면 안 된다. 또한 타일줄눈을 깊게 하면 타일을 고정하는 힘이 약해 주의해야 한다.

151 처마 추켜올림 안쪽의 실패

처마의 추켜 올린 안쪽 · 측면 · 상부에 모르타르를 바른 경우, 갈라져 낙하하는 경우가 있다. 후에 이 보수를 실시하여도 비용이 소요되어 안전한 상태로는 회복되기 어렵다. [후에 모르타르를 바르고 도망간다.]라고 하는 감상은 버리는 것이 좋다.

1

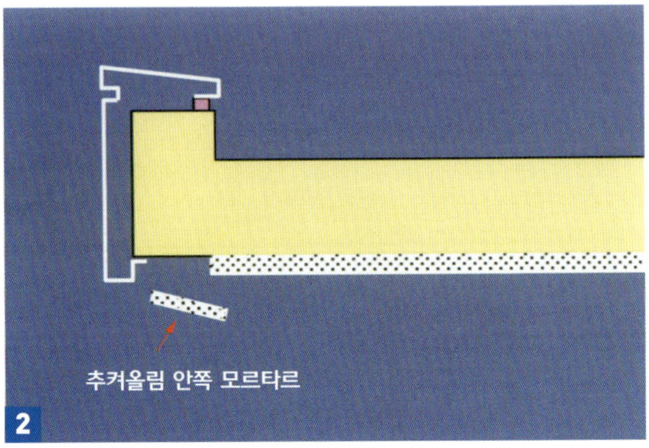

2

추켜올림 안쪽에 바른 모르타르가 구조체에서 벗겨져 낙하되어 있다. 이러한 상황이 되면 하부의 통행이 위험해 진다. 물의 흘러들어감이 모르타르의 박리를 촉진시킨다. 또한, 한랭지에서는 그러한 물이 얼어 팽창하여 모르타르를 벗겨내는 힘이 된다.

3

처마 측면의 모르타르가 떨어져 버려 추켜올림 안쪽에 물이 흘러들어 뿜칠재를 벗겨버렸다.

4

처마 상부의 방수 모르타르가 갈라져 누수되어 처마 하부의 모르타르가 벗겨져 떨어져 있다.

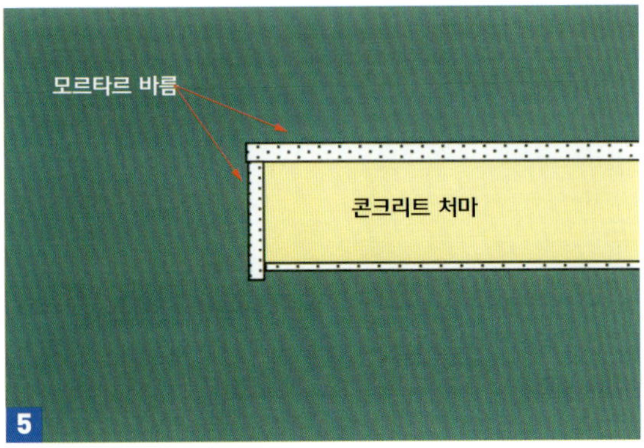

5

이러한 구성은 열이나 우수의 영향을 받아 모르타르가 갈라지기 쉽다.

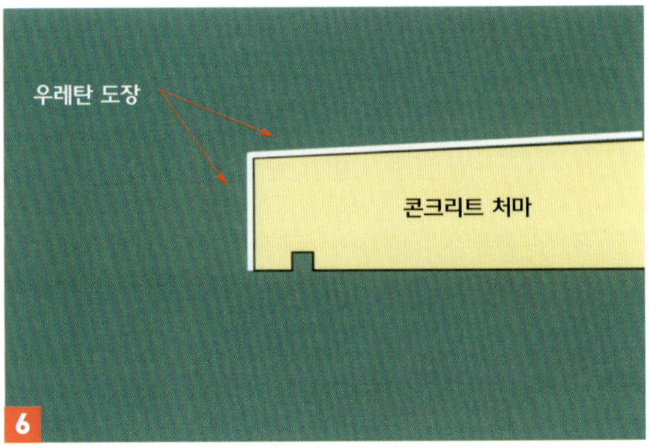

6

모르타르보다도 콘크리트 타설 마감한 후에 열의 영향이 적은 밝은 색의 우레탄도장을 하는 편이 실패가 적다.

152 경사 지붕의 실패

경사지붕부분의 불량은 많다. 태양의 복사열을 받기 쉬운 장소가 있기 때문에 불량을 일으키지 않도록 설계단계에서 어떠한 지수대책을 할지를 확실히 계획해 놓지 않으면 안 된다.

1 경사 지붕에 바른 방수 모르타르가 박리하여 낙하방지 네트를 설치하고 있다. 방수 모르타르 위에 뿜칠한 암색계의 뿜칠재가 커다란 온도차를 발생시키고 있다.

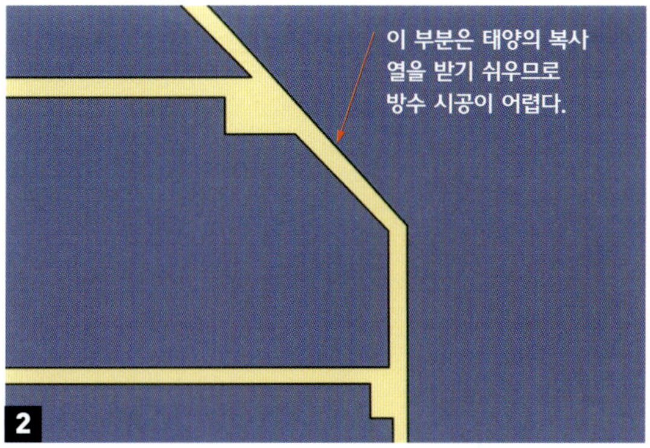

2 경사 지붕에 방수 모르타르를 발라서는 안 된다.

3 파라펫의 경사진 부분의 타일로부터 누수를 막기 위해 지수용 도료를 발랐으나 오염을 발생시키고 있다.

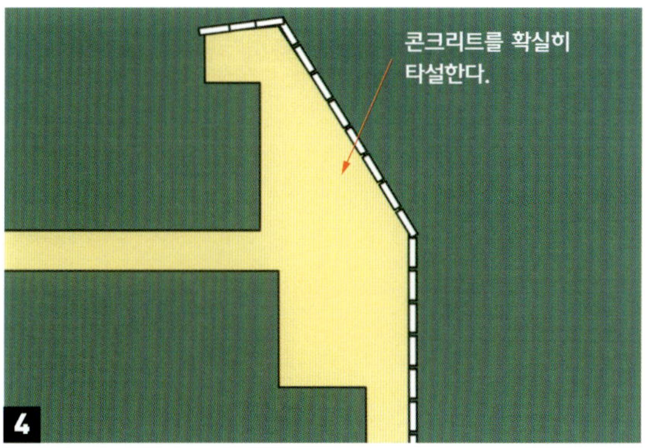

4 타일아래의 콘크리트를 밀실히 타설하여 담수시험으로 확인한 후에 타일을 바르는 것이 중요하다.

5

6

경사 지붕에 방수를 하여 그 위에 누름 콘크리트를 타설하였으나 사진과 같이 누름 콘크리트가 갈라져 버렸다. 이러한 상황의 경우에는 누름 콘크리트가 적합하지 않다.

153 외부 도장의 박리

외부의 뿜칠재는 시간이 지나면 사진 1과 같이 들뜸이나 벗겨짐이 발생한다. 이러한 불량은 이음매의 도장 바름이 나쁜 부분이나 시공 불량부분에 빨리 발생한다. 뿜칠면을 전체적으로 조금이라도 오래 버티도록 하기 위해 확실히 시공관리를 실시하지 않으면 안 된다.

1 외벽뿜칠재가 벗겨져 버린 상황. 이음매 주변에 벗겨짐이 많다.

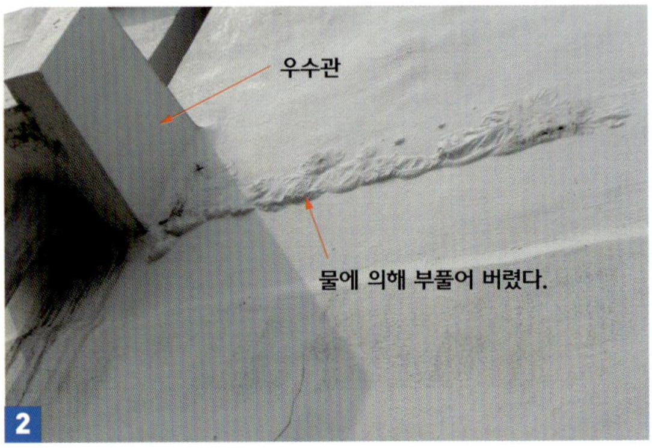

2 외벽에 지수성이 높은 뿜칠도료를 사용하면 내부에서의 물도 지수되어 버려 물이 고여 부풀어 버렸다.

3 외벽 중간부분을 어두운 색계열의 뿜칠재로 마감한 것. 상부벽과 비교하여 뿜칠재의 열화가 빨리 발생하였다.

4 하얀 가스관의 표면에 도장한 것이 벗겨진 상황. 엣칭프라이머 등의 바닥처리를 줄이면 벗겨짐이 빨리 발생한다.

5 철골과 철골 사이에 도장이 전부 발라지지 않아 녹이 발생해 버렸다.

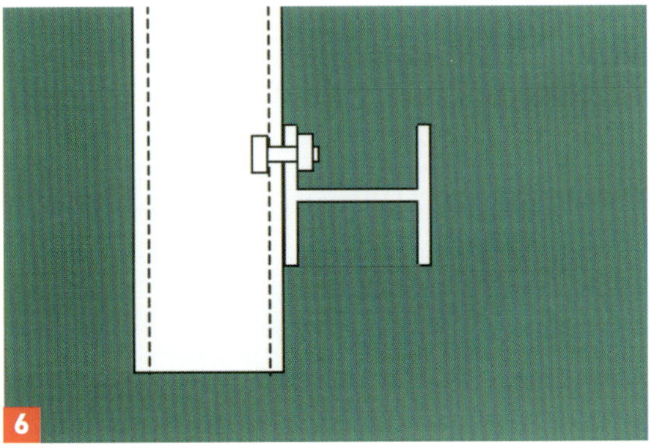

6 이러한 장소에는 가능한 아연도금 철골을 사용해야 한다.

154 타일 나눠 붙이기의 실패(1)

타일 나눠 붙이기 실패로 천장과 바닥 부분에 커다란 줄눈이 나타나 있는 것을 가끔 보게 된다. 도면의 불충분, 현장의 관리부족, 세세한 배려의 결여 등이 합쳐지면 언젠가 이러한 구성이 되어 버린다.

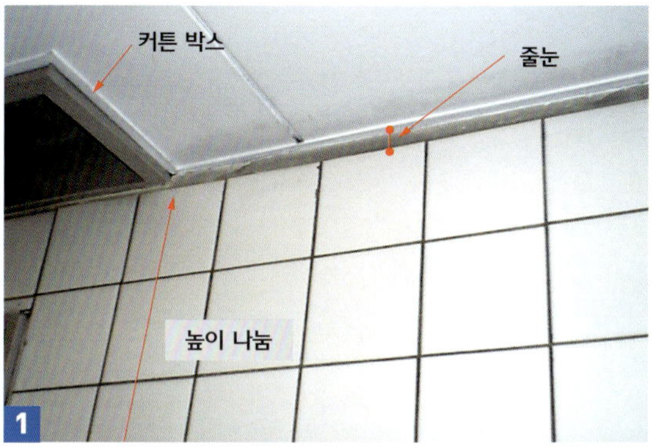

1 커튼 박스 아래에서 높이를 나눠 붙이기 위해 천장과의 높이 차를 줄눈으로 만들고 있다.

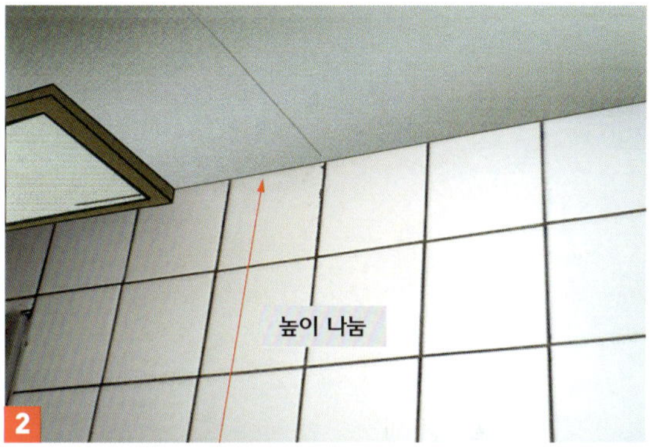

2 천장 조금 위에서 나눠 붙이면 이렇게 말끔히 처리된다. 틈새 주변을 깔끔하게 보이게 하는 기술의 계승이 필요하다.

3 천장붙임 시공 후에 벽타일을 붙이고 있기 때문에 천장과의 사이에 틈이 생겨 보기 흉해져 버렸다.

4 이렇게 벽을 먼저 시공한 후, 천장을 붙이면 말끔히 구성된다.

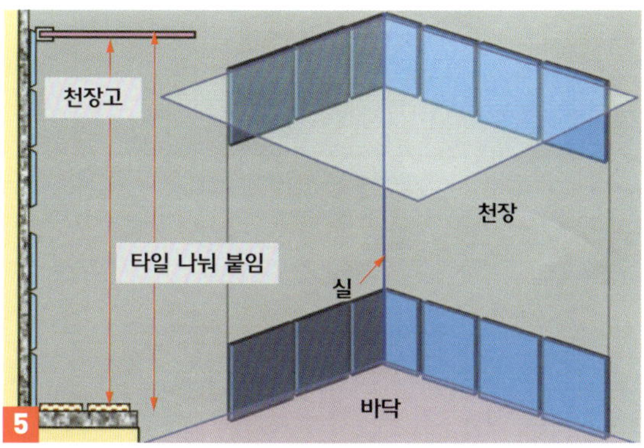

5 천장과 바닥을 타일 나눠 붙임단보다 약간 내림으로서 말끔한 구성이 된다. 들어간 모서리나 문틀 등과의 연결부는 균열방지를 위해 실을 바른다.

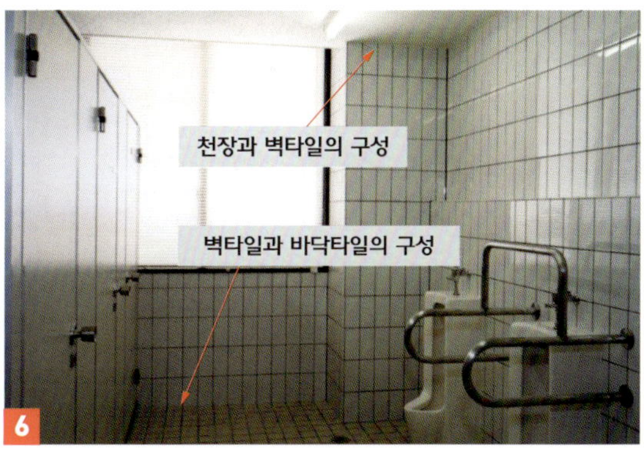

6 이러한 구성이 천장과 바닥이 말끔히 보인다.

155 타일 나눠 붙이기의 실패(2)

최근에는 타일을 붙이는 방의 시공이 적어지고 있기 때문인지 타일붙임 시공의 요령을 모르는 담당자가 많다. 실패하기 쉬운 부분을 이해한 후에 나눠 붙임 도면을 작성하여 실시해야 한다.

1 문틀을 벽에 맞추려 하였으나 설치 오류로 벽면에서 벗어나 버렸던 것. 문틀보다 윗부분은 작은 타일을 붙였으나 문틀과의 사이에 붙이는 것은 불가능하였다.

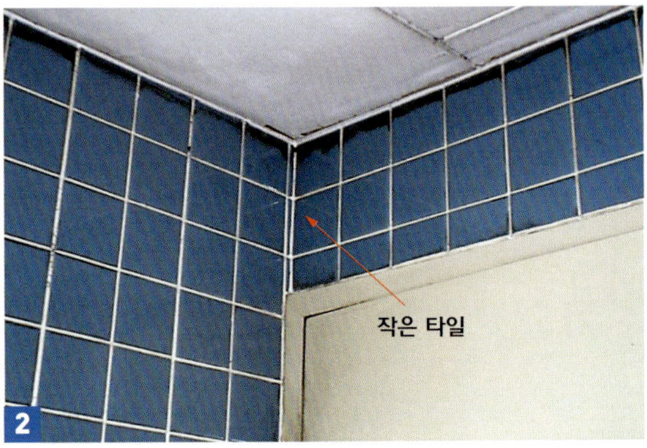

2 문틀에서 왼쪽방향에 온전한 타일로 나눠붙였으나 문틀 위에서 간격 두께가 부족하여 작은 타일을 붙였다.

3 사진 1은 위의 그림과 같이 문틀 옆에 작은 벽을 설치하는 편이 나눠 붙이기가 말끔하게 구성된다. 또한, 코너는 온전한 타일보다 약간 작은 타일을 사용하는 편이 좋다.

4 벽의 들어간 모서리는 타일의 갈라짐과 줄눈 시멘트 낙하방지를 위해 실이 필요하나 이렇게 너무 크면 보기 흉하다.

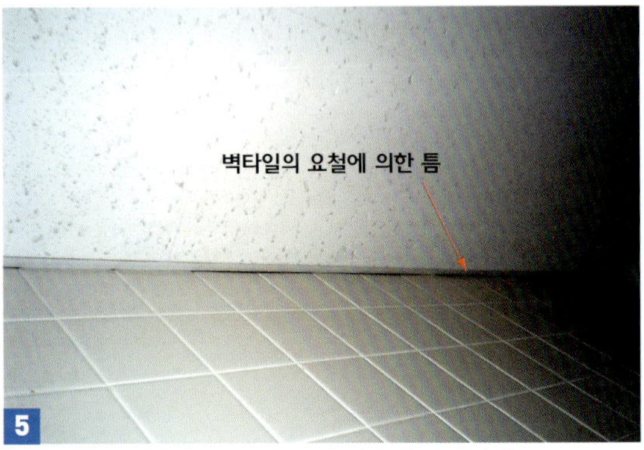

5 벽타일의 정밀도가 나빠 이렇게 틈새가 되어 버렸다.

6 모양붙이기의 경우는 모양타일과 스위치나 콘센트와의 나눠붙이기를 생각하여 붙인다.

156 변형되기 쉬운 석재

이 대리석은 시공되었을 때는 하얗고 좋은 색상이었으나 석재 속에 소량의 철분을 포함하는 경우가 있어 그것이 시간의 흐름과 함께 산화하여 사진 2와 같이 황색으로 변하는 경우가 있다. 또한, 사진 4와 같이 석재 줄눈이 있는 대리석은 접착제 성분이 석재 줄눈을 통과하여 표면에 나오는 경우가 있으므로 주의가 필요하다.

1 시공한지 얼마 지나지 않은 상황으로 아름다운 색을 하고 있다.

2 시간이 지나면 위와 같이 황색으로 변색된다.

3 황색으로 변색된 바닥대리석. 물의 영향을 받은 부분의 변색이 크다.

4 대리석의 접착붙임 시공으로 접착제에 포함되어 있는 산이 돌틈에서 발생하여 표면을 침식하고 있다.

157 대리석을 화장실에 사용한 실패 사례

대리석은 색이나 모양의 종류가 많아 건축의 재료로서 우수한 것이나 그 성질을 이해하지 않고 용도를 잘못하여 사용할 경우, 각각의 문제를 일으키게 된다. 설계단계에서 후에 문제가 발생할 법한 사용법을 하고 있는 경우 미리 주의를 줄 필요가 있다.

1 소변기 주변의 대리석이 황색으로 변색되어 버렸다. 대리석은 산에 약한 것을 재확인하지 않으면 안 된다.

2 소변기 아래에 오염방지석으로서 화강암으로 교체한 모습. 최근에는 화강암보다는 성능이 안정된 인조대리석이 많이 사용되고 있다.

3 벽·바닥 모두 트레버틴으로 마감하고 있다. 트레버틴의 틈에 들어간 오염은 제거되기 어렵다. 약품이 틈에 들어가 녹는 경우가 있다.

4 이것은 소변기 주변의 석재를 갈아내어 오염방지를 꾀한 것이나 그 효과는 시간이 지나지 않으면 알 수 없다.

실패방지 포인트 6

건축재료 사용법의 오류에 의해 처음에는 매우 아름다웠던 내장이 시간과 함께 보기 흉해져 버려 교체해야 하는 경우가 있다. 설계자·시공자·석공사 전문업자의 확인 없이 이러한 외장이 되고 만다. 제품을 권하는 측은 그 장점만이 아닌 결점을 정직하게 확실히 말하는 자세가 필요하다. 동시에 설계자·시공자는 보는 눈을 기르지 않으면 안 된다.

158 석재 줄눈에서 모르타르 성분 누출

사진 1과 5처럼 보기 흉한 상황을 자주 보게 된다. 고가의 재료를 사용하였음에도 불구하고 이렇게 되어버리면 설계자 · 시공자의 기술부족 책임이 되고 만다.

1 석재 붙임 욕조의 줄눈에서 석재 붙임 모르타르 성분이 용출되고 있다.

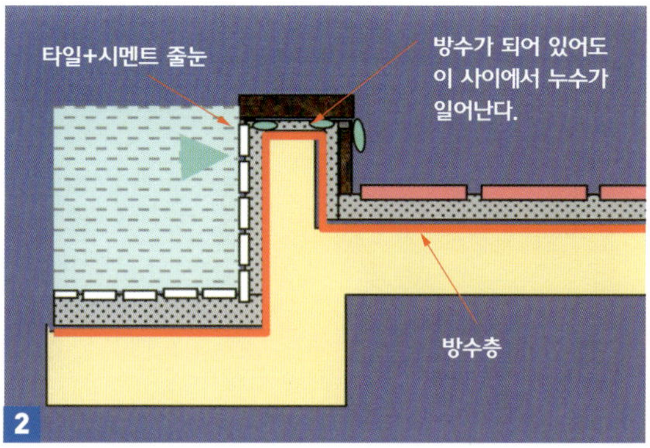

2 욕조 내부가 타일 붙임이 되어 있기 때문에 타일의 시멘트 줄눈에서 물이 스며들어가 방수층 위에서 욕조의 외측 석재 줄눈으로 스며져 나온 것.

3 재발방지를 한 욕조. 내부의 마감은 모두 화강암석재붙임으로 줄눈을 폴리설포이드로 실하고 있다.

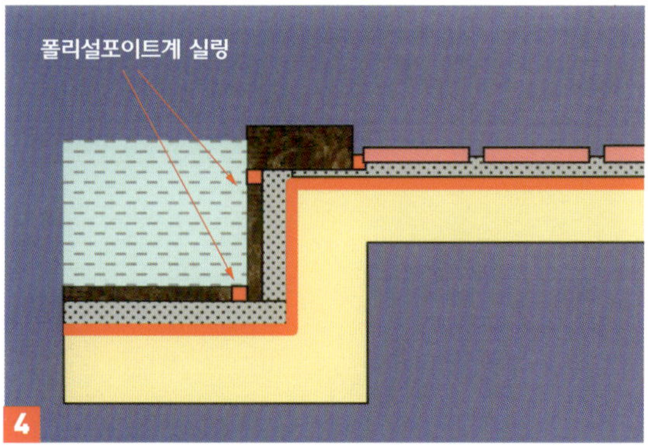

4 사진 3의 단면. 폴리설포이드계 실링을 시공하여 물의 누수를 막고 있다.

5 석재의 계단부분에도 욕조와 같은 현상이 발생한다. 수두차가 큰 아랫단 쪽이 많이 스며나와 있다.

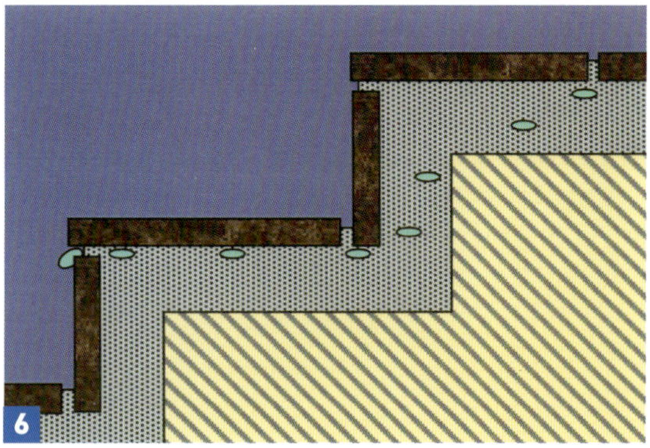

6 누수되기 쉬운 부분은 실링을 해 놓는 것이 필요하다. 또한, 최하부에 배수를 설치하는 것이 좋다.

159 바닥석재의 갈라짐

건축현장에 얇은 석재를 사용하도록 되어 있기 때문에 바닥 석재의 들뜸이나 갈라짐이 많이 발생하게 되었다. 얇은 석재를 사용하는 경우, 접착제를 적게 사용하는데 충분한 붙임이 필요하다는 것을 생각하여 시공계획을 세우지 않으면 안 된다.

1 갈라져 금이 간 바닥 석재. 벗겨보면 모르타르의 강도가 나오지 않는 경우가 많다.

2 바닥 석재의 붙임 접착제가 적다

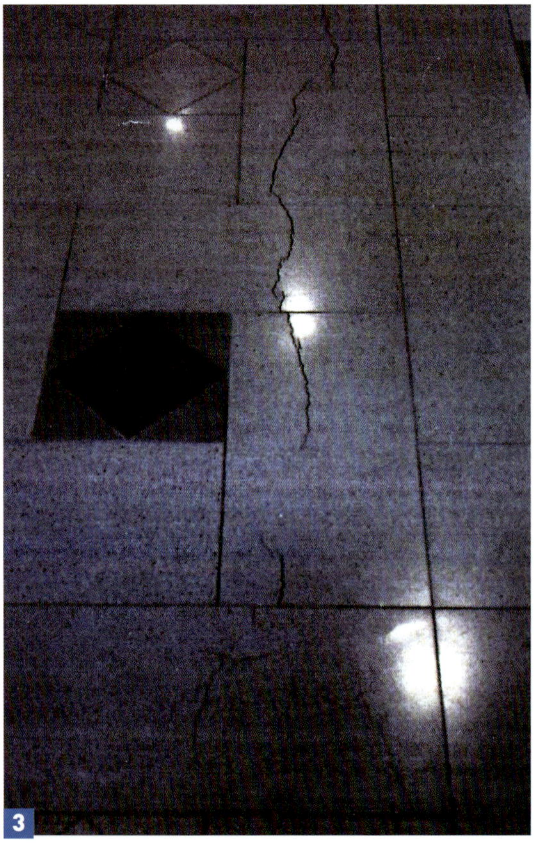

3 바닥 윗면에 금이 가 있다.

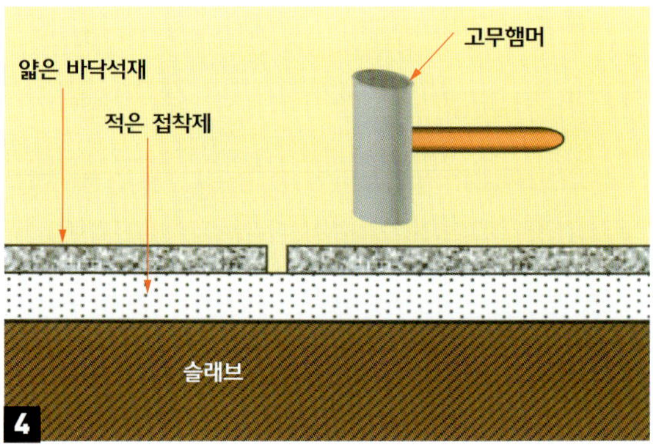

4 위의 그림과 같이 접착제가 적은 얇은 바닥 석재의 경우, 강하게 두드려 채움모르타르의 강도가 올려지지 않는 것이 원인이라고 생각된다.

5 확실히 시공된 바닥 석재의 모르타르는 이렇게 석재를 벗겨내도 붙어있다.

160 돌붙임 문의 실패 사례

문에 석재를 붙여 문의 존재를 감추려는 의장이 있으나 문이 무거워 축부분이 마모되기 쉬우므로 어느 정도의 관리가 필요하다. 이 문에 설치하는 돌을 고정하기 위한 구성이 제대로 되지 않는 것이 있다. 허술하게 공사가 진행되면 설치한 석재가 떨어져 상해를 입는 경우가 있으므로 충분히 신경을 써서 관리하지 않으면 안 된다.

1
급결시멘트로 접착하였기 때문에 금속물이 달려있지 않은 상태로 다음 석재를 붙이려고 하고 있다.

2
상부에는 석재를 고정하는 구성이 설치되어 있다.

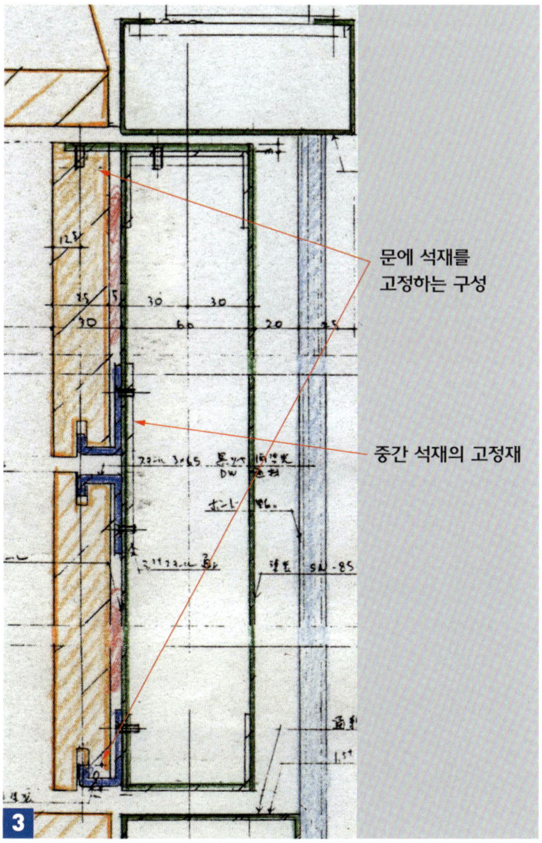

3
실제 이 금속에는 석재의 고정은 불가능하다.

실패방지 포인트 7

문의 상하에 석재 고정 금속이 부착되어 있는데 어째서 중간에 금속이 없는가? 답은 석재의 나눔이 마지막까지 결정되지 않았기 때문이다. 문의 제작공장은 위치가 불명확한 것을 붙이지 않는다. 현장에는 중간의 금속이 없는 채로 반입되어 석재를 붙이는 단계에서 담당자에게 이야기 하나 담당자가 모르고 지나치는 중에 형태만 설치하는 상황이 되어 사진 1과 같은 작업이 진행된 것이다. 이것은 결손공사에 자주 있는 패턴이다.

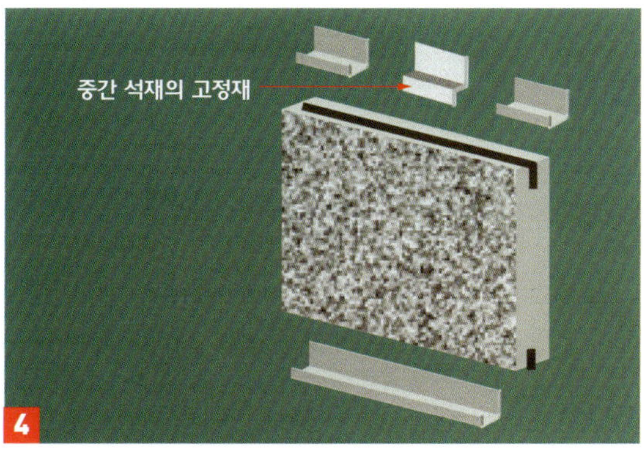

4
위의 그림과 같은 중간 금속물은 재료를 반입하여 석공사에서 설치하는 편이 합리적이다.

161 발의 헛디딤, 미끄러지기 쉬운 구성

건물이 준공한 후에 클레임이 나기 쉬운 부분 바닥의 마감이다. 통행인이 상해를 입을 우려가 있는 부분에 대해서는 의장적으로도 충분히 배려를 하지 않으면 안 된다. 건설공사는 여러 상황을 고려한 조건 속에서 시공되어져야 한다. 아래의 1에서 5는 현장으로부터 잔토반출을 위해 나오는 덤프트럭이 제3자의 통행인을 치었던 사고이다. 유도원이 있어도 불가피하게 사각지대가 만들어지는 경우가 종종 있다.

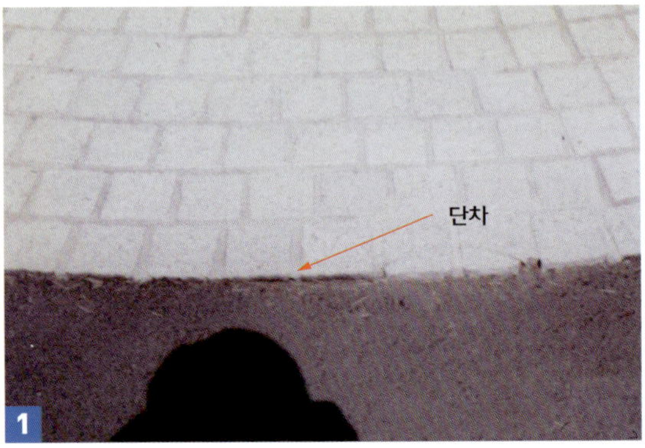

1 석재타일과 아스팔트포장 사이에 1㎝의 단차를 만든 상황. 발을 헛디디는 사람이 많아져 클레임이 발생하였다.

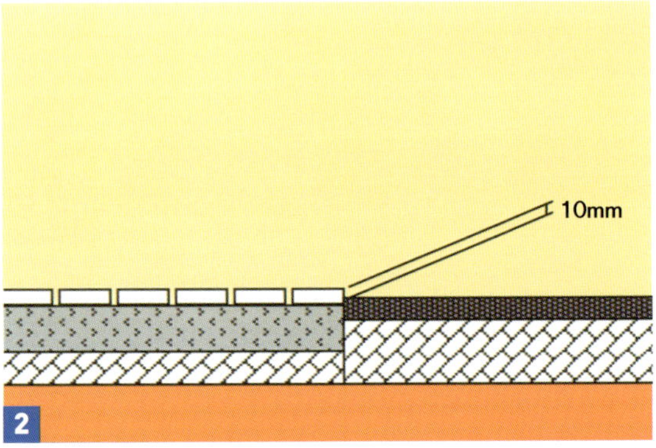

2 사진 1의 구성도. 확실히 확인되지 않는 높이는 매우 위험하다.

3 보도와 차도 사이의 연석을 경사지게 커트하여 슬로프로하였으나 우천시 매우 미끄러워 논슬립고무를 붙여놓고 있다.

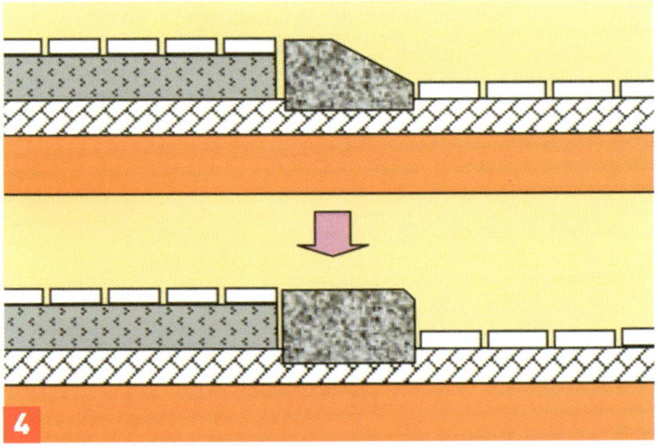

4 연석을 경사지게 하는 것보다는 아래의 형태로 하는 것이 미끄러지지 않는다.

5 이 슬로프 부분도 물갈기로 인해 우천시에는 미끄러지기 쉬우므로 배려가 필요하다.

6 엘리베이터 출입구에 물갈기를 사용하여 클레임이 발생하였다. 논슬립의 홈이 3개로 부족하다. 바닥 마감이 변하면 미끄러지기 쉽다.

162 분수공사의 개선

약 8×12m의 모든 주변에서 한가지 모양으로 물을 흐르게 하는 분수의 정밀도 확보는 매우 어렵다. 여기서는 앞 페이지에서 언급한 모르타르성분의 용출이 발생하기 쉽다는 문제를 해결하기 위해 채용한 예를 나타낸다.

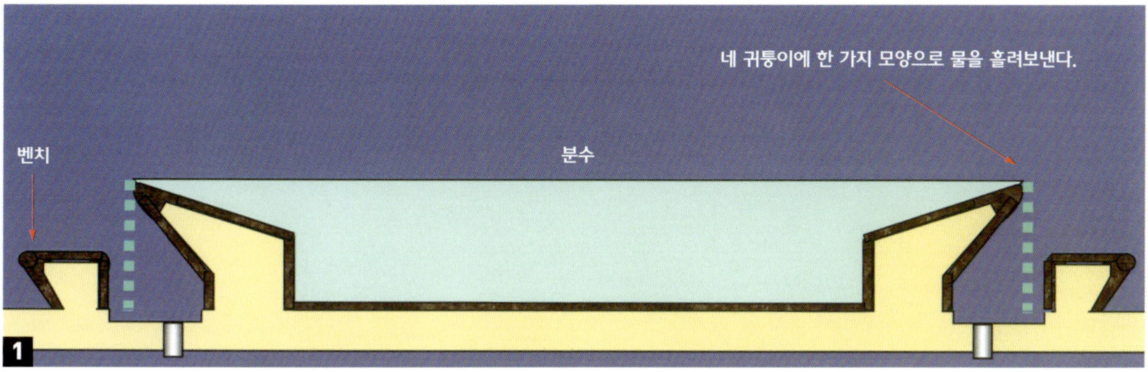

1 기본적인 단면은 위의 그림과 같다. 분수 주변 좁은 부분에 화강암을 붙이는 구성을 하고 있다.

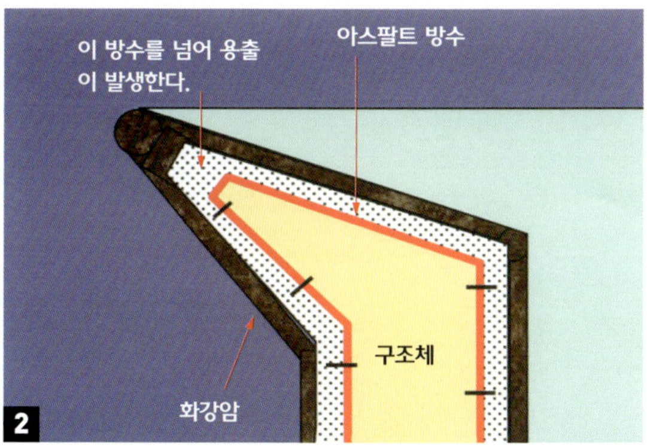

2 구조체 위에 방수를 하여 그 위에 화강암을 붙이는 것이 일반적이나 붙임 모르타르 성분의 용출이나 석재고정을 위한 방수층의 앵커관통 등의 문제가 있다.

3 붙임 모르타르를 적게 하기 위해 석재를 먼저 조립하여 거푸집 대신 그 속에 콘크리트를 부어 넣는다.

4 최상부만은 석재를 붙인다. 석재의 이음부 모두에 폴리설포이드계 실링을 시공하였다.

5 정밀도가 좋게 시공되어 모르타르 성분의 용출도 방지하는 것이 가능하였다.

[8] 외부 구조

163 차도 슬로프 경사의 실패 사례

지하주차장의 슬로프 공사에서는 자동차 몸체가 바닥에 닿는 경우가 있으므로 주의가 필요하다. 특히 호일베이스가 긴 승용차의 경우 그러한 경향이 크다.

1

슬로프 시작 위치가 산의 정상과 같이 되어 차량의 '배'부분에 접촉하는 경우가 있다. 1 사진도 그러한 상황이 발생하였기 때문에 후에 산에 해당하는 부분을 깎아내었다.

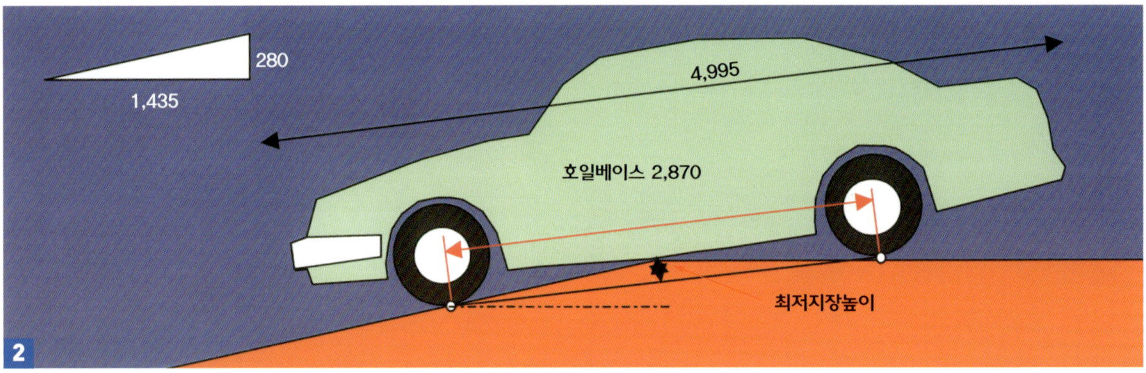

2

최악의 조건이 되는 장소에서 특정 승용차를 설정해 작성한 검토도면

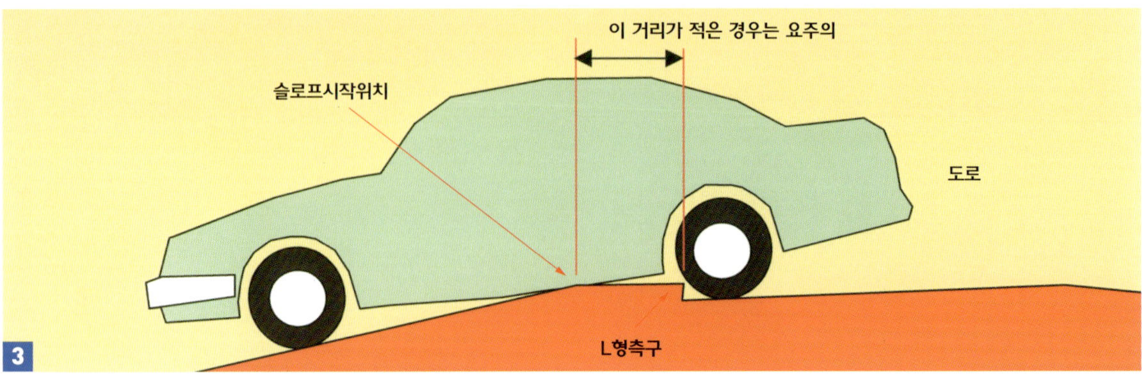

3

위의 그림과 같이 도로에서 슬로프가 시작하는 위치까지의 거리가 적은 경우는 L형측구의 단차이에 의해 실패하기 쉽다. 또한, 커브로 돌면서 내려가는 슬로프의 안쪽이 급경사가 되기 쉽다. 구성도를 그려 확인하지 않으면 안 된다.

164 주차장 허용높이의 실패 사례 외

주차장에는 내부 설비기기의 파손이나 차량의 파손을 막기 위해 어느 정도 이상의 높이를 가진 차량이 들어가지 못하도록 제한하는 바가 달려있다. 그 설치실패로 문제가 발생하는 일이 있다. 또한, 사진 5와 6은 설계단계에서 충분히 검토해 놓아야 할 사항이다.

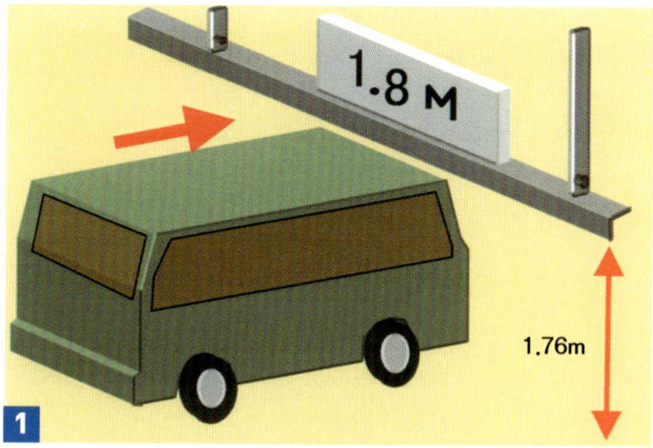

1 높이 제한 바에 높이 1.8m 이하의 차량이 접촉하여 차량 천정에 상처를 내버려 손해보상을 요구하게 되었다.

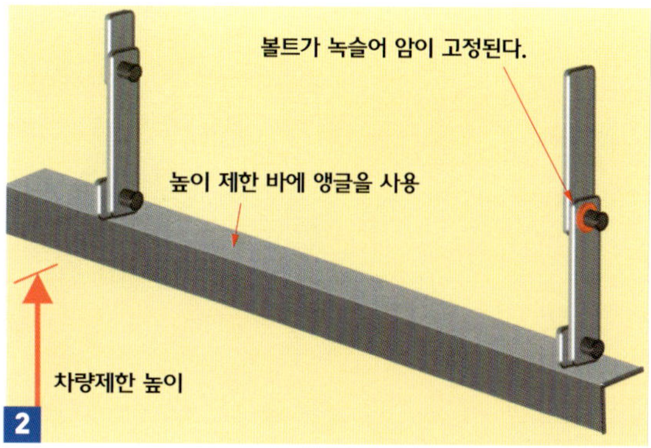

2 높이 제한 바의 높이가, 표시된 높이보다 낮아 가동해야 할 암이 녹슬어 고정되어 버렸다.

3 위 사진과 같이 체인과 수지제의 바를 사용하면 이러한 문제가 없어진다. 높이의 설정은 확실히 실시하고 정기적으로 확인하는 것이 필요하다.

4 주차기기는 차량의 폭이나 높이로 제한되어 있으나, 그것을 어기고 들어간 차량이 주차기기에 눌려버리는 사고가 발생하는 경우가 있다.

5 주차장에는 주차 차량뿐 아니라 쓰레기 수집차도 들어오는 경우가 있다. 각각 차량의 구별, 관리를 어떻게 할 것인가, 환기덕트나 배연벽 · 포말소화설비가 높이를 통과할 수 있는지 등의 검토가 필요하다.

6 지하에 기계실이 있는 경우, 기계를 갱신하는 경우도 고려하여 개구부나 설비의 높이를 생각해 놓으면 좋다.

165 눈녹임을 위한 외부 경사의 실패 사례 외

눈녹임설비는 눈이 쌓인 상황에서 처음으로 그 기능을 확인하기 때문에 적설 시 눈이 녹아있지 않으면 직접 클레임으로 이어져 그 대책을 위한 재시공으로 발주자에게 불편을 끼치게 된다. 설비공사(눈녹임배관의 설치)와 건축공사(외부구조공사)와의 충분한 조정이 요구된다.

1 수도에 의한 눈녹임장치를 설치하였으나 눈이 녹은 물이 일률적으로 흐르지 않아 눈덩어리가 생겨져 있다.

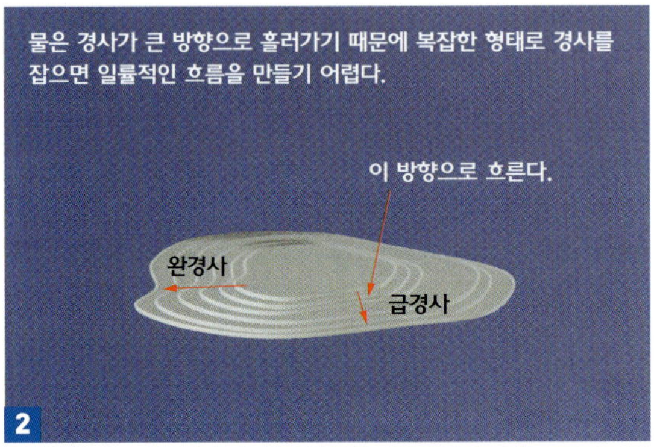

2 복잡한 형태의 경사는 등고선을 그려 물흐름을 예측하여 보면 좋다.

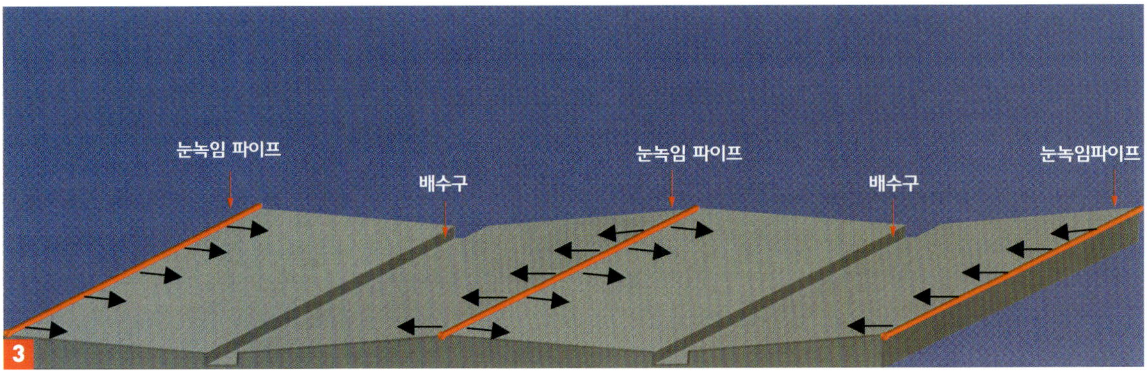

3 위의 그림과 같은 눈녹임장치의 배치와 경사가 이상적인 형태이나 흐르는 양의 조절이 필요하다.

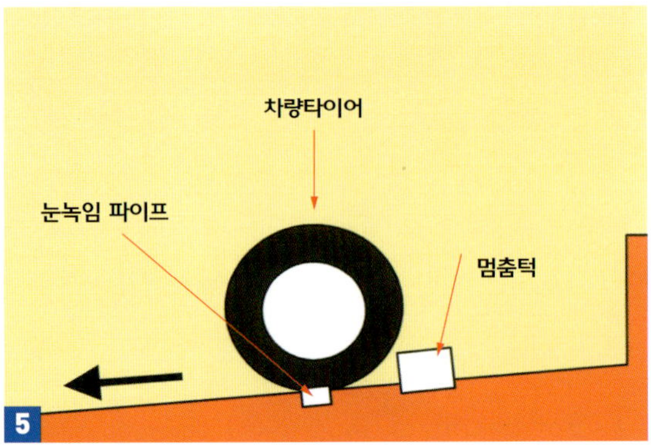

4, 5 눈녹임 파이프와 멈춤턱의 위치가 나빠 눈녹임 파이프가 떠 버렸다. 차량의 발진이나 정지시에는 커다란 힘이 작용하기 때문에 최악의 위치였다. 차량 멈춤턱쪽으로 약간 옮김으로서 이러한 실패는 막을 수 있었다.

166 아스팔트포장의 침식 외

아스팔트포장이 침식되는 경우가 있으므로 주의해야 한다. 또한, 사진 3과 같이 보도가 함몰되면 매우 위험하다. 사진 5는 계획을 안이하게 하여 커다란 손해가 되어버린 예이다. 잘못 판단을 하지 않도록 참고해야 한다.

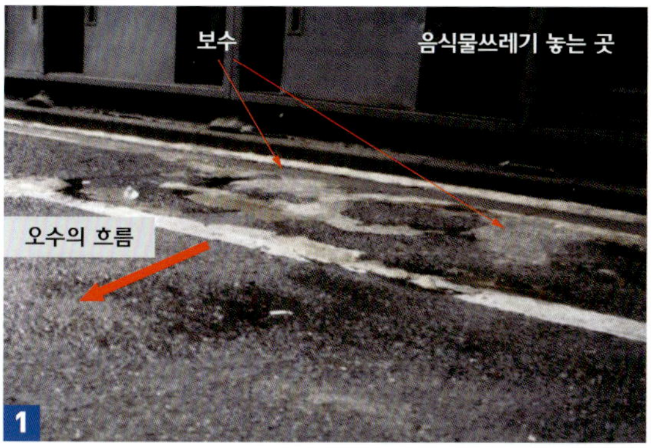

도로의 아스팔트포장이 음식물쓰레기를 세정한 오수로 침식되어 있다. 시멘트로 보수하고 있다.

오수가 흐르는 부분은 많이 벗겨져 있으나 도로 라인은 침식되어 있지 않다. 원인은 불명이나 이러한 조건의 장소에는 아스팔트가 부적절한 것은 알 수 있다.

인터록킹블록 아래의 샌드쿠션이 내려가 버렸다.

인터록킹블록 바닥의 모래가 흘러가지 않도록 샌드쿠션을 만들기 전에 모래가 흘러나가는 구멍이 없는지 여부를 조사한다.

인터록킹블록 위에 철반을 올려놓고 크레인 등을 주행한 결과 압밀에 의해 표면에 요철이 생겨버렸다. 보수에 매우 많은 노력이 소요되었다.

아스팔트포장의 유제를 화강암 연석에 뿌린것이 돌에 스며들어 교체해야 했다.

167 식재의 실패 사례

식재는 대충 놓아도 된다고 생각하기 쉽다. 사진 1과, 2와 같은 실패를 일으키지 않도록 나무의 성장을 고려한 설계가 요구된다.

보도에 나무의 뿌리가 올라와 아스팔트포장이 갈라져 있다. 나무를 위해서는 주변에 여유가 있는 공간을 설계해야 한다.

안쪽의 옹벽이 나무의 성장압력에 의해 갈라져 버렸다.

나무를 심은 벽에 돌을 사용하고 있으나 시멘트 성분이 용출되고 있다.

외부구조로 석재를 사용하는 경우에 이러한 실패가 많이 발생하고 있다. 줄눈에서 물이 스며나오지 않도록 하는 아이디어가 필요하다.

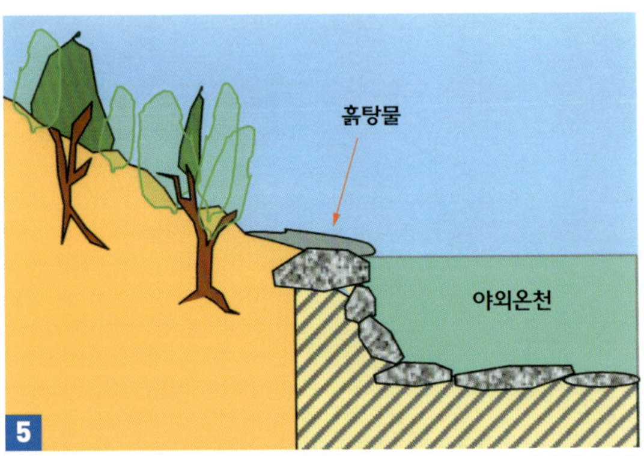

야외온천을 만드는 경우, 주변에 식재를 배치하나 이러한 형태로 하면 우천 시 식재의 흙이 온천으로 흘러들어버린다.

야외온천의 주변에 배수구를 만들지 않으면 안 된다. 이 방법은 사진 3과 같은 장소에도 응용해야 한다.

168 수목의 전도

일반적으로 수목은 바람에 강하나, 그것은 자연 속에서 강풍을 견디면서 뿌리를 넓게 뻗치기 때문이다. 아래 1~4와 같은 인위적인 환경 속에서는 약한 것임을 인식해야 한다.

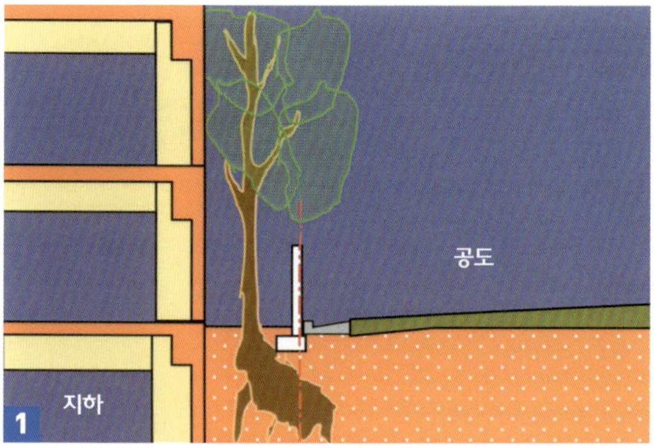

건물이 세워졌을 때 도로녹화로서 어린 수목을 심었는데 이 장소에서 성장하여 그림과 같이 되었다.

건물이 노후화하여 지상부분이 해체되었다.

건물이 해체되어 남은 수목에 좌측에서 돌풍이 불어 수목이 넘어져 버렸다. 건물의 지하외벽이 장해가 되어 뿌리가 한쪽으로 자란 것과 바람을 막아줄 건물이 없어진 것이 나무를 쓰러지게한 원인이다.

심은 지 얼마 안 되는 수목은 뿌리가 뻗쳐 있지 않으므로 바람에 약하다. 고정을 위해 앵커와 지지대가 불가결하다.

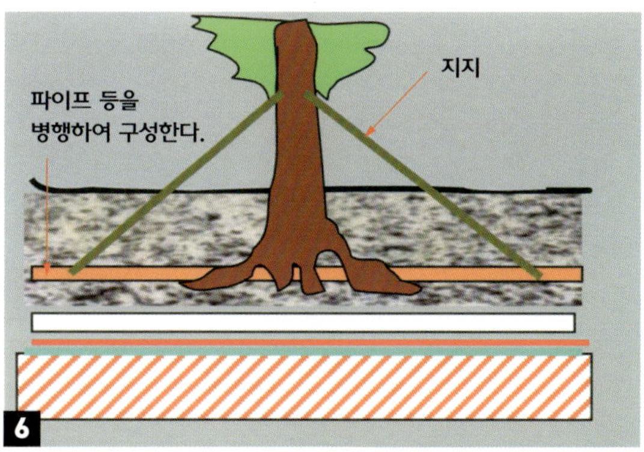

옥상의 수목이 크게 되면 강풍에 비산하므로 흙속에 지지대를 설치할 수 있도록 해야한다. 수종을 선택하여 커지지 않도록 보존하지 않으면 안 된다.

저자

나카자와 마사이치
1947년, 요코하마 국립대학 공학부 건축학과 졸업
27년간 건축현장에서 일했다.

자격증
1급건축사, 1급건축시공관리기사, 위생관리사
현재 컨스트럭션 매니저

역자

이 영 도
단국대학교 대학원 졸업
육군 공병장교
경남기업주식회사
대한건축학회 강원도 지회장
한국건축시공학회 총무이사
건교부 중앙건설심의위원회 위원
SH공사 설계자문위원
강원도 지방건설기술 심의위원회 위원
학교법인 경암학원 법인이사
현재 경동대학교 건축공학과 교수/ 공학박사/ 건축시공기술사

건축실패 사례

신뢰받는 마감공사의 현장관리

2010년 2월 20일 1판 1쇄 인쇄
2010년 2월 25일 1판 1쇄 발행

저 자	나카자와 마사이치
감 수	(사)한국건축시공학회
역 자	이 영 도
발 행 인	강 해 작
발 행 처	도서출판 기 문 당
주 소	서울시 성동구 공명길 39 (왕십리동 966-22)
전 화	02) 2295-6171(代)~5
팩 스	02) 2296-8188
출판등록	1976. 10. 7(1-44)
홈페이지	http://기문당 www.kimoondang.com
I S B N	978-89-6225-207-1 93540 978-89-6225-212-5 93540(세트)
정 가	25,000원